Dolge

Klausurentraining Weiterbildung Bilanz- und Steuerpolitik

www.kiehl.de

Klausurentraining Weiterbildung
für Betriebswirte, Fachwirte, Fachkaufleute und Meister

Bilanz- und Steuerpolitik

100 klausurtypische Aufgaben und Lösungen

Von
Dipl.-Kfm. (FH) Frank Dolge

kiehl

Bildnachweis Umschlag: © カシス – Fotolia.com

ISBN 978-3-470-**65841**-4

Kiehl ist eine Marke des NWB Verlags

Satz: Ruhrstadt Medien AG, Castrop-Rauxel
Druck: Griebsch & Rochol Druck GmbH & Co. KG, Hamm

Klausurentraining Weiterbildung für Betriebswirte, Fachwirte, Fachkaufleute und Meister

Die Reihe **Klausurentraining** ist aus der Überlegung heraus entstanden, dass sich sehr viele Absolventen von IHK-Weiterbildungslehrgängen gezielt auf ein spezielles Prüfungsthema (Qualifikationsbereich) vorbereiten möchten, um dort ihre Fähigkeiten in der Wissensanwendung zu vervollständigen.

Betrachtet man die inhaltlichen Schwerpunkte der Klausuren in den IHK-Abschlussprüfungen, so ergibt sich eine große Schnittmenge der Anforderungen: Beispielsweise fehlen in keiner Abschlussklausur Aufgaben zu den Rechnungslegungsvorschriften oder zur Bilanzanalyse.

Daher enthält jeder Band dieser Reihe **klausurtypische Aufgaben** zu dem betreffenden Fachgebiet. die dem Niveau der IHK-Prüfungen in Umfang und Schwierigkeitsgrad entsprechen. Dabei wurde die Aufgabensammlung fachspezifisch gegliedert und jede Aufgabe mit einer Überschrift gekennzeichnet. Dies soll das spätere **Erkennen des Aufgabentyps in der Klausur unter Echtbedingungen** erleichtern.

Der Lösungsteil ist ausführlich und verständlich gestaltet, sodass sich der Leser/die Leserin selbständig in **der Umsetzung des erlernten Wissens trainieren und kontrollieren** kann. Die Lösungen werden durch wichtige Hinweise zum Verständnis der Inhalte und zur Bearbeitung der Aufgabe ergänzt. Eine allgemeine Darstellung der grundsätzlichen Methode zur Lösung rechtlicher Sachverhalte unterstützt die Bearbeitung der Aufgaben. Das umfangreiche Stichwortverzeichnis ermöglicht das gezielte Auffinden von Begriffen und Zusammenhängen.

Diese Fachbuchreihe richtet sich an:

- Teilnehmer von IHK-Weiterbildungslehrgängen (angehende Betriebswirte, Fachwirte, Fachkaufleute, Bilanzbuchhalter und Meister)
- Studierende an Fachschulen und Fachhochschulen.

Charakteristische Merkmale für jeden Band dieser Reihe sind:

- mehr als 100 Prüfungsaufgaben orientiert am Niveau der IHK-Weiterbildungslehrgänge
- fachspezifische Gliederung der Aufgaben
- Aufgabenstellungen mit thematischen Überschriften
- ausführliche, verständliche Darstellung der Lösungen
- allgemeines Vorgehen beim Lösen von Rechtsaufgaben
- Zusammenstellung wichtiger Begriffe
- umfangreiches Stichwortverzeichnis.

Frank Dolge
Rostock, im Juni 2015

Vorwort

Unternehmen verfolgen vielfältige Ziele, z. B. nachhaltige Gewinnmaximierung, Optimierung der Prozesse, Unternehmenswachstum oder Eroberung neuer Märkte. Zusätzlich müssen auch die Ziele verschiedener Stakeholder berücksichtigt werden.

Dabei sind Unternehmen auf den jeweiligen Märkten meist nicht alleine und sehen sich einer bestehenden oder zunehmenden Konkurrenzsituation ausgesetzt. In diesem Umfeld müssen die Führungskräfte viele fundierte Entscheidungen treffen. Fehlentscheidungen können zu Unternehmenskrisen oder gar zum Untergang des Unternehmens führen.

Die Tätigkeit der Betriebswirte – als Führungskräfte der Unternehmen – erstreckt sich auf die Planung, Steuerung und Kontrolle der laufenden betrieblichen Aktivitäten. Außerdem sind sie für die Weiterentwicklung der Unternehmen verantwortlich, denn eine zentrale strategische Zielsetzung ist der Fortbestand des Unternehmens und dessen Wachstum.

Die Entscheidungen haben Auswirkungen auf alle betrieblichen Funktionen des Unternehmens. Betriebswirte müssen die Konsequenzen und Wirkungen ihrer strategischen und operativen Entscheidungen bzw. Handlungen einschätzen und erkennen können.

So ist es zwangsläufig notwendig, dass Kenntnisse über Ursachen- und Wirkungszusammenhänge zwischen den einzelnen betrieblichen Funktionen vorhanden sind, ohne dass der Betriebswirt in jedem Bereich Spezialist sein kann.

Das zahlenmäßige Abbild des Unternehmens mit all seinen betrieblichen Funktionen bildet der Jahresabschluss. Dieser muss bei Kapitalgesellschaften veröffentlicht werden. Er wird damit den einzelnen Stakeholdern des Unternehmens zugänglich. Betriebswirte müssen daher die Auswirkungen ihrer betrieblichen Entscheidungen auf den Jahresabschluss beurteilen können.

Eine weitere betriebliche Zielsetzung ist es, eine möglichst geringe Besteuerung des Unternehmens zu erreichen. Auch in diesem Bereich müssen Betriebswirte die Auswirkungen ihrer Entscheidungen einschätzen.

Das Klausurentraining richtet sich an angehende Betriebswirte (IHK), die sich auf das Fach „Bilanz- und Steuerpolitik des Unternehmens“ in ihrer IHK-Prüfung vorbereiten. Es enthält eine repräsentative Zusammenstellung von 100 klausurtypischen Aufgaben und Lösungen. In den Lösungen werden soweit wie möglich die gesetzlichen Grundlagen genannt. So haben Sie die Möglichkeit, die Rechtsgrundlagen anzuwenden, die Ihnen in der Prüfung zur Verfügung stehen.

Die Schwerpunkte und Verteilung der Aufgaben orientieren sich an der Prüfungsordnung der geprüften Betriebswirte (IHK). Die Aufgabensammlung ist aber auch für die jeweiligen Schwerpunktfächer im Bereich Bilanz- und Steuerpolitik im betriebswirtschaftlichen Studium einsetzbar.

Ich hoffe, dieses Buch hilft Ihnen in den wichtigen und interessanten Bereich der Bilanz- und Steuerpolitik eines Unternehmens einzutauchen, ein solides Verständnis für die Wirkungen betrieblicher Entscheidungen auf den Jahresabschluss bzw. die Steuerlast des Unternehmens zu entwickeln und Ihr Wissen in der Praxis anwenden zu können.

Für Ihre Prüfungen wünsche ich Ihnen viel Erfolg.

Frank Dolge
Rostock, Juni 2015

Benutzungshinweise

Diese Symbole erleichtern Ihnen die Arbeit mit diesem Buch:

TIPP

Hier finden Sie nützliche Hinweise zum Thema.

MERKE

Das X macht auf wichtige Merksätze oder Definitionen aufmerksam.

ACHTUNG

Das Ausrufezeichen steht für Beachtenswertes, wie z. B. Fehler, die immer wieder vorkommen, typische Stolpersteine oder wichtige Ausnahmen.

INFO

Hier erhalten Sie nützliche Zusatz- und Hintergrundinformationen zum Thema.

RECHTSGRUNDLAGEN

Das Paragrafenzeichen verweist auf rechtliche Grundlagen, wie z. B. Gesetzestexte.

MEDIEN

Das Maus-Symbol weist Sie auf andere Medien hin. Sie finden hier Hinweise z. B. auf Download-Möglichkeiten von Zusatzmaterialien, auf Audio-Medien oder auf die Website von Kiehl.

1. Das Steuersystem in seiner Bedeutung für das Unternehmen

2. Unterstützung der Unternehmensziele durch Bilanz- und Steuerpolitik

4. Internationale Rechnungslegungsvorschriften

1. Das Steuersystem in seiner Bedeutung für das Unternehmen

Aufgabe 1: Begriff und Wirkung von Steuern im Unternehmen

Die Mayer AG ist ein mittelständisches Produktionsunternehmen mit Sitz in Hamburg. Das Unternehmen beschäftigt 500 Mitarbeiter/innen, davon arbeiten 350 Mitarbeiter/innen in der Produktion. Um den spanischen Markt besser bearbeiten zu können, beabsichtigt die Mayer AG im kommenden Geschäftsjahr die Vertriebs-GmbH in Madrid zu gründen, bei der die Mayer AG 100 % der Kapitalanteile halten wird. Im Rahmen der Besteuerung sind folgende Fragestellungen zu beantworten.

a) Ist die Mayer AG nach Handels- und Steuerrecht buchführungspflichtig? Begründen Sie Ihre Antwort.

b) Welche steuerliche Gewinnermittlungsart ergibt sich aus einer Buchführungspflicht?

c) Unterliegt die Mayer AG in Deutschland der Körperschaftsteuer? Begründen Sie Ihre Antwort.

d) Welches weitere Steuergesetz muss die Mayer AG im Falle der Gründung der Vertriebs-GmbH in Spanien beachten? Begründen Sie Ihre Antwort.

Lösung s. Seite 89

Aufgabe 2: Grundlagen der Besteuerung

Sie sind Mitarbeiter/in der Friedrich AG. Das Unternehmen produziert Computer in Rostock. Die Produktionsstätte ist durch die Friedrich AG im Jahr 2013 gekauft worden. Außerdem ist die Friedrich AG Eigentümer eines Mehrfamilienhauses in Stralsund. Der Jahresüberschuss der Friedrich AG betrug im Geschäftsjahr 2014 vor Steuern 550.000 €. Es wurden 300.000 € an die Aktionäre ausgeschüttet.

a) Nennen Sie vier Steuerarten, die die Friedrich AG bzw. deren Aktionäre belastet.

b) Beschreiben Sie bei den vier Steuerarten aus der Teilaufgabe a), was besteuert wird.

c) Wer ist Steuerempfänger bei den jeweiligen Steuerarten?

d) Welchen Einfluss kann die Gewerbesteuer auf betriebliche Entscheidungen haben?

Lösung s. Seite 89

Aufgabe 3: Betriebswirtschaftliche Wirkung von Steuern

Steuern können im Unternehmen verschiedene Wirkungen ausweisen. Sie können z. B.

1. Gewinn mindernd wirken
2. vom Gewinn ermittelt werden
3. Teil der Anschaffungskosten sein
4. durchlaufende Posten darstellen.

Beschreiben Sie zu jedem o. g. Bereich ein betriebliches Beispiel.

Lösung s. Seite 91

Aufgabe 4: Freibetrag, Freigrenze

In den verschiedenen Einzelsteuergesetzen werden u. a. die Begriffe Freibetrag und Freigrenze verwendet. Erläutern Sie jeweils an einem selbst gewählten Beispiel den Unterschied und die Anwendung.

Lösung s. Seite 91

Aufgabe 5: Körperschaftsteuer, Organschaft

Die Mutter AG mit Sitz in Rostock hält die vollen Kapitalanteile der Vertriebs-GmbH mit Sitz in Hamburg und der Produktions-GmbH mit Sitz in Schwerin. Im abgelaufenen Geschäftsjahr erwirtschaftete die Mutter AG ein zu versteuerndes Einkommen i. H. v. 500.000 €, die Vertriebs-GmbH ein zu versteuerndes Einkommen i. H. v. 250.000 € und die Produktions-GmbH einen Verlust i. H. v. 300.000 €.

a) Was ist eine Organschaft in der Körperschaftsteuer und was sind deren Voraussetzungen und Folgen?

b) Stellen Sie die Vorteile einer körperschaftsteuerrechtlichen Organschaft im o. g. Beispiel da. Belegen Sie Ihre Aussagen soweit wie möglich rechnerisch.

Lösung s. Seite 92

Aufgabe 6: Körperschaftsteuer, Gewerbesteuer

Die Hansen AG ist ein mittelständisches Produktionsunternehmen mit Sitz in Hamburg. Das Unternehmen beschäftigt 700 Mitarbeiter/innen, davon arbeiten 650 Mitarbeiter/innen in der Produktion. Die Hansen AG unterhält eine Betriebsstätte in Berlin und eine weitere Betriebsstätte in München. Außerdem hält die Hansen AG 100 % der Kapitalanteile an der Vertriebs-GmbH in Wismar, ein Gewinnabführungsvertrag zwischen der Hansen AG und der Vertriebs-GmbH besteht nicht.

a) Nehmen Sie Stellung zur Körperschaftsteuerpflicht der Hansen AG und nennen Sie die einschlägigen Paragrafen.

b) Unterliegt die Hansen AG der Gewerbesteuer? Begründen Sie Ihre Antwort.

c) Stellen Sie den allgemeinen Ablauf der Gewerbesteuererhebung inkl. Zerlegung dar. Gehen Sie davon aus, dass an allen genannten Orten Finanzämter existieren.

d) Wie wirkt sich eine Gewinnausschüttung der Vertriebs-GmbH auf das zu versteuernde Einkommen der Hansen AG aus? Nennen Sie die einschlägigen Paragrafen.

Lösung s. Seite 93

Aufgabe 7: Gewerbesteuer

Die Mayer und Müller OHG aus Bergen (Mecklenburg -Vorpommern) hat im Geschäftsjahr 2014 einen steuerlichen Gewinn i. H. v. 2.375.758,23 € erwirtschaftet. Gesellschafter sind Hans Mayer und Klaus Müller. Die Kapitalanteile der beiden Gesellschafter sind gleich hoch, es gilt die gesetzliche Gewinnverteilung.

In der Gewinn- und Verlustrechnung sind folgende Aufwendungen Gewinn mindernd gebucht worden:

- Zinsen für Darlehen 5.000 €
- Miete für einen Bagger 1.500 €
- Pacht für Grund und Boden 7.000 €

Der Einheitswert des im Betriebsvermögen befindlichen Grundstücks beträgt 15.000 €.

Aus den Vorjahren besteht noch ein Verlustvortrag von 1.250.000 €.

Der Hebesatz der Kommune beträgt 445 %.

a) Berechnen Sie die Gewerbesteuerschuld der Mayer und Müller OHG.

b) Bezogen auf die Ausgangssituation bewirtschaftet die Mayer und Müller OHG neben der Betriebsstätte in Bergen auch eine Betriebsstätte in Wolgast. Der Hebesatz in Wolgast beträgt 405 %. Herr Mayer arbeitet ausschließlich in Bergen, Herr Müller nur in Wolgast. Die Lohnsumme in Bergen betrug 737.500 € inkl. 50.000 € Ausbildungsvergütung und in Wolgast 287.500 € (keine Ausbildungsvergütung). Berechnen Sie die Gewerbesteuer für beide Kommunen.

c) Berechnen Sie für Herrn Mayer die tatsächlich zu entrichtende Einkommensteuer. Berücksichtigen Sie neben den gewerblichen Einkünften, Sonderausgaben i. H. v. 3.000 €. Weitere Einkünfte sind für Herrn Mayer nicht zu berücksichtigen. Die Verlustvorträge sollen aus Vereinfachungsgründen, bei der Einkommensteuer, nicht berücksichtigt werden.

Lösung s. Seite 95

Aufgabe 8: Körperschaftsteuer

Die Holz GmbH wurde am 01.01.2013 gegründet. Das Unternehmen hat seinen Sitz und seine Geschäftsleitung in Berlin. Gesellschafter zu je 50 % und Geschäftsführer sind Herr Paul Holz und Frau Pia Holz. Das gezeichnete Kapital i. H. v. 1.000.000 € ist vollständig einbezahlt. Das Geschäftsjahr entspricht dem Kalenderjahr.

Die angemessene Geschäftsführervergütung betrug im laufenden Jahr jeweils 120.000 €. Sie wurde Gewinn mindernd gebucht.

Im laufenden Geschäftsjahr (2014) erzielte die Holz GmbH einen handelsrechtlichen Jahresüberschuss i. H. v. 450.000 €. Vorauszahlungen für Körperschaftsteuer wurden im Jahr 2014 i. H. v. 50.000 € geleistet.

In den 450.000 € sind nicht abziehbare Betriebsausgaben im Sinne von § 4 Abs. 5 Nr. 2 EStG enthalten, die das handelsrechtliche Ergebnis um 40.000 € (= 100 % der Aufwendungen) gemindert haben.

a) Ermitteln Sie rechnerisch nachvollziehbar das zu versteuernde Einkommen der Holz GmbH für 2014.

b) Ermitteln Sie die festzusetzende Körperschaftsteuer und den Solidaritätszuschlag für 2014.

c) Erläutern Sie anhand der o. g. Ausgangssituation den Begriff „verdeckte Gewinnausschüttungen". Welche Folgen im Rahmen der Körperschaftsteuer würden sich dann ergeben?

Lösung s. Seite 97

Aufgabe 9: Begriffe Umsatzsteuer

Ludwig Lehmann betreibt in der Rechtsform einer Einzelunternehmung einen Holzgroßhandel mit Sitz in Stralsund. Er unterliegt der Regelbesteuerung mit 19 %. Im abgelaufenen Geschäftsjahr betrug der steuerpflichtige Umsatz 2.000.000 € und die Umsatzsteuerzahllast 175.000 €.

a) Beschreiben Sie kurz das System der Umsatzsteuer in Deutschland.

b) Besitzt Lehmann die Unternehmereigenschaft im Rahmen des Umsatzsteuergesetzes?

c) Unterscheiden Sie zwischen
   1. Soll-Versteuerung und
   2. Ist-Versteuerung.

d) Unterliegt Lehmann der Soll- oder Ist-Versteuerung. Begründen Sie Ihre Antwort.

e) Lehmann gründet im laufenden Geschäftsjahr in Rostock in der Rechtsform eines Einzelunternehmens eine Möbeltischlerei. Der Umsatz unterliegt vollständig der Regelbesteuerung von 19 %. Es wird ein Nettoumsatz i. H. v. 350.000 € im ersten Jahr geplant.
   1. Erläutern Sie die Organschaft im Umsatzsteuerrecht.
   2. Liegt im vorliegenden Fall eine solche Organschaft vor?

Lösung s. Seite 98

Aufgabe 10: Umsatzsteuer, Ausland

Die Müller AG ist ein mittelständisches Produktionsunternehmen, mit einem Umsatz im abgelaufenen Geschäftsjahr von 50 Mio. €. Es werden Rasenmäher und -traktoren für den privaten und gewerblichen Bedarf produziert. Das Absatzgebiet erstreckt sich sowohl auf den inländischen als auch auf europäische und asiatische Märkte. Der Umsatzanteil auf den ausländischen Märkten betrug im abgelaufenen Geschäftsjahr 60 % vom Gesamtumsatz.

a) Differenzieren Sie Umsätze (Lieferungen) ins Ausland aus umsatzsteuerlicher Sicht nach dem Bestimmungsland.

b) Nennen Sie die Voraussetzungen, die erfüllt sein müssen, damit Lieferungen in andere Länder umsatzsteuerfrei sind.

Lösung s. Seite 100

Aufgabe 11: Umsatzsteuer, Ortsbestimmung

Fritz Mayer betreibt in der Rechtsform einer Einzelunternehmung ein Baugeschäft in Rostock. Die Umsatzsteuerzahllast im vorangegangenen Jahr betrug 45.000 €. Soweit Steuerbefreiungen bestehen, optiert Fritz Mayer, wenn möglich. Der Umsatz betrug im vorangegangenen Jahr 1.000.000 €. Mayer erbringt sowohl Lieferungen und Werklieferungen als auch sonstige Leistungen und Werkleistungen im In- und Ausland.

a) Erläutern Sie kurz das Grundsystem der Umsatzsteuer in Deutschland, gehen Sie hierbei auch auf das Allphasennettosystem ein.

b) Grenzen Sie die Begriffe Lieferung und Werklieferung voneinander ab.

c) Im Rahmen der Ortsbestimmung bei den sonstigen Leistungen gibt es neben den Grundregeln, zahlreiche Ausnahmen. Erläutern Sie jeweils an einem Beispiel die Grundformen und zwei Ausnahmen bei der Ortsbestimmung von sonstigen Leistungen.

d) Grenzen Sie die Ausfuhrlieferungen von den innergemeinschaftlichen Lieferungen ab.

Lösung s. Seite 101

Aufgabe 12: Körperschaftsteuer, Umsatzsteuer, Gewerbesteuer

Die Mayer GmbH hat ihren Sitz in Schwerin. Gegenstand der Geschäftstätigkeit ist die Herstellung und der Vertrieb von Sanitärartikeln. Der Jahresumsatz beträgt 50 Mill. €. Der steuerliche Gewinn (= zu versteuerndes Einkommen = Gewerbeertrag) der Mayer GmbH beträgt 3.500.000 €. Der Hebesatz der Stadt Schwerin liegt bei 400 %.

Die Mayer GmbH ist zu 100 % an der Austria GmbH in Wien beteiligt, welche Handtuchhalter produziert. Die Mayer GmbH beliefert die Tochtergesellschaft in Österreich regelmäßig mit Vorprodukten für die Herstellung der Handtuchhalter. Weiterhin erbringt die Mayer GmbH allgemeine Verwaltungsarbeiten für die Austria GmbH und stellt den Aufwand der Austria-GmbH dafür in Rechnung.

a) Nehmen Sie Stellung zur Körperschaft- und Gewerbesteuerpflicht der Mayer GmbH.

b) Erläutern Sie, in welcher Höhe die Mayer GmbH eventuelle Gewinnausschüttungen (Dividenden) der Austria GmbH versteuern muss.

c) Berechnen Sie nachvollziehbar die Tarifbelastung in der Körperschaftsteuer (ohne Solidaritätszuschlag) und die Gewerbesteuer der Mayer GmbH.

d) Beurteilen Sie, ob die Mayer GmbH die Unternehmereigenschaft nach dem UStG besitzt und erläutern Sie die umsatzsteuerliche Behandlung der Lieferungen der Mayer GmbH an die Austria GmbH.

e) Erklären Sie, wie die Verwaltungsarbeiten (sonstige Leistungen) der Mayer GmbH umsatzsteuerlich zu behandeln sind. Geben Sie dabei auch an, ob die Fakturierung mit oder ohne Umsatzsteuer erfolgt.

f) Erläutern Sie wozu die Umsatzsteuervoranmeldung (UStVA) bzw. die Zusammenfassende Meldung (ZM) dienen. Wer ist Empfänger dieser Meldungen?

Lösung s. Seite 104

Aufgabe 13: Ausschüttungsbesteuerung auf Ebene der Anteilseigner

Die Anlage-GmbH aus Rostock hat einen Gewinn nach Steuern vom Einkommen und Ertrag i. H. v. 300.000 €. Das Unternehmen hat drei Gesellschafter mit jeweils gleichen Kapitalanteilen:

1. die Beteiligungs-GmbH aus Schwerin,
2. den Einzelunternehmer Fritz Gier, der den Kapitalanteil im Betriebsvermögen hält sowie
3. Hans Glück, der den Kapitalanteil im Privatvermögen hält.

Der Gewinn soll voll ausgeschüttet werden.

Beschreiben Sie unter Nennung der jeweiligen gesetzlichen Grundlagen, wie auf Ebene der Anteilseigner die Gewinne besteuert werden.

Lösung s. Seite 106

Aufgabe 14: Zinsschranke

Die Mayer AG mit Sitz in Hamburg ist zu 100 % an der Vertriebs-GmbH mit Sitz in Schwerin beteiligt. Die vorläufige Gewinn- und Verlustrechnung (handels- und steuerrechtlich, vor Anwendung der Zinsschranke) für das Geschäftsjahr 2014 enthält folgende Aufwendungen und Erträge.

	Aufwand	**Ertrag**
Umsatzerlöse		100.000.000,00 €
Zinserträge		1.500.000,00 €
Materialaufwand	60.000.000,00 €	
Personalaufwand	15.000.000,00 €	
Abschreibungen	7.500.000,00 €	
Zinsaufwendungen	9.000.000,00 €	
sonstiger betrieblicher Aufwand	12.000.000,00 €	

Das Unternehmen erfüllt die Voraussetzungen des § 4h EStG.

a) Erläutern Sie kurz, was unter Zinsschranke gem. § 4h EStG zu verstehen ist, welche Voraussetzungen sind notwendig, damit die Zinsschranke nicht zur Anwendung kommt.

b) Ermitteln Sie für die Vertriebs-GmbH für das Geschäftsjahr 2014 nachvollziehbar die Höhe der abziehbaren Zinsaufwendungen.

Lösung s. Seite 107

Aufgabe 15: Ermittlung Gewerbesteuer, Einkommensteuer, Doppelbesteuerung

Fritz Hansen betreibt in Wismar eine Möbeltischlerei in der Rechtsform einer Einzelunternehmung. Gegenstand des Unternehmens ist die Herstellung und der Vertrieb von Möbeln aus Naturholz für den Küchen-, Wohn- und Schlafbereich. Kunden sind sowohl Privatkunden als auch gewerbliche Unternehmen.

Um in zukünftigen Geschäftsjahren Kosteneinsparungen in der Herstellung zu generieren, plant Fritz Hansen in Österreich eine Betriebsstätte zu errichten und die Produktion teilweise hierhin auszulagern.

Fritz Hansen ist verheiratet und hat keine Kinder. Seine Ehefrau ist Angestellte in einem Großhandelsbetrieb, ihr Jahresbruttogehalt beträgt 50.000 €. Beide veranlagen sich zusammen zur Einkommensteuer. Die gemeinsamen abzugsfähigen Sonderausgaben in 2014 betrugen 17.500 €.

Für das Einzelunternehmen liegt nachfolgend die vorläufige Gewinn- und Verlustrechnung vor:

Vorläufige Gewinn- und Verlustrechnung (Handelsrecht) 01.01. - 31.12.2014		
	in €	**in €**
Umsatzerlöse 19 % USt		2.500.000,00
Ausführlieferungen gem. § 4 Nr. 1a UStG		70.000,00
Innergemeinschaftliche Lieferungen gem. § 4 Nr. 1b UStG		70.000,00
aktivierte Eigenleistungen		15.000,00
Bestandveränderungen unfertige/fertige Erzeugnisse		25.000,00
Gesamtleistung		2.680.000,00
Materialeinsatz	1.750.000,00	
Personalaufwand	300.000,00	
Miete Verwaltung/Produktion (Gebäude)	96.000,00	
Leasing (technische Anlagen und Maschinen)	75.000,00	
Zinsaufwand	25.000,00	
sonstiger betrieblicher Aufwand	150.000,00	
Gewerbesteuer-Vorauszahlung für 2014	23.000,00	
Gesamtaufwand	2.419.000,00	
Jahresüberschuss		261.000,00

a) Ermitteln Sie für das Einzelunternehmen nachvollziehbar die Gewerbesteuerschuld. Nennen Sie jeweils die gesetzlichen Grundlagen. Der Hebesatz der Hansestadt Wismar beträgt 420 %.

b) Ermitteln Sie für die Eheleute Hansen das zu versteuernde Einkommen in der Einkommensteuer.

c) Ermitteln Sie für die Eheleute Hansen die abzuführende Einkommensteuer.

ACHTUNG

Die Eheleute veranlagen sich gemeinsam zur Einkommensteuer, die Steuer berechnet sich gem. § 32a Abs. 5 EStG (Splittingverfahren).

d) Könnte es bei Eröffnung einer Betriebsstätte zu einer Doppelbesteuerung kommen? Wenn ja, wie könnte die vermindert bzw. vermieden werden.

ACHTUNG

Unterstellen Sie, dass zwischen der Bundesrepublik Deutschland und Österreich ein Doppelbesteuerungsabkommen besteht. Dieses entspricht dem OECD-Musterabkommen. Unterstellen Sie außerdem, dass das deutsche und österreichische Einkommensteuerrecht identisch ist.

Lösung s. Seite 109

Aufgabe 16: Umsatzsteuer, Einkommensteuer, Thesaurierungsbesteuerung

Fritz Huber betreibt in der Rechtsform einer Einzelunternehmung einen Großhandel mit Holzspielzeug. Der gesamte Bruttoumsatz im Geschäftsjahr 2014 betrug 1.500.000 € inkl. 76.000 € Umsatzsteuer. Die Bilanzsumme des Unternehmens beträgt 700.000 €. Im Unternehmen wurden im abgelaufenen Geschäftsjahr im Durchschnitt sieben Mitarbeiter beschäftigt.

Der Gewinn laut Handelsbilanz betrug im Geschäftsjahr 500.000 €. Darin sind enthalten sind

► Gewerbesteueraufwand	45.000 €
► Abschreibung auf Sachanlagen	60.000 €
► Abschreibung auf selbst geschaffene immaterielle Vermögensgegenstände	10.000 €
► Personalaufwand	275.000 €

a) Nennen Sie die Bestandteile des Jahresabschlusses des Einzelunternehmens.

b) Ist das Einzelunternehmen des Herrn Huber verpflichtet, den Jahresabschluss zu veröffentlichen? Begründen Sie mit den einschlägigen gesetzlichen Grundlagen.

c) Die Höhe der Umsatzsteuer lässt darauf schließen, dass nicht der gesamte Umsatz mit 19 % Umsatzsteuer steuerpflichtig ist. Nennen Sie drei mögliche Umsätze, die im Gesamtumsatz vertreten sein können.

d) Ermitteln Sie für das Einzelunternehmen den steuerlichen Gewinn. Unterstellen Sie, dass der steuerliche Gewinn gleich dem zu versteuernden Einkommen entspricht und ermitteln Sie die Einkommensteuer für den ledigen Huber nach der Grundtabelle § 32a Abs. 1 EStG.

e) Angenommen Huber möchte den Handelsbilanzgewinn nur zu 50 % ausschütten. Welche Möglichkeiten bietet das Einkommensteuergesetz, die Steuerlast zu mindern? Berechnen Sie die konkrete Steuerbelastung (nur Einkommensteuer) für Huber für das abgelaufene Wirtschaftsjahr.

Lösung s. Seite 111

Aufgabe 17: Steuerpflichten, Doppelbesteuerung

a) Erläutern Sie die Begriffe Doppelbesteuerung und Doppelbesteuerungsabkommen.

b) Stellen Sie die Wirkungsweise von zwei Methoden zur Vermeidung bzw. Verminderung einer Doppelbesteuerung da.

c) Entscheiden Sie in den folgenden Fällen, ob die jeweiligen Personen in Deutschland der Einkommensteuerpflicht unterliegen, wenn ja, welche steuerpflichtig sind. Ordnen Sie diesen Fällen außerdem die Einkunftsart zu.

   1. Fritz Hansen, wohnhaft in Rostock, ist Angestellter der Schmidt AG in Berlin. Sein Jahresbruttogehalt beträgt 60.000 €.
   2. Rudi Rübli, wohnhaft in Zürich (Schweiz), unterhält bei der Berliner Sparkasse ein Sparkonto. Die Zinserträge im abgelaufenen Jahr betrugen 2.000 €.
   3. Paul Frisch, wohnhaft in Bonn, hat eine Finca auf Mallorca (Spanien). Drei Monate im Jahr verweilen er und seine Familie in der Finca. Den Rest des Jahres vermietet er diese. Im abgelaufenen Jahr betrugen die Mieterlöse 10.000 €.

Lösung s. Seite 113

Aufgabe 18: Internationales Steuerrecht

Unabhängig von ihrer Rechtsform agieren Unternehmen heute nicht nur auf den nationalen, sondern auch auf internationalen Märkten. Auch internationale Verflechtungen von Unternehmen sind häufig anzutreffen. Ein großes Problem für die Unternehmen ist die drohende Doppelbesteuerung.

a) Was ist unter unilateralen bzw. bilateralen Maßnahmen zur Vermeidung bzw. Verminderung der Doppelbesteuerung zu verstehen?

b) Beschreiben Sie zwei unilaterale Maßnahmen zur Vermeidung bzw. Verminderung der Doppelbesteuerung.

c) Erläutern Sie, was unter Doppelbesteuerungsabkommen zu verstehen ist und stellen Sie kurz deren Grundaufbau dar.

d) Erläutern Sie was unter „weißen Einkünften" zu verstehen ist.

Lösung s. Seite 115

Aufgabe 19: Umsatzsteuer, Internationale Besteuerung

Die Büromöbelwerke AG (kurz: BüMö AG) mit Sitz in Berlin ist Produzent von Naturholzmöbeln im oberen Preissegment. Das Unternehmen hat in Norwegen eine Tochtergesellschaft gegründet (100 % Beteiligung), um die Rohstoffversorgung zu gewährleisten. Der gesamte Vertrieb wird über eine weitere Tochtergesellschaft in Wien (100 % Beteiligung) abgewickelt.

Es ergibt sich hieraus folgender Unternehmensaufbau.

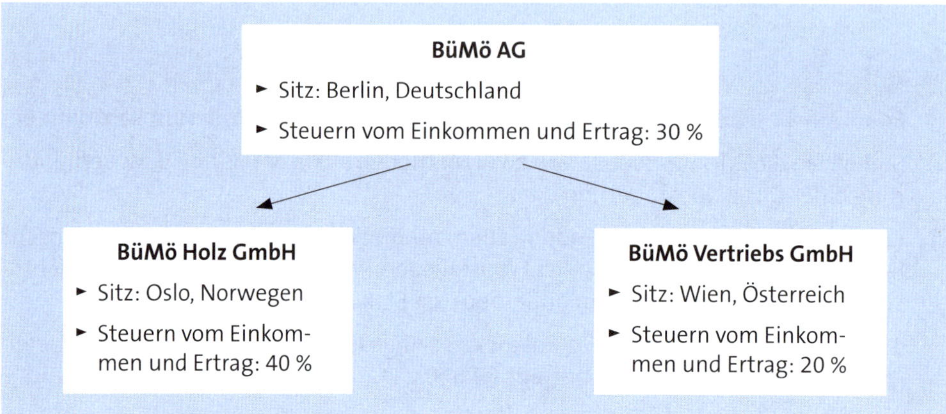

Die Büromöbelwerke AG produziert u. a. Büroeinrichtungen. Die Lieferung an die österreichische Vertriebs-GmbH erfolgt zu einem Einzelpreis von netto 1.500 €. Aus den Kalkulationsunterlagen geht hervor, dass der Verkaufspreis bei 2.800 € netto liegen müsste. Die Vertriebs-GmbH verkauft die Büroeinrichtungen auch zu dem kalkulierten Verkaufspreis von 2.800 € netto weiter.

Die Holzversorgung wird über die BüMö Holz GmbH abgewickelt. Der Einkaufspreis für das notwendige Holz für eine Einrichtung würde bei einem fremden Lieferanten 850 € netto betragen. Die BüMö Holz GmbH berechnet der Büromöbelwerke AG allerdings für die Holzlieferung für eine Büroeinrichtung 450 € netto (unverzollt und unversteuert).

Sie sind beauftragt die Besteuerung zwischen den einzelnen Unternehmen zu begutachten. Hierzu sind folgende Fragen zu beantworten.

a) Welche Steuern fallen in Deutschland unter die „Steuern vom Einkommen und Ertrag"? Gehen Sie hierbei auch auf die jeweiligen Steuerpflichten ein und prüfen Sie diese für die BüMö AG.

b) Wie ist der Einkauf aus Norwegen umsatzsteuerlich zu betrachten? Gehen Sie auf Umsatzart, Umsatzsteuer und Vorsteuer ein.

c) Wie ist die Lieferung an die BüMö Vertriebs GmbH aus umsatzsteuerlicher Sicht zu betrachten? Gehen Sie auf Umsatzart, Umsatzort, ggf. Steuerbefreiungen und notwendige Voraussetzungen ein.

d) Wie werden eventuelle Gewinnausschüttungen der Tochtergesellschaften bei der Büromöbelwerke AG (BüMö AG) im Rahmen der Körperschaftsteuer erfasst?

e) Welches Ziel verfolgt die Büromöbelwerke AG (BüMö AG) mit den niedrigen Einkaufspreisen aus Norwegen und den niedrigeren Verkaufspreisen nach Österreich? Wie wird der deutsche Fiskus hierauf reagieren?

Lösung s. Seite 117

Aufgabe 20: Steuerlicher Rechtsformvergleich

Sie sind leitender Angestellter in einem inhabergeführten Unternehmen. Das Unternehmen wird als bilanzierungspflichtiges Einzelunternehmen geführt. Im Rahmen der Unternehmensnachfolge wird Ihnen angeboten, das Unternehmen zu übernehmen. Sie sind hierzu bereit, sind sich aber noch nicht sicher, ob Sie das Unternehmen in der Rechtsform eines bilanzierenden Einzelunternehmens oder als alleiniger Gesellschafter einer Gesellschaft mit beschränkter Haftung (GmbH) fortführen wollen.

Um eine Entscheidung für die passende Rechtsform zu finden, wollen Sie einen steuerlichen Rechtsformvergleich für das kommende Geschäftsjahr durchführen.

Ihnen stehende folgende Daten zur Verfügung.

- Steuerlicher Gewinn des Einzelunternehmens im abgelaufenen Geschäftsjahr 260.000 € (auch für das kommende Geschäftsjahr wird ein steuerlicher Gewinn in gleicher Höhe erwartet).
- Bei Wahl einer GmbH werden Sie sich als Geschäftsführer ein Gehalt i. H. v. 60.000 € zahlen. Alle Sozialabgaben werden privat gezahlt, weitere Arbeitgeberanteile sind zur Vereinfachung nicht zu berücksichtigen.
- Der Hebesatz der Kommune beträgt 400 %.

a) Berechnen Sie in übersichtlicher Form die gesamte Steuerbelastung der beiden Rechtsformen sowohl auf Unternehmer – als auch auf Unternehmensebene. Gehen Sie davon aus, dass alle Gewinne auch voll ausgeschüttet werden sollen. Die Einkommensteuer soll nach der Grundtabelle (§ 32a EStG) berechnet werden.

b) Erläutern Sie, wie sich die steuerliche Belastung bei der Wahl der jeweiligen Rechtsform verändern würde, wenn der Gewinn nur zu 50 % ausgeschüttet wird und die steuerliche Belastung so gering wie möglich gehalten werden soll. (Berechnungen sind nicht notwendig).

Lösung s. Seite 119

2. Unterstützung der Unternehmensziele durch Bilanz- und Steuerpolitik

Aufgabe 1: Grundlagen der Bilanz- und Steuerpolitik (I)

Sie sind Mitarbeiter/in der RaMä AG. Das Unternehmen produziert und vertreibt hochwertige Rasenmäher europaweit. Der Jahresumsatz des Unternehmens im abgelaufenen Geschäftsjahr betrug 50 Mio. €. Die Bilanzsumme beträgt 15 Mio. € und die Eigenkapitalquote 40 %. Auf der nächsten Vorstandssitzung soll über die Ausrichtung der Bilanz- und Steuerpolitik des Unternehmens beraten werden.

a) Beschreiben Sie aus Unternehmenssicht die Zielsetzungen von Bilanz- und Steuerpolitik.

b) Stellen Sie dabei dar, wie es zu einem Zielkonflikt kommen kann.

Lösung s. Seite 123

Aufgabe 2: Grundlagen der Bilanz- und Steuerpolitik (II)

Sie sind Mitarbeiter/in einer mittelgroßen Kapitalgesellschaft. Im Rahmen der nächsten Sitzung der Abteilung Finanz- und Rechnungswesen sollen Sie über die Möglichkeiten der Bilanz- und Steuerpolitik informieren. Zur Vorbereitung sollen folgende Fragen beantwortet werden:

a) Nennen Sie jeweils zwei Ziele der

   1. Bilanzpolitik
   2. Steuerpolitik.

b) Im Rahmen der Bilanzpolitik werden verschiedene Mittel unterschieden:

   1. Zeitliche Bilanzpolitik
   2. Materielle Bilanzpolitik
   3. Formelle Bilanzpolitik.

   Beschreiben Sie jeweils die einzelnen Mittel der Bilanzpolitik und nennen Sie jeweils ein Beispiel.

c) Beschreiben Sie kurz, wo aus Ihrer Sicht die Grenzen der Bilanzpolitik liegen.

d) Grenzen Sie kurz die Bilanzpolitik von der Jahresabschlussanalyse ab.

Lösung s. Seite 125

Aufgabe 3: Materielle Bilanzpolitik

Sie sollen die Mitarbeiter Ihrer Abteilung über die Möglichkeiten der materiellen Bilanzpolitik informieren.

a) Im Rahmen der materiellen Bilanzpolitik werden Wahlrechte und Ermessenspielräume unterschieden. Beschreiben Sie beide Begriffe.

b) Wahlrechte und Ermessensspielräume gibt es
   1. beim Bilanzansatz (Bilanzierung dem Grunde nach) und
   2. bei der Bewertung (Bilanzierung der Höhe nach).

   Beschreiben Sie für beide Bereiche jeweils zwei Anwendungsbeispiele.

Lösung s. Seite 126

Aufgabe 4: Zusammenhang von Handels- und Steuerbilanz

Die Mayer AG ist eine Kapitalgesellschaft im Sinne des HGB. Im Rahmen der Erstellung des Jahresabschlusses treten folgende Fragen auf, die von Ihnen im Rahmen der nächsten Sitzung der Bereichsleitung Rechnungs- und Finanzwesen beantwortet werden sollen.

a) Erläutern Sie das Maßgeblichkeitsprinzip und die Durchbrechung der Maßgeblichkeit zwischen Handels- und Steuerbilanz.
b) Unterscheiden Sie zwischen Bilanzierungswahlrechten und Bewertungswahlrechten und nennen Sie jeweils ein Beispiel.
c) Beschreiben Sie zwei Beispiele bei denen sich der Ansatz von Vermögen oder Schulden zwischen Handels- und Steuerbilanz zwingend unterscheiden.

Lösung s. Seite 127

Aufgabe 5: Bewertungsprinzipien, Bewertungsbegriffe

Im Rahmen der Erstellung des Jahresabschluss muss ein Unternehmen verschiedene Bewertungsprinzipien und Bewertungsbegriffe beachten bzw. anwenden. Diese sind z. B.:

- Anschaffungswertprinzip
- Niederstwertprinzip
- Höchstwertprinzip
- stille Reserven
- wertaufhellende Tatsachen
- wertbeeinflussende Tatsachen.

Erläutern Sie diese Prinzipien bzw. Begriffe jeweils an einem von Ihnen selbst gewählten Beispiel.

Lösung s. Seite 129

Aufgabe 6: Bilanzierungsentscheidungen

Die KlebSto GmbH in Stralsund produziert Lacke und Leim für die Möbelindustrie. Der Absatz über das Internet bekommt eine immer größere Bedeutung. Ziel des Unternehmens ist es in den nächsten fünf Jahren den Umsatz über das Internet zu verdoppeln. Der Vorstand wird hierzu in den nächsten Jahren eine Vielzahl von Aktivitäten durchführen.

Sachverhalt 1

Um die steigenden Aufträge möglichst schnell ausliefern zu können, erwarb die KlebSto GmbH am 24.05.2014 eine Verpackungsmaschine. Die Nutzungsdauer beträgt zehn Jahre. Der Kaufpreis der Maschine betrug 750.000. €. Bei Begleichung des Betrages zog die KlebSto GmbH einen eingeräumten Skonto i. H. v. 2 % ab. Für die Lieferung und Montage im Mai 2014 fielen Transport- und Montagekosten i. H. v. 25.000 € (netto ohne USt) an. Die Maschine soll linear abgeschrieben werden.

Sachverhalt 2

Die Mitarbeiter der KlebSto GmbH entwickelten ein neues Computerprogramm zur eigenen Nutzung. Das Programm ermöglicht den Kunden der KlebSto GmbH den gesamten Beschaffungsprozess online abzuwickeln. Für die Programmierung und Implementierung des Programms sind folgende Entwicklungskosten angefallen:

- Materialeinzelkosten 50.000 €
- Fertigungseinzelkosten 25.000 €
- Materialgemeinkosten 15.000 €
- Fertigungseinzelkosten 12.500 €
- Verwaltungsgemeinkosten 10.000 €

Das Programm war am 01.08.2014 einsatzbereit und soll 10 Jahre genutzt werden.

a) Beurteilen Sie den Sachverhalt 1 aus handels- und steuerrechtlicher Sicht und entwickeln Sie ggf. die Bilanzansätze zum Bilanzstichtag, 31.12.2014. Geben Sie die einschlägigen gesetzlichen Grundlagen an.

b) Beurteilen Sie den Sachverhalt 2 aus handels- und steuerrechtlicher Sicht und entwickeln Sie ggf. die Bilanzansätze zum 31.12.2014. Geben Sie die einschlägigen gesetzlichen Grundlagen an.

TIPP

Das Ziel des Unternehmens ist es nach Handels- und Steuerrecht einen möglichst hohen Gewinn auszuweisen.

Lösung s. Seite 131

Aufgabe 7: Bilanzierung immaterieller Vermögensgegenstände/ Wirtschaftsgüter

Die Mayer AG ist ein mittelständisches Unternehmen, welches Büromöbel herstellt. Der Sitz der Gesellschaft ist Rostock. Es gibt zahlreiche Überlegungen zur Steigerung der Umsätze. Durch Analysen wurde festgestellt, dass der Onlinehandel eine hohe Bedeutung für das Unternehmen hat. Hierzu wurden verschiedene Aktivitäten unternommen.

Sachverhalt 1

Die Mayer AG beauftragte die Marketingabteilung eine leicht zu erfassende Webadresse zu finden. Es wurde eine Web-Adresse gefunden und am 01.10.2014 angemeldet. Zusammen mit anderen Aktivitäten der Marketingabteilung ist eine Marke entstanden.

Die Web-Adresse soll mindestens 14 Jahre genutzt werden. Es fielen Lohnkosten i. H. v. 6.000 €, sowie Gebühren von 8.000 € an.

Sachverhalt 2

Die Mayer AG erwarb von der AllSoft GmbH Chemnitz ein neues Computerprogramm, das die Präsentation von Produkten des Unternehmens auf der Webseite ermöglichen sollte. Als Kaufpreis waren 20.000 € netto vereinbart.

Für die Implementierung des Programms wurden Mitarbeiter der Mayer AG herangezogen, die Lohnkosten von 15.000 € verursachten. Der Gemeinkostenzuschlagssatz betrug lt. Controlling 75 %. Das Programm war am 01.09.2014 betriebsbereit.

Die Nutzungsdauer des Programms ist mit fünf Jahren anzunehmen. Es wird ein gleichmäßiger Nutzungsverlauf angenommen.

Sachverhalt 3

Für die Warendisposition war keine passende Softwarelösung verfügbar. Die Mitarbeiter der Mayer AG haben daher ab Januar 2014 mit der Entwicklung eines neuen Programms begonnen. Die Fertigungskosten umfassten 400.000 €, der Zuschlagssatz für die Gemeinkosten beträgt 80 %. Die Materialkosten betrugen 15.000 €, darauf fielen nochmals 5 % Materialgemeinkosten an.

Die Fertigstellung erfolgte am 01.07.2014. Die Nutzungsdauer des Programms ist fünf Jahre. Es wird ein gleichmäßiger Nutzungsverlauf angenommen.

a) Prüfen Sie, ob bei den jeweiligen Sachverhalten ein Vermögensgegenstand/ Wirtschaftsgut entsteht.

b) Entwickeln Sie für die oben aufgeführten Sachverhalte nach Handels- und Steuerrecht die Bilanzpositionen zum 31.12.2014.

c) Klären Sie bilanzsteuerrechtlich die sich hieraus ergebenden Auswirkungen, falls sich Handels- und Steuerbilanz unterscheiden.

TIPP

Die Mayer AG strebt bei diesen Sachverhalten einen möglichst hohen Handelsbilanzgewinn an. Auf die Umsatzsteuer ist nicht einzugehen, eventuelle Buchungssätze sind nicht erforderlich.

Lösung s. Seite 134

Aufgabe 8: Berechnung Anschaffungskosten, Grundsatz des Bruttoausweises

Die Mayer GmbH hat einen Industrieroboter beschafft. Der Kaufpreis betrug 928.200 € inkl. 19 % USt. Aufgrund langfristiger Geschäftsbeziehungen gewährt der Lieferant der Mayer GmbH einen Rabatt von 4 %. Darüber hinaus kann die Mayer GmbH Skonto i. H. v. 3 % nach Abzug des Rabatts in Anspruch nehmen.

Der Industrieroboter muss auf ein spezielles Fundament aufgestellt werden. Das Fundament wurde von Mitarbeitern der Mayer GmbH erstellt. Aus dem Controlling stehen Ihnen hierzu folgende Daten zur Verfügung:

- verbrauchtes Material 12.500 €
- Fertigungslöhne 4.500 €
- Materialgemeinkosten 12 %
- Fertigungsgemeinkosten 45 %
- Verwaltungsgemeinkosten 20 %

Außerdem stellte ein örtliches Elektrounternehmen für den Starkstromanschluss 3.000 € zzgl. 19 % USt in Rechnung. Da die Liquiditätslage der Mayer GmbH sehr angespannt ist, wird für die Finanzierung ein Annuitätendarlehen i. H. v. 700.000 € bei der Sparbank aufgenommen. Diese verlangt für die Darlehensgewährung ein Disagio i. H. v. 5 % und einen jährlichen Darlehenszins von 8 %.

a) Ermitteln Sie die Anschaffungskosten des Industrieroboters nach Handels- und Steuerrecht. Begründen Sie Ihre Entscheidung. Die Mayer GmbH strebt einen möglichst hohen Gewinn in der Handelsbilanz an.

b) Erläutern Sie anhand der o. g. Ausgangssituation den Grundsatz des Bruttoausweises.

Lösung s. Seite 137

Aufgabe 9: Ermittlung der Anschaffungskosten, Zugangs- und Folgebewertung

Die RaMä AG, ein mittelständisches Handelsunternehmen aus Hamburg, kaufte im Januar 2015 für 550.000 € zzgl. USt eine gebrauchte Verpackungsanlage von der PACK AG, Bremen. Die Verpackungsanlage musste von der RaMä AG bei der PACK AG abgebaut, nach Hamburg transportiert und auf einem speziellen Fundament wieder montiert werden. Hierfür wurde der Lohnunternehmer Rudi Flink beauftragt. Dieser führte die Arbeiten im Februar 2015 aus.

Flink berechnete der RaMä AG für Abbau, Transport und Montage 30.000 € zzgl. 19 % USt. Die Rechnung wurde noch im Februar unter Abzug von 2 % Skonto beglichen.

Das Fundament wurde durch eigene Mitarbeiter im Februar 2015 erstellt. Hierfür sind Material i. H. v. 1.500 € verbraucht worden und Löhne i. H. v. 500 € gezahlt worden. Aus der Kostenrechnung liegen folgende Gemeinkostenzuschläge vor:

- Material 15 %
- Fertigung 75 %
- Verwaltung 20 %

Die Verpackungsanlage war am 01.03.2015 einsatzbereit.

Im August 2015 wurde die Verpackungsanlage um fünf Module erweitert, um die Kapazität zu erhöhen. Pro Modul fielen 1.500 € netto Anschaffungskosten abzgl. 5 % Skonto an. Für den Einbau der Module wurde Rudi Flink beauftragt. Er führte den Auftrag im August durch und stellte der RaMä AG 2.380 € inkl. 19 % USt in Rechnung. Die Rechnung wurde im August unter Abzug von 3 % Skonto beglichen.

Die Verpackungsanlage hat eine Nutzungsdauer von 15 Jahren.

a) Ermitteln Sie die Anschaffungskosten der Verpackungsanlage nach Handels- und Steuerrecht.

b) Ermitteln Sie den Bilanzansatz der Verpackungsanlage zum 31.12.2015. Geben Sie jeweils die einschlägigen gesetzlichen Grundlagen an.

Lösung s. Seite 138

Aufgabe 10: Geschäfts- oder Firmenwert

Die Möbel GmbH erwarb mit notariellem Vertrag vom 19.11.2014 die Möbeltischlerei Müller e. K. zum Kaufpreis von 2,5 Mio. € mit Wirkung zum 01.01.2015. Die Möbel GmbH übernahm sämtliche Vermögensgegenstände, Verbindlichkeiten und Rückstellungen des Einzelunternehmens.

Zur Ermittlung des Kaufpreises wurden durch einen unabhängigen Gutachter sämtliche Vermögenswerte und Schulden zum 01.01.2015 bewertet. Es ergaben sich folgende Werte:

Bilanzposition	**Buchwerte Handelsbilanz zum 01.01.2015 in €**	**Zeitwerte zum 01.01.2015 in €**
selbst entwickeltes Patent	kein Ansatz	350.000,00
Grund und Boden	750.000,00	900.000,00
Gebäude	1.800.000,00	2.200.000,00
technische Anlagen und Maschinen	400.000,00	400.000,00
Betriebs- und Geschäftsausstattung	175.000,00	175.000,00
Finanzanlagen	400.000,00	400.000,00
Vorräte	175.000,00	190.000,00
Wertpapiere des Umlaufvermögens	30.000,00	30.000,00
Summe Vermögensgegenstände	**3.730.000,00**	**4.645.000,00**
Rückstellungen	275.000,00	275.000,00

Bilanzposition	**Buchwerte Handelsbilanz zum 01.01.2015 in €**	**Zeitwerte zum 01.01.2015 in €**
Verbindlichkeiten	2.250.000,00	2.250.000,00
Summe Fremdkapital	**2.525.000,00**	**2.525.000,00**

a) Welche Möglichkeiten der Bilanzierung von selbst hergestellten immateriellen Vermögensgegenständen des Anlagevermögens gibt es in der Handels- und Steuerbilanz? Was ergibt sich hieraus für die Erfolgsrechnung?

b) Erläutern Sie den Unterschied zwischen einem originären und derivativen Geschäfts- oder Firmenwert. Erläutern Sie, ob nach Handels- und Steuerrecht jeweils Bilanzierungsgebot, -wahlrecht oder -verbot besteht.

c) Ermitteln Sie für die Möbel GmbH den Geschäfts- oder Firmenwert, der sich aus der Übernahme des Einzelunternehmens ergibt und ermitteln Sie den Bilanzansatz. Die handelsrechtliche Nutzungsdauer wird auf fünf Jahre festgesetzt. Die einschlägigen gesetzlichen Grundlagen sind jeweils zu nennen.

Lösung s. Seite 140

Aufgabe 11: Selbst erstellter immaterieller Vermögensgegenstand

Die Forschungsabteilung eines Büromöbelherstellers hat nach fünf Jahren intensiver Arbeit einen neuartigen Klebstoff entwickelt und sich diesen patentieren lassen. Die Entwicklung erfolgte in der Zeit vom 01.08.2011 - 30.09.2014. Die Nutzungsphase kann ab Beginn der Produktion mit acht Jahren angenommen werden, bis Konkurrenzunternehmen selbst einen Klebstoff in der gleichen Qualität entwickelt haben. Konkurrenten des Büromöbelherstellers haben Kaufinteresse an dem Patent angemeldet, was allerdings abgelehnt wurde.

Die Herstellungskosten für die Entwicklung betrugen:

- 2011: 300.000 €
- 2012: 400.000 €
- 2013: 600.000 €
- 2014: 140.000 €

Ab 01.10.2014 kann der neue Klebstoff in der Produktion verwendet werden.

a) Beurteilen Sie den Sachverhalt aus handelsrechtlicher und steuerrechtlicher Sicht, wenn ein möglichst hoher handelsrechtlicher Gewinn gewünscht wird.

b) Entwickeln Sie die Bilanzpositionen in den Jahresabschlüssen 2011 - 2014 unter Nennung der Bilanzposition gem. § 266 HGB.

Lösung s. Seite 142

Aufgabe 12: Bewertungsvereinfachungsverfahren, Zugangs- und Folgebewertung

Die Mayer AG ist eine mittelgroße Kapitalgesellschaft im Sinne des HGB. Das Unternehmen produziert Büromöbel aus Naturholz. In den Vorräten der Mayer AG befand sich zum 31.12.2014 ein größerer Posten zugekaufter Tischplatten (Vorprodukte), die für die Herstellung von Schreibtischen verwendet werden.

Im Geschäftsjahr 2014 wurden folgende Einkäufe getätigt:

Datum	Bestand/ Veränderung	Stückzahl	Preis pro Einheit
01.01.2014	Anfangsbestand	400	90,00 €
20.03.2014	Zugang	50	100,00 €
30.06.2014	Zugang	56	115,00 €
17.09.2014	Zugang	140	120,00 €
07.11.2014	Zugang	80	135,00 €

Der Inventurbestand zum 31.12.2014 betrug 500 Stück. Im Einzelnen ist nicht feststellbar, aus welchen Teillieferungen der Inventurbestand sich zusammensetzt. Am 31.12.2014 belief sich der Marktpreis (= Wiederbeschaffungskosten) auf 95 € pro Einheit. Seit November 2014 sind die Marktpreise für diesen Artikel fallend. Am Tag der Bilanzaufstellung (20.03.2015) betrug der Marktpreis 80 €.

a) Ermitteln Sie die Anschaffungskosten nach zwei Methoden, die sowohl handels- als auch steuerrechtlich zulässig sind.

b) Führen Sie die Folgebewertung zum 31.12.2014 durch. Ziel des Unternehmens ist ein möglichst hoher Handelsbilanzgewinn und ein möglichst niedriger Steuerbilanzgewinn.

Lösung s. Seite 143

Aufgabe 13: Fallstudie Vorräte, Folgebewertung

Die Mayer AG ist eine mittelgroße Kapitalgesellschaft im Sinne des HGB. Das Unternehmen produziert Büromöbel aus Naturholz. Im Vorratsbestand der Mayer AG ist noch folgender Sachverhalt im Rahmen des Jahresabschlusses 2014 zu bewerten.

Im Bilanzansatz „Vorräte" zum 31.12.2014 sind u. a. Schubladen, die für die Herstellung von Schreibtischen benötigt werden, enthalten.

Aus einem im Jahr 2013 abgewickelten Großauftrag stammt noch ein Restbestand von 300 Stück. Die Schubladen hatten im Jahr 2013 Anschaffungskosten von 25 € je Stück. Wegen der schlechten Verwertbarkeit des Restbestandes wurden die Schubladen zum 31.12.2013 (zutreffend) mit 10 € je Stück angesetzt.

Im bisherigen Ansatz zum 31.12.2014 wurde der Ansatz vom Vorjahr übernommen. Noch Ende 2014 konnte mit einem Kunden ein Liefervertrag über neue Schreibtische abgeschlossen werden, welcher die volle Verwertbarkeit der Schubladen sichert. Um den Auftrag abwickeln zu können, mussten von der Mayer AG noch weitere Mengen der gleichen Schubladen bestellt werden.

Der Preis der zum 31.12.2014 bestellten, aber noch nicht gelieferten Schubladen beträgt 28 € je Stück. Die bestellten Schubladen sind mit den auf Lager befindlichen Schubladen absolut gleichwertig. Mit der Produktion der bestellten Schreibtische wird erst im Jahr 2015 begonnen.

Erläutern Sie, wie die Schubladen, die sich im Lager befinden, nach Handels- und Steuerrecht zum 31.12.2014 bewertet werden. Begründen Sie Ihre Antwort auch mit den einschlägigen gesetzlichen Normen.

Lösung s. Seite 145

Aufgabe 14: Bilanzierung Vorräte – Verbrauchsfolgeverfahren

Die Hansen AG aus Hamburg produziert Bremsen für die Automobilindustrie. Aus der Saldenliste ergeben sich vor Erstellung des Jahresabschlusses folgende Daten:

Bestand an Bremsscheiben (Vorprodukte) : 150.000 €

Der Bestand an Bremsscheiben muss im Rahmen der Jahresabschlussarbeiten noch bewertet werden. Das Unternehmen wendet das Lifo-Verfahren an.

Es liegen folgende Daten aus der Lagerwirtschaft vor:

Anfangsbestand	5.000 Stück	zu je 25,00 €	125.000,00 €
1. Zugang	2.000 Stück	zu je 20,00 €	40.000,00 €
2. Zugang	3.000 Stück	zu je 22,50 €	67.500,00 €
Summe	10.000 Stück		232.500,00 €

Laut Stichtaginventur befinden sich am Abschlussstichtag noch 4.000 Stück im Lager. Der Wiederbeschaffungspreis beträgt am Bilanzstichtag (31.12.) dauerhaft 24 € je Stück.

a) Wie sind Vorräte allgemein nach Handels- und Steuerrecht zu bewerten?

b) Ermitteln Sie den Bilanzansatz der Bremsscheiben für den handelsrechtlichen und steuerrechtlichen Jahresabschluss.

c) Ermitteln Sie die Bestandsveränderung für die Vorprodukte (handelsrechtlicher und steuerlicher Wertansatz) ausgehend vom vorläufigen Jahresabschluss. Ziel des Unternehmens ist ein möglichst hoher Handelsbilanzgewinn und ein niedriger Steuerbilanzgewinn.

Lösung s. Seite 146

Aufgabe 15: Zugangs- und Folgebewertung Vorräte

Sie sind Mitarbeiter/in der Holzbauelemente GmbH mit Sitz in Hamburg. Das Unternehmen ist spezialisiert auf den Bau und Einbau von Holzmöbeln und kompletten Zimmerausstattungen aus Naturholz für Hotels.

Im Rahmen der Erstellung des Jahresabschluss für das Geschäftsjahr 2014, werden Sie beauftragt nachfolgenden Sachverhalt zu bearbeiten.

Die Holzbauelemente GmbH hat im Oktober 2014 noch einen Auftrag zur Herstellung von neun „Komplett-Schlafzimmereinrichtungen" für ein Hotel in Kiel zu einem Festpreis von 99.000 € (zzgl. 19 % USt) übernommen. Entsprechend der vertraglichen Abmachungen waren die neun „Komplett-Schlafzimmereinrichtungen" bis zum 31.03.2015 auszuliefern und einzubauen.

Im kalkulierten Festpreis war zunächst ein Gewinn von 12.500 € enthalten.

Wegen gestiegener Kosten konnte der Auftrag allerdings nicht mehr kostendeckend ausgeführt werden. Normalerweise erzielt die Holzbauelemente GmbH bei der Produktion und Einbau derartiger Schlafzimmereinrichtungen einen Unternehmergewinn von 5 % bezogen auf den Nettoverkaufspreis.

Bis zum 31.12.2014 sind folgende Aufwendungen (netto) entstanden:

Vermittlungsprovision an Joachim Jensen (Herr Jensen hatte den Kontakt zum Hotel hergestellt)	5.400,00 €
Fertigungsmaterial	30.000,00 €
Materialgemeinkosten	6.600,00 €
Fertigungslöhne	12.000,00 €
Fertigungsgemeinkosten	18.000,00 €
Kosten der Verwaltung	5.100,00 €
Entwurfskosten „Komplett-Schlafzimmereinrichtung" (fremder Designer)	8.100,00 €
Summe	**85.200,00 €**

Bis zur Auslieferung und dem Einbau fielen im Jahr 2015 noch folgende Kosten (netto) an:

Fertigungsmaterial	6.300,00 €
Materialgemeinkosten	1.500,00 €
Fertigungslöhne	11.400,00 €
Fertigungsgemeinkosten	12.150,00 €
Verwaltungsgemeinkosten	4.800,00 €
Vertriebskosten	8.100,00 €
Summe	**44.250,00 €**

a) Ermitteln Sie die Herstellungskosten zum 31.12.2014 im Rahmen der Zugangsbewertung nach Handels- und Steuerrecht. Das Unternehmen strebt eine Einheitsbilanz an.

b) Nehmen Sie die Folgebewertung zum 31.12.2014 nach Handels- und Steuerrecht vor und entwickeln Sie den Bilanzansatz. Gehen Sie von einer dauernden Wertminderung aus. Das Unternehmen strebt einen möglichst niedrigen steuerlichen Gewinn an. Die einschlägigen gesetzlichen Grundlagen sind jeweils zu nennen.

Lösung s. Seite 147

Aufgabe 16: Bewertung Forderungen

Sachverhalt 1

Die BauMa GmbH hatte am 13.12.2014 der Rübli KG in Bern (Schweiz) eine maschinelle Anlage ausgeliefert und übergeben. Die Rechnung über 750.000 CHF (wurde noch am gleichen Tag versandt).

Als Gefahrenübergang war der Tag der Übergabe vereinbart. Die Rechnung wurde durch die Rübli KG am 12.01.2015 auf das betriebliche Bankkonto der BauMa GmbH gezahlt. Die Kurse entwickelten sich wie folgt:

Datum	1 € = x CHF
13.12.2014	1,62 CHF
31.12.2014	1,65 CHF
12.01.2015	1,63 CHF

Sachverhalt 2

Die Müller AG wies zum 31.12.2014 lt. Debitorenliste einen Forderungsbestand i. H. v. 3.570.000 € einschließlich 19 % USt aus.

Auf den Forderungsbestand sind aus den betrieblichen Erfahrungen folgende Risiken zu berücksichtigen:

- Ausfallrisiko 2 %
- Skontorisiko 2 %
- Zinsrisiko 8 %
- Inkassorisiko 700 € pauschal

Die Kunden der Müller AG zahlen durchschnittlich 10 Tage nach dem vereinbarten Zahlungsziel.

Am Tag der Bilanzaufstellung (14.05.2015) war nur noch eine Forderung i. H. v. 59.500 € inkl. 19 % USt unbezahlt, für diese Rechnung gewährt die Müller AG keinen Skontoabzug mehr.

An Skontoabzügen wurden bis zum Tag der Bilanzaufstellung 28.560 € inkl. 19 % USt in Anspruch genommen.

Der Bestand an Pauschalwertberichtigungen zum 31.12.2013 betrug: 45.000 €.

a) Erläutern Sie die Zugangs- und Folgebewertung von Forderungen.

b) Beurteilen Sie den Sachverhalt 1 nach handels- und steuerrechtlichen Gesichtspunkten und entwickeln Sie die zutreffenden Bilanzposten zum 31.12.2014.

c) Beurteilen Sie den Sachverhalt 2 nach handels- und steuerrechtlichen Gesichtspunkten und entwickeln Sie die zutreffenden Bilanzposten zum 31.12.2014.

Lösung s. Seite 149

Aufgabe 17: Definition und Anwendung latenter Steuern

Sie sind Mitarbeiter in der Hans Hansen AG einer großen Kapitalgesellschaft gem. HGB. Im Rahmen der Erstellung des Jahresabschlusses kann es zur Bildung von latenten Steuern kommen.

a) Erläutern Sie das Wesen und die Entstehung von latenten Steuern im Jahresabschluss.

b) Beschreiben Sie anhand von drei selbst gewählten Beispielen, wie latente Steuern im Jahresabschluss entstehen können.

Lösung s. Seite 152

Aufgabe 18: Darstellung des Eigenkapitals einer Kapitalgesellschaft

Das Eigenkapital der Mayer AG weist zum 31.12.2013 die folgenden Positionen aus:

A.	**Eigenkapital**	
I.	gezeichnetes Kapital	14.000.000,00 €
II.	Kapitalrücklage	1.000.000,00 €
III.	Gewinnrücklagen	
	1. gesetzliche Rücklage	200.000,00 €
	2. andere Gewinnrücklagen	400.000,00 €
IV.	Bilanzgewinn davon Gewinnvortrag: 20.000 €	2.000.000,00 €
		17.600.000,00 €

Das gezeichnete Kapital setzt sich aus 1.400.000 Aktien im Nennbetrag von jeweils 10 € je Aktie zusammen.

Im Januar 2014 erwarb die Mayer AG eigene Aktien (18.000 Stück), die den Arbeitnehmern der Mayer AG im Laufe des Jahres 2015 zum Erwerb angeboten werden sollen. Die Aktien wurden zu einem Kurswert von 17 € pro Stück zzgl. Nebenkosten von 0,50 € pro Stück erworben.

a) Beschreiben Sie kurz folgende Eigenkapitalposten
   1. gezeichnetes Kapital,
   2. Kapitalrücklage und
   3. Bilanzgewinn.

b) Durch den Erwerb der eigenen Anteile, verändert sich die Struktur des Eigenkapitals. Stellen Sie das Eigenkapital nach dem Erwerb der eigenen Anteile dar. Der Bilanzgewinn 2013 ist für 2014 aus Vereinfachungsgründen zu übernehmen.

c) Das Geschäftsjahr 2014 schloss mit einem Jahresüberschuss von 5.000.000 € ab. Erläutern Sie kurz die Bedeutung der gesetzlichen Rücklage einer Aktiengesellschaft. Muss aus dem Jahresüberschuss 2014 eine Zuführung in die gesetzliche Rücklage erfolgen? Wenn ja in welcher Höhe?

TIPP

Beantworten Sie die Teilaufgabe c) ohne Berücksichtigung des Erwerbs der eigenen Anteile.

Lösung s. Seite 154

Aufgabe 19: Rücklagen und Rückstellungen

Bei der Erstellung des Jahresabschlusses einer großen Aktiengesellschaft sind Sie in der Arbeitsgruppe, die mit der Bewertung der Passivseite der Bilanz beauftragt sind.

Um die Arbeitsweise in der Arbeitsgruppe so effektiv wie möglich zu gestalten, sollen Sie folgende Fragen beantworten.

a) Grenzen Sie Rückstellungen und Rücklagen voneinander ab.

b) Nennen und beschreiben Sie drei Arten von Rücklagen, die in einer großen Aktiengesellschaft auftreten können. Nennen Sie ggf. die einschlägigen gesetzlichen Grundlagen.

c) Welche Ansatzvorschriften für Rückstellungen gibt es nach Handels- und Steuerrecht? Gibt es Unterschiede? Nennen Sie jeweils auch die gesetzlichen Grundlagen.

d) Wie werden Rückstellungen im Handels- und Steuerrecht bewertet, welche Unterschiede ergeben sich hieraus? Nennen Sie die einschlägigen gesetzlichen Grundlagen.

Lösung s. Seite 156

Aufgabe 20: Rückstellungen nach Handels- und Steuerrecht

Sie sind Mitarbeiter/in der Mayer AG. Der Unternehmensgegenstand besteht in der Produktion und dem Verkauf von hochwertigen Büromöbeln und Möbelprogrammen. Der Absatz richtet sich hauptsächlich an Behörden und gewerbliche Abnehmer.

Der Jahresüberschuss vor Steuern belief sich im abgelaufen Jahr auf 25.000.000 €. Seit dem vergangenen Jahr gibt es Probleme mit Lieferanten aufgrund von mangelnder Qualität. Daraus resultieren auch im Absatzbereich Probleme, da die Reklamationsquote stark angestiegen ist.

Im letzten Geschäftsjahr wurden Lieferungen im Wert von 4 % des Umsatzes reklamiert, auf Basis von Gewährleistungsansprüchen. Weitere 2 % des Umsatzes wurden auf Kulanzbasis im Sinne der Kunden reguliert. Die Mayer AG kann sich aus Konkurrenzgründen den Kulanzleistungen nicht entziehen.

Die Leistungen werden immer komplett im kommenden Geschäftsjahr abgewickelt.

Sie sind im Vertriebsbereich tätig und sollen, im Rahmen der Erstellung des Jahresabschlusses, Stellung zur Bildung von Rückstellungen nehmen.

a) Unter welchen Voraussetzungen sind Rückstellungen zu bilden?
b) Erläutern Sie, inwieweit sich aus dem obigen Sachverhalt Rückstellungen ergeben und entwickeln Sie ggf. die Bilanzansätze nach Handels- und Steuerrecht. Nennen Sie jeweils die gesetzlichen Grundlagen.
c) Beschreiben Sie an einem betrieblichen Beispiel wie Drohverlustrückstellungen entstehen können und gehen Sie auf die Ansatzvorschriften für Handels- und Steuerbilanz ein.

Lösung s. Seite 158

Aufgabe 21: Bewertung von Rückstellungen

Sie sind Mitarbeiter der Hansen AG, Rostock. Im Rahmen der Erstellung des Jahresabschlusses 2014 sind folgende Sachverhalte noch zu klären:

Sachverhalt 1
Die Hansen AG hat eine betriebliche Kantine in der die Mitarbeiter Frühstück und Mittagessen gegen Entgelt einnehmen können. Nach einer Kontrolle der Gewerbeaufsicht bekam die Hansen AG mit Bescheid vom 22.10.2014 mitgeteilt, erstmals einen Fettabscheider in den Abwasserabfluss einzubauen. Die Aufwendungen hierfür betragen laut einer hierauf spezialisierten Firma 20.000 € netto.

Die Hansen AG beauftragte die Fachfirma im Januar 2015. Der Einbau und die Inbetriebnahme erfolgten im März 2015. Die Nutzungsdauer beträgt unstrittig zehn Jahre.

Sachverhalt 2
Die Hansen AG hatte ab Januar 2007 für eine Niederlassung in Wismar zunächst für zehn Jahre Büro- und Lagerräume gemietet. Der monatliche Mietzins beträgt 5.000 € netto. Der Vermieter optierte gem. § 9 UStG.

Aufgrund einer Neuausrichtung des Unternehmens entschied sich die Hansen AG im Dezember 2014 die Niederlassung ab Januar 2015 zu schließen.

Da der Mietvertrag nicht vorzeitig beendet werden kann, suchte die Hansen AG mit Zustimmung des Vermieters einen Untermieter. Während die Lagerräume lt. Vertrag vom 15.12.2014 ab März 2015 von der Müller GmbH für monatlich 1.700 € genutzt werden, konnten die Büroräume lt. Vertrag vom 20.12.2014 erst ab August 2015 für monatlich 1.400 € weitervermietet werden.

Sachverhalt 3

Die Hansen AG wurde im Januar 1966 gegründet. Vorstand und Aufsichtsrat beschlossen daher im Jahr 2014, das 50-jährige Bestehen des Unternehmens zu Imagezwecken zu nutzen. Es wurde geplant, eine Chronik des Unternehmens zu erstellen und eine Festveranstaltung durchzuführen.

Die Aufwendungen hätten zum 31.12.2014 insgesamt ca. 125.000 € betragen. Zum 31.12.2015 ist mit einer Preissteigerung von ca. 10 % zu rechnen.

Beurteilen Sie den Ansatz der Sachverhalte 1 - 3 in der Handels- und Steuerbilanz zum 31.12.2014. Das Unternehmen strebt einen möglichst niedrigen Gewinn an. Die einschlägigen Rechtsgrundlagen sind zu nennen.

Lösung s. Seite 160

Aufgabe 22: Rückstellungen für drohende Verluste, Bewertung der Vorräte

Die SpieSa AG betreibt in Deutschland 20 Filialen im Großhandelsbereich mit Spielsachen für Kinder. Am 03.12.2014 hat die SpieSa AG mit der Spiele-GmbH einen Liefervertrag über 1.000 Teddybären „Eisbär" abgeschlossen. Der vereinbarte Kaufpreis beträgt 40.000 € zzgl. 19 % Umsatzsteuer.

Die Auslieferung erfolgt frei Haus an die Spiele-GmbH am 20.02.2015. Hierfür fallen Verwaltungs- und Vertriebskosten i. H. v. 700 € an. Das Unternehmen rechnet mit einem durchschnittlichen Unternehmergewinn von 5 %.

Bei Bestellung bei der Zuliefererfirma KidAustria AG in Wien (Österreich) am 12.12.2014 muss die SpieSa AG jedoch feststellen, dass sich die Preise zwischenzeitlich erhöht haben. Die KidAustria AG liefert zu folgenden Konditionen.

	Kaufpreis	45.000,00 €
+	Frachtkosten und Zoll	2.000,00 €
=	**Gesamtbetrag**	**47.000,00 €**

Die Lieferung durch die KidAustria AG soll im Januar 2015 erfolgen.

a) Beurteilen Sie den Sachverhalt nach Handels- und Steuerrecht zum 31.12.2014. Entwickeln Sie ggf. die Bilanzansätze.

b) Wie ist der Sachverhalt nach Handels- und Steuerrecht zu beurteilen, wenn die Lieferung durch die KidAustria-AG am 28.12.2014 stattfindet?

Lösung s. Seite 161

Aufgabe 23: Darstellung eines endfälligen und kurzfristigen Darlehens in der Bilanz

Die Mayer AG aus Wismar nimmt am 01.10.2014 ein endfälliges Darlehen bei der Global Bank aus Berlin auf. Die Auszahlung erfolgte umgehend auf das betriebliche Bankkonto.

- Darlehensbetrag 1.000.000 €
- Disagio 5 %
- Zinssatz p. a. 3,5 %
- Zinszahlung halbjährig beginnend am 31.03.2015
- Laufzeit 10 Jahre

Außerdem hat die Mayer AG am 01.10.2014 einen kurzfristigen endfälligen Kredit bei der Rübli Bank, Bern (Schweiz), i. H. v. 50.000 Schweizer Franken aufgenommen. Rückzahlung am 31.03.2015. Zinsen 5 % p. a.

- Kurs 01.10.2014 1 Schweizer Franken = 0,80 Euro
- Kurs 31.12.2014 1 Schweizer Franken = 0,75 Euro
- Kurs 31.03.2015 1 Schweizer Franken = 0,85 Euro

a) Entwickeln Sie die Bilanzansätze zum 31.12.2014 in Handels- und Steuerbilanz für das endfällige Darlehen bei der Global-Bank. Das Unternehmen nennt als Zielsetzung, dass möglichst eine Einheitsbilanz erstellt werden soll.

b) Erläutern Sie, wie das kurzfristige Darlehen der Rübli Bank am 31.12.2014 (Bilanzstichtag) bei der Mayer AG in der Handelsbilanz anzusetzen ist. Die einschlägigen Rechtsgrundlagen sind jeweils zu nennen.

Lösung s. Seite 163

Aufgabe 24: Begriffe im Bereich Beteiligung, steuerliche Standortwahl

Eine strategische Zielsetzung von Unternehmen ist die langfristige Existenzsicherung und der Ausbau der Marktanteile. Um diese Zielsetzung zu erreichen, müssen Unternehmen grundsätzlich wachsen. Dies kann sowohl durch „inneres" Wachstum als auch durch Zukäufe realisiert werden.

a) Unterscheiden Sie in diesem Zusammenhang die Begriffe
   - Beteiligung
   - verbundene Unternehmen
   - assoziierte Unternehmen
   - Konzern.

b) Wachstum kann auch durch den Aufbau eines neuen Standortes realisiert werden. Zu den Kriterien der Standortwahl gehört u. a. auch die Besteuerung. Nennen Sie drei Aspekte, die sich durch einem bestimmten Standort (In-/Ausland) auf die Besteuerung auswirken können.

Lösung s. Seite 164

Aufgabe 25: Ermittlung/Unterscheidung Handels- und Steuerbilanzgewinn

Sie sind Mitarbeiter der Müller Bau GmbH mit Sitz in Rostock. Das Unternehmen ist eine mittelgroße Kapitalgesellschaft im Sinne des HGB. Der vorläufige Jahresüberschuss im Geschäftsjahr (= Kalenderjahr) 2014 (Handelsbilanzgewinn = Steuerbilanzgewinn) beträgt 500.000 €.

Die nachfolgenden Sachverhalte sind im vorläufigen Jahresüberschuss noch **nicht** enthalten und bedürfen einer eingehenden Untersuchung. Das Unternehmen strebt, wenn möglich, einen hohen Handelsbilanzgewinn und einen niedrigen steuerlichen Gewinn an.

Sachverhalt 1
Das Unternehmen hat im August 2014 einen selbst erstellten immateriellen Vermögensgegenstand erstellt. Die Herstellungskosten (bisher voll Gewinn mindernd erfasst) betragen unstrittig 60.000 €. Die Nutzungsdauer wird auf fünf Jahre unterstellt.

Sachverhalt 2
Das Unternehmen kaufte im Oktober 2014 eine Konzession (immaterieller Vermögensgegenstand) im Wert von 21.000 €. Laufzeit sieben Jahre ab 01.11.2014.

Sachverhalt 3
Im Bestand der Vorräte befanden sich 30 Stück Handelswaren. Die Anschaffungskosten betrugen 200 € je Stück. Der Wert am Bilanzstichtag betrug 180 €. Anfang Januar stieg der Wert auf 220 € je Stück.

Sachverhalt 4
Im Forderungsbestand ist die Forderung an den Kunden Schneider i. H. v. 17.850 € inkl. 19 % Umsatzsteuer unstrittig uneinbringbar geworden.

Sachverhalt 5
Die Gewerbesteuervorauszahlungen für das Jahr 2014 betrugen 70.000 € und wurden an die Kommune per Banküberweisung beglichen.

Sachverhalt 6
Die Körperschaftsteuervorauszahlungen für das Jahr 2014 betrugen 65.000 € und wurden an das zuständige Finanzamt per Banküberweisung beglichen.

Sachverhalt 7
Für einen guten Geschäftskunden wurde ein Geschenk i. H. v. brutto 595 € inkl. 19 % USt gekauft.

a) Stellen Sie in der nachfolgenden Tabelle die Gewinnauswirkung der einzelnen Sachverhalte auf den Handels- bzw. steuerlichen Gewinn dar und ermitteln Sie den handels- und steuerrechtlichen Gewinn. Die einschlägigen Rechtsgrundlagen sind zu nennen.

b) Ermitteln auf Basis der Ergebnisse der Teilaufgabe a) die Körperschaftsteuer und die Gewerbesteuer für die Müller Bau GmbH. Der Hebesatz der Kommune beträgt 450 %.

Vorläufiger Gewinn (Handelsrecht = Steuerrecht)				
Sachverhalt	**Handelsrecht**		**Steuerrecht**	
	Rechtsgrundlage	**Gewinn-auswirkung**	**Rechtsgrundlage**	**Gewinn-auswirkung**
1.				
2.				
3.				
4.				
5.				
6.				
7.				
Gewinn				

Lösung s. Seite 166

Aufgabe 26: Steuerliche Wahlrechte, Rücklage gem. R 6.5 EStR

Der Einzelunternehmer Fritz Goldstein betreibt in der Berliner Innenstadt in 3. Generation ein Geschäft zur Herstellung und Verkauf von Goldschmuck. Das Einzelunternehmen ist im Handelsregister eingetragen. Der Umsatz der vergangenen Jahre betrug im Schnitt 5 Mio. €. Die Umsatzrendite durchschnittlich 20 %.

In den vergangenen Jahren wurde oftmals in das Geschäft eingebrochen und immer wieder ein erheblicher Schaden durch Vandalismus und durch Verlust von Goldschmuck verursacht. Die vorhandene Alarmanlage ist schon sehr veraltet. Die Versicherung forderte Goldstein im November 2014 auf, eine neue Alarmanlage einzubauen. Die Versicherung beteiligt sich an Kauf und Einbau mit 20 %.

Goldstein holte noch im November Angebote ein und wählte eine Alarmanlage inkl. Einbau für netto 50.000 € aus. Die Versicherung zahlte noch im Dezember 2014 hiervon 20 % auf das betriebliche Bankkonto von Herrn Goldstein.

Goldstein kaufte die Alarmanlage allerdings erst im Februar 2015 und ließ sie von einem Fachbetrieb installieren. Die gesamten Anschaffungskosten betrugen 50.000 € netto. Die Nutzungsdauer der Alarmanlage beträgt zehn Jahre.

a) Nehmen Sie Stellung zur Buchführungspflicht des Fritz Goldstein nach Handels- und Steuerrecht.

b) Fritz Goldstein möchte einen möglichst niedrigen Gewinn realisieren. Beurteilen Sie den Sachverhalt nach Handels- und Steuerrecht für die Geschäftsjahre 2014 und 2015 und nennen Sie die einschlägigen gesetzlichen Grundlagen.

Lösung s. Seite 168

Aufgabe 27: Steuerliche Wahlrechte, Investitionsabzug, Geringwertige Wirtschaftsgüter

Der bilanzierende Einzelunternehmer Hans Holz betreibt in Stralsund eine gut gehende Möbeltischlerei. Er erfüllt die Voraussetzungen des § 7g EStG. Im Rahmen des Jahresabschlusses sind noch folgende Sachverhalte von Ihnen zu würdigen.

Sachverhalt 1
Am 14.11.2014 kaufte Hans Holz einen Büroschrank aus Kiefernholz für sein Büro. Die ordnungsgemäß ausgestellte Rechnung hierüber lautete 300 € netto zzgl. 19 % Umsatzsteuer. Die Rechnung zahlte er am 20.11.2014 unter Abzug von 2 % Skonto von seinem betrieblichen Bankkonto. Am 17.11.2014 kaufte Hans Holz vier Einlegeböden für den Büroschrank im Wert von netto 200 € zzgl. 19 % Umsatzsteuer. Die ordnungsgemäße Rechnung zahlte er am 25.11.2014 ohne Abzug von Skonto von seinem betrieblichen Bankkonto.

Die Nutzungsdauer des Büroschrankes beträgt acht Jahre.

Sachverhalt 2
Hans Holz plant im März 2015 einen neuen Transporter für die Auslieferung an Kunden anzuschaffen. Die Anschaffungskosten schätzt er auf 50.000 €. Die Nutzungsdauer des Transporters beträgt sechs Jahre. Hans Holz hat bisher noch nie steuerliche Wahlrechte in Anspruch genommen.

Beurteilen Sie aus handels- und steuerrechtlicher Sicht beide Sachverhalte. Das Ziel des Hans Holz ist ein möglichst niedriger steuerlicher Gewinn. Entwickeln Sie die entsprechenden Bilanzansätze für die Geschäftsjahre 2014 und 2015. Die tatsächlichen Anschaffungskosten entsprechen der Schätzung. Die einschlägigen gesetzlichen Grundlagen sind zu nennen.

Lösung s. Seite 170

Aufgabe 28: Einzel- und Konzernabschluss, Bilanzierungsanwendung

Die BüMö AG produziert Büromöbel für gewerbliche und öffentliche Kunden. Der Sitz der Gesellschaft ist Schwerin. Die AG beschäftigt 400 Mitarbeiter/innen, davon 250 in der Produktion. Der Umsatz des abgelaufenen Geschäftsjahres betrug 110 Mio. €, die Bilanzsumme 35 Mio. €. Das Geschäftsjahr entspricht dem Kalenderjahr. Der Vertrieb wurde vor fünf Jahren aus der AG ausgegliedert. Es wurde die BüMö-Vertriebs GmbH gegründet, die eine einhundertprozentige Tochtergesellschaft der BüMö AG ist. Um die Beschaffung von hochwertigen Holzprodukten langfristig zu sichern, hat sich die BüMö AG mit 30 % an der Holz AG beteiligt.

Die Absätze der letzten Geschäftsjahre sind stetig gestiegen. Um die Kapazität zu erhöhen nimmt die BüMö AG am 01.10.2014 ein Darlehen bei der Spezialbank Rostock zu folgenden Konditionen auf:

- Kreditbetrag 5.000.000 €
- Disagio 4 %
- Laufzeit 10 Jahre, Tilgung am Ende der Laufzeit komplett
- Zinsen 3,25 % p. a. Zinszahlung halbjährig, beginnend 31.03.2015

Im November 2014 verkauft die BüMö AG produzierte Büromöbel im Wert von netto 500.000 € an die BüMö-Vertriebs GmbH auf Ziel. Die Zahlung erfolgte im Januar 2015. Aus einer Materiallieferung von der Holz AG bestand zum Abschlussstichtag noch eine Verbindlichkeit i. H. v. 59.500 € (inkl. 19 % Umsatzsteuer).

Die BüMö AG beabsichtigt eine Einheitsbilanz aufzustellen, sie ist nicht an der Börse notiert.

a) Nehmen Sie Stellung zur Rechnungslegungspflicht der BüMö AG im Einzel- und Konzernabschluss nach Handelsrecht und nennen Sie die notwendigen Bestandteile der jeweiligen Abschlüsse.

b) Entwickeln Sie die Wertansätze, die durch das aufgenommene Darlehen im Jahresabschluss bei der BüMö AG zum 31.12.2014 nach Handels- und Steuerrecht entstehen. Die einschlägigen gesetzlichen Grundlagen sind zu benennen. Ziel ist eine Einheitsbilanz.

c) Wie werden die Forderungen gegenüber der BüMö-Vertriebs GmbH im Einzel- und Konzernabschluss der BüMö AG zum 31.12.2014 dargestellt?

d) Wie werden die Verbindlichkeiten gegenüber der Holz AG im Einzel- und Konzernabschluss der BüMö AG zum 31.12.2014 dargestellt?

Lösung s. Seite 172

Aufgabe 29: Gewinn- und Verlustrechnung nach Umsatz- und Gesamtkostenverfahren

Kapitalgesellschaften haben bei der Erstellung der Gewinn- und Verlustrechnung ein Wahlrecht gem. § 275 HGB, diese nach dem Gesamtkostenverfahren oder nach dem Umsatzkostenverfahren aufzustellen. Erläutern Sie hierzu folgende Fragen.

a) Erläutern Sie den Grundaufbau der Gewinn- und Verlustrechnung nach dem Gesamtkostenverfahren in Abgrenzung zum Umsatzkostenverfahren.

b) In Deutschland wird die Erfolgsrechnung überwiegend nach dem Gesamtkostenverfahren dargestellt. Erläutern Sie einen Grund, warum Unternehmen bei der Darstellung der Gewinn- und Verlustrechnung vom Gesamtkostenverfahren auf das Umsatzkostenverfahren wechseln könnten.

c) In der Gewinn- und Verlustrechnung werden u. a. die Begriffe
   - Ergebnis aus der gewöhnlichen Geschäftstätigkeit,
   - Finanzergebnis,

- außerordentliches Ergebnis und
- Bilanzgewinn bzw. -verlust

verwendet. Erläutern Sie diese Begriffe.

Lösung s. Seite 174

Aufgabe 30: Darstellung von EBIT, Finanzergebnis, EBT sowie außerordentliches Ergebnis in der Gewinn- und Verlustrechnung

Ihnen steht das Gewinn- und Verlustkonto der Holzgroßhandel OHG des abgelaufenen Geschäftsjahres zur Verfügung.

S — Gewinn- und Verlustrechnung der Holzgroßhandel OHG 01.01. - 31.12.2014 — H

S		H	
periodenfremde Aufwendungen	30.000,00 €	Erlöse	7.900.000,00 €
sonstige Steuern	250.000,00 €	außerordentliche Erträge	500.000,00 €
außerordentliche Aufwendungen	400.000,00 €	periodenfremde Erträge	109.000,00 €
Zinsaufwendungen	15.000,00 €	Mieterträge	600.000,00 €
Grundstücksaufwendungen	300.000,00 €		
Forderungsverluste	35.000,00 €		
Wareneingang	3.750.000,00 €		
Löhne und Gehälter	1.500.000,00 €		
gesetzliche soziale Aufwendungen	320.000,00 €		
Raumkosten	325.000,00 €		
Gewerbesteuer	85.000,00 €		
Versicherungen	400.000,00 €		
Abschreibungen auf Sachanlagen	850.000,00 €		
Porto	25.000,00 €		
Telefon	45.000,00 €		
Jahresüberschuss	779.000,00 €		
	9.109.000,00 €		**9.109.000,00 €**

Für eine bessere Transparenz in der Erfolgsrechnung, beauftragen Sie die Gesellschafter das GuV-Konto aufzubereiten.

Ermitteln Sie in einer übersichtlichen Form

- EBIT (earnings before interest and taxes),
- Finanzergebnis,
- EBT (earnings before taxes) und
- außerordentliches Ergebnis

nach dem Gesamtkostenverfahren gem. § 275 Abs. 2 HGB.

Lösung s. Seite 176

3. Zielorientierter Einsatz der Instrumente der Bilanzanalyse

Aufgabe 1: Grundlagen Kennzahlen, Kennzahlensysteme (I)

Sie sind Mitarbeiter/in Hansen AG. Es handelt sich um eine große Kapitalgesellschaft im Sinne des HGB, die nicht kapitalmarktorientiert ist. Der handelsrechtliche Jahresabschluss für das abgelaufene Geschäftsjahr wurde erstellt und festgestellt. Bei der nächsten Vorstandssitzung sollen Sie zur Analyse des Jahresabschlusses Stellung nehmen. In Vorbereitung sind folgende Fragen zu beantworten.

a) Nennen Sie die Bestandteile des Jahresabschlusses der Hansen AG.

b) Nennen Sie fünf Kennzahlen, die Sie im Rahmen der Jahresabschlussanalyse berechnen können und beschreiben Sie welche Aussagen diese Kennzahlen treffen.

c) Beschreiben Sie die Aussagefähigkeit von Kennzahlensystemen und nennen Sie zwei.

Lösung s. Seite 177

Aufgabe 2: Grundlagen Kennzahlen, Kennzahlensysteme (II)

Der Jahresabschluss eines Unternehmens wird hauptsächlich über Kennzahlen analysiert. Bevor allerdings die Analyse durchgeführt wird, muss der Jahresabschluss aufbereitet werden. Zur Vorbereitung auf eine Präsentation in Ihrer Abteilung sollen Sie folgende Aufgaben erledigen.

a) Erläutern Sie wodurch sich eine Strukturbilanz von einer Handelsbilanz unterscheidet.

b) Grenzen Sie Bilanzpolitik von Jahresabschlussanalyse ab.

c) Erläutern Sie was unter Kennzahlen bzw. Kennzahlensystemen zu verstehen ist.

d) Im Rahmen der Kennzahlen werden u. a.

   - Gliederungskennzahlen,
   - Beziehungskennzahlen und
   - Indexkennzahlen unterschieden.

   Erläutern Sie die Begriffe und nennen Sie jeweils zwei Beispiele.

e) Eines der bekanntesten Kennzahlensysteme ist das DuPont- Kennzahlensystem. Erläutern Sie die Grundidee dieses Systems. Gehen Sie hierbei auch auf eventuelle Nachteile bzw. Grenzen ein.

Lösung s. Seite 178

Aufgabe 3: Jahresabschlussadressaten

Die mitteldeutsche Büromöbelwerke AG ist eine große Kapitalgesellschaft im Sinne des HGB. Das Unternehmen hat sich spezialisiert auf die Produktion von Büromöbeln des gehobenen Bedarfs für gewerbliche und private Kunden. Die Produkte werden sowohl aus Holz, Glas und Metall hergestellt. Das Unternehmen beschäftigt im Hauptstandort Berlin und in den drei Niederlassungen Hamburg, Hannover und Schwerin 2.500 Mitarbeiter.

Das Unternehmen liefert weltweit und konnte im abgelaufenen Geschäftsjahr eine Eigenkapitalrendite von 15 % erwirtschaften. Im Rahmen der Analyse des Jahresabschlusses beschäftigen Sie sich mit den Adressaten des Jahresabschlusses.

a) Grenzen Sie Shareholder und Stakeholder voneinander ab.

b) Nennen Sie sechs Stakeholder der mitteldeutschen Büromöbelwerke AG.

c) Beschreiben Sie zu den unter Teilaufgabe b) genannten Stakeholdern deren Zielsetzungen in Bezug auf die mitteldeutsche Büromöbelwerke AG und welche Informationsbedürfnisse sich daraus ergeben.

Lösung s. Seite 180

Aufgabe 4: Due Diligence

Auf der Tagesordnung der nächsten Vorstandssitzung der Hansen AG steht u. a. die Analyse des Jahresabschlusses des abgelaufenen Geschäftsjahres und die Übernahme eines Konkurrenten, um die Marktstellung der Hansen AG weiter zu stärken. In Vorbereitung sind von Ihnen folgende Fragestellungen zu beantworten.

a) Beschreiben Sie das Wesen und die Aufgabe von Due Diligence.

b) Nennen und erläutern Sie kurz drei Bereiche in denen ein Due Diligence durchgeführt werden kann.

Lösung s. Seite 181

Aufgabe 5: Rating, Due Diligence

Die Analyse eines Unternehmens kann u. a. durch ein Rating oder durch Due Diligence durchgeführt werden.

a) Beschreiben Sie die Ziele und Aufgaben von Due Diligence und Rating. Erläutern Sie ggf. Unterschiede zwischen den beiden „Verfahren“.

b) Nennen Sie jeweils Kriterien bzw. Bereiche, die im Rahmen des Ratings, bzw. beim Due Diligence in die Analyse mit einbezogen werden.

c) Durch wen werden Ratings bzw. Due Diligence durchgeführt?

Lösung s. Seite 182

Aufgabe 6: Grundlagen Rating

Die Mayer AG beabsichtigt in den kommenden Geschäftsjahren größere Investitionen zu tätigen. Es wurde noch nicht festgelegt, ob diese durch eine Kapitalerhöhung oder durch eine Fremdfinanzierung durchgeführt werden sollen.

Zur Vorbereitung auf mögliche Bankgespräche, werden Sie durch den Vorstand beauftragt sich intensiv mit dem Ratingprozess zu beschäftigen.

a) Beschreiben Sie den Ursprung und das Wesen des Ratings. Gehen Sie hierbei auch auf Basel II, Basel III und auf die Bonität ein.

b) Im Rahmen des Ratings werden sowohl quantitative und qualitative Faktoren untersucht. Nennen Sie jeweils drei Bereiche, die hierbei untersucht werden.

c) Beschreiben Sie fünf mögliche Aktivitäten/Maßnahmen, die die Mayer AG durchführen kann, um die Bonität zu verbessen.

Lösung s. Seite 183

Aufgabe 7: Ratingprozess

Die Hansen AG mit Sitz in Schwerin ist spezialisiert auf den Bau von Spezialaufbauten für Lastkraftwagen. Im kommenden Geschäftsjahr möchte das Unternehmen in eine neue Fertigungsanlage investieren. Die Bilanzen der abgelaufenen Geschäftsjahre wurden verdichtet aufbereitet.

AKTIVA		**Bilanzen Hansen AG zum 31.12.20..**			**PASSIVA**
	2014 TEuro	2013 TEuro		2014 TEuro	2013 TEuro
Anlagevermögen			**Eigenkapital**		
immaterielle VG	270	300	gez. Kapital	6.000	6.000
Sachanlagen	19.500	13.500	Kapitalrücklage	1.500	1.500
Finanzanlagen	330	1.200	Gewinnrücklagen	1.500	1.500
	20.100	15.000		9.000	9.000
Umlaufvermögen			**Fremdkapital**		
Vorräte	3.000	4.500	langfristig	12.000	15.000
Forderungen	4.500	6.000	kurzfristig	10.500	6.000
liquide Mittel	3.900	4.500		22.500	21.000
	11.400	15.000			
	31.500	30.000		31.500	30.000

In Vorbereitung auf die Gespräche mit der Hausbank sollen Sie folgende Aufgaben erledigen.

a) Beschreiben Sie die Begriffe
   - Rating und
   - Bonität.

b) Nennen Sie je vier
   - quantitative Faktoren und
   - qualitative Faktoren

   im Ratingprozess.

c) Die Hausbank könnte im Rahmen der Kreditgespräche die Liquidität 2. Grades bemängeln.
   1. Ermitteln und beurteilen Sie die Liquidität 2. Grades für beide Geschäftsjahre.
   2. Erläutern Sie zwei Maßnahmen, die geeignet sind, um die Liquidität 2. Grades schnellstmöglich zu verbessern.

Lösung s. Seite 185

Aufgabe 8: Grundlagen Strukturbilanz, Erfolgsspaltung

Sie sind Mitarbeiter einer großen GmbH im Sinne des HGB. Sie werden von der Geschäftsleitung beauftragt die Analyse des Jahresabschlusses vorzubereiten. Hierzu sind von Ihnen folgende Fragen zu beantworten.

a) Was ist eine Strukturbilanz und welches Ziel wird mit einer Strukturbilanz verfolgt?

b) Beschreiben Sie (mit Beispielen) drei Operationen, die Sie im Rahmen der Erstellung einer Strukturbilanz vornehmen.

c) Eine weitere Vorbereitung zur Analyse des Jahresabschlusses ist die Erfolgsspaltung. Was ist darunter zu verstehen, welches Ziel wird hiermit verfolgt? Erläutern Sie die einzelnen Bestandteile, die durch die Erfolgsspaltung errechnet werden.

Lösung s. Seite 186

Aufgabe 9: Erstellung Strukturbilanz

Ihnen liegt die nachfolgende Handelsbilanz der Mayer AG für das Geschäftsjahr 2014 vor:

AKTIVA		Bilanz der Mayer AG zum 31.12.2014		PASSIVA
	TEuro	**TEuro**		**TEuro**	**TEuro**

AKTIVA	TEuro	TEuro	PASSIVA	TEuro	TEuro
A. Anlagevermögen			**A. Eigenkapital**		
I. immaterielle VG		**310**	1. gez. Kapital	3.750	
II. Sachanlagen		**17.500**	2. Gewinnrücklage	6.000	
III. Finanzanlagen		**850**	3. Bilanzgewinn	450	
					6.700
B. Umlaufvermögen			**B. Rückstellungen**		
I. Vorräte			1. Pensionsrückstellungen	185	
1. RHB-Stoffe	125		2. Steuerrückstellungen	120	
2. unfertige Erzeugnisse	80		3. sonst. Rückstellungen	45	
		250			**350**
II. Forderungen und sonstige VG			**C. Verbindlichkeiten**		
1. Forderungen aus LL	850		1. Verb. ggü. Kreditinstituten	12.300	
2. sonst. VG	120		2. Verb. aus LL	910	
		970	3. sonst. Verb.	185	
III. Wertpapiere		**220**			**13.395**
IV. Kassenbestand, Guthaben bei Kreditinst.		**380**			
C. Rechnungsabgrenzungsposten		**10**			
		20.445			20.445

Erläuterungen zur Handelsbilanz:

- Der Marktwert der Sachanlagen beträgt laut Gutachten 20.000.000 €. Der Marktwert gilt als stabil. Die in den Sachanlagen bestehenden stillen Reserven sollen langfristig aufgelöst werden. Der unternehmensspezifische Steuersatz beträgt 30 %.
- In den Rohstoffen befinden sich Edelmetalle. Der Marktwert der Rohstoffe beträgt hierdurch 150.000 €. Die stillen Reserven werden kurzfristig aufgelöst. Der unternehmensspezifische Steuersatz beträgt 30 %.
- Die Wertpapiere des Umlaufvermögens sind zur Hälfte tagestäglich in liquide Mittel umwandelbar, die andere Hälfte hat eine Kündigungsfrist von 2 Monaten.
- Der Rechnungsabgrenzungsposten aus der Aktiva besteht aus einem Disagio. Hierbei wurde ein handelsrechtliches Wahlrecht in Anspruch genommen.

- Der Bilanzgewinn soll in voller Höhe im kommenden Geschäftsjahr ausgeschüttet werden.
- Die Steuer- und sonstigen Rückstellungen haben eine Laufzeit von unter einem Jahr.
- Die Verbindlichkeiten gegenüber Kreditinstituten haben komplett eine Restlaufzeit von größer fünf Jahren.
- Die Verbindlichkeiten aus Lieferungen und Leistungen und die sonstigen Verbindlichkeiten sind komplett innerhalb der nächsten 60 Tage nach dem Bilanzstichtag fällig.

Sie sind vom Vorstand beauftragt an der Analyse des Jahresabschlusses mitzuwirken.

a) Erstellen Sie aus der vorliegenden Handelsbilanz eine Strukturbilanz, die folgenden Aufbau haben soll.

AKTIVA	**Strukturbilanz**		**PASSIVA**
	Euro		Euro
Anlagevermögen		**Eigenkapital**	
Umlaufvermögen		**Fremdkapital**	
Vorräte		langfristig	
Forderungen		kurzfristig	
liquide Mittel			

Erläutern Sie die von Ihnen vorgenommenen Umrechnungen.

b) Ermitteln Sie aus der Strukturbilanz die Eigenkapitalquote.

Lösung s. Seite 188

Aufgabe 10: Jahresabschlussanalyse, Kennzahlen allgemein

Sie werden durch die Geschäftsleitung beauftragt im Rahmen der nächsten Sitzung eine kurze Präsentation über die Ziele, Aufgaben und Analysefelder der Jahresabschlussanalyse vorzustellen. Zur Vorbereitung sind folgende Fragen zu beantworten.

a) Erläutern Sie die Ziele, die

- die Gesellschafter,
- die Geschäftsführung/ Vorstand und
- die Mitarbeiter

mit der Analyse des Jahresabschlusses verfolgen.

b) Der Jahresabschluss soll auf folgenden Feldern analysiert werden:

- Finanzierung
- Liquidität

- Vermögenskonstitution
- Rentabilität.

Nennen Sie zu jedem Analysefeld eine typische Kennzahl, beschreiben Sie jeweils die Berechnung und welche Kernaussagen sich aus dieser Kennzahl ableiten lassen.

Lösung s. Seite 190

Aufgabe 11: Vorgehensweise Jahresabschlussanalyse

Sie sind Mitarbeiter der Hansen AG. Die Gesellschaft gilt als große Kapitalgesellschaft im Sinne des HGB. Der Jahresabschluss für das abgelaufene Geschäftsjahr ist erstellt und soll nun analysiert werden. Sie sind beauftragt, die zuständigen Mitarbeiter zu unterstützen. Zur Vorbereitung hierauf entwickeln und beschreiben Sie die methodischen Schritte einer Jahresabschlussanalyse.

Lösung s. Seite 192

Aufgabe 12: Begriffe Finanz- und Liquiditätsanalyse

Im Rahmen der Finanz- und Liquiditätsanalyse werden folgende Begriffe unterschieden

- absolute Liquidität
- statische Liquidität
- dynamische Liquidität
- horizontale Finanzierungsregeln
- vertikale Finanzierungsregeln.

Erläutern Sie die einzelnen Begriffe und geben Sie wenn möglich Messgrößen an.

Lösung s. Seite 193

Aufgabe 13: Analyse der Finanzierungs- und Kapitalstruktur (I)

Die Hubert AG ist ein mittelständisches Büromöbelwerk aus Schwerin. Das Unternehmen hat sich auf die Produktion von Büromöbeln aus Naturholz spezialisiert und beliefert gewerbliche und öffentliche Unternehmen. Die Bilanzsumme des Unternehmens hat sich in den vergangenen drei Jahren wie folgt entwickelt.

- 2012: 20.000 T€
- 2013: 22.500 T€
- 2014: 25.000 T€

Aus den Analysen der Jahresabschlüsse der vergangenen drei Jahre liegen folgende Kennzahlen vor.

Kennzahl	2012	2013	2014
Eigenkapitalquote	25 %	30 %	33 %
Anteil kurzfristiges Fremdkapital	30 %	35 %	37 %
Anlagenintensität	50 %	55 %	55 %
Anteil liquide Mittel	20 %	15 %	10 %
Anteil Forderungen	15 %	20 %	20 %

a) Ermitteln Sie für die Geschäftsjahre 2012 - 2014 jeweils den statischen Verschuldungsgrad und nehmen Sie Stellung zu der Erfüllung der vertikalen Finanzierungsregeln.

b) Ermitteln Sie den Deckungsgrad II (Anlagendeckungsgrad B) für die Geschäftsjahre 2012 - 2014 und interpretieren Sie Ihre Ergebnisse.

c) Ermitteln Sie die Liquidität 2. Grades für die Geschäftsjahre 2012 - 2014 und interpretieren Sie Ihre Ergebnisse

Lösung s. Seite 194

Aufgabe 14: Analyse der Finanzierungs- und Kapitalstruktur (II)

Ihnen liegt die Bilanz und Gewinn- und Verlustrechnung der Trekking GmbH für die vergangenen 2 Jahre, zur Analyse der Finanzierungs- und Kapitalstruktur vor.

AKTIVA — **Bilanz der Trekking GmbH Kiel zum 31.12.20..** — **PASSIVA**

AKTIVA	2014 TEuro	2013 TEuro	PASSIVA	2014 TEuro	2013 TEuro
A. Anlagevermögen			**A. Eigenkapital**		
I. immaterielle VG	300	350	I. gez. Kapital	1.500	1.500
II. Sachanlagen	8.230	7.750	III. Gewinnrücklage	468	460
III. Finanzanlagen	450	700	IV. Gewinnvortrag	500	375
			V. Jahresüberschuss	242	125
B. Umlaufvermögen			**B. Rückstellungen**		
I. Vorräte			1. Pensionsrückstellungen	450	415
1. RHB-Stoffe	2.750	2.250	2. Steuerrückstellungen	125	175
II. Forderungen u. sonst. VG			3. sonst. Rückstellungen	600	775
1. Forderungen aus LL	2.750	2.500	**C. Verbindlichkeiten**		
IV. Kassenbestand, Guthaben bei Kreditinst.	1.950	2.200	1. Verb. ggü. Kreditinst.	7.650	7.550
			2. Verb. aus LL	4.320	3.750
			3. sonst. Verb.	575	625
	16.430	15.750		16.430	15.750

Gewinn- und Verlustrechnung der Trekking GmbH Kiel 01.01. - 31.12.20..		
	2014	**2013**
	in T€	**in T€**
1. Umsatzerlöse	15.550	17.883
2. Erhöhung oder Verminderung	- 2.250	- 2.588
3. andere aktivierte Eigenleistungen	350	403
4. sonstige betriebliche Erträge	275	316
5. Materialaufwand	5.600	6.510
6. Personalaufwand	3.850	4.428
7. Abschreibungen auf Sachanlagen	1.350	1.553
8 sonstige betriebliche Aufwendungen	2.350	2.703
9. Erträge aus Beteiligungen,	200	230
davon aus verbundenen Unternehmen		-
10. Erträge aus anderen Wertpapieren und Ausleihungen des Finanzanlagevermögens,	20	23
davon aus verbundenen Unternehmen		-
11. sonstige Zinsen und ähnliche Erträge	20	23
davon aus verbundenen Unternehmen		-
12. Abschreibungen auf Finanzanlagen und Wertpapiere	50	58
13. Zinsen und ähnliche Aufwendungen	245	282
davon an verbundene Unternehmen		-
14. Ergebnis der gewöhnlichen Geschäftstätigkeit	720	758
15. außerordentliche Erträge	150	25
16. außerordentliche Aufwendungen	75	86
17. außerordentliches Ergebnis	75	61
18. Steuern vom Einkommen und vom Ertrag	104	54
19. sonstige Steuern	450	518
20. Jahresüberschuss/Jahresfehlbetrag	**242**	**125**

a) Welche Aussage wird durch die Kennzahl Eigenkapitalquote getroffen?

b) Berechnen Sie für beide Geschäftsjahre die Eigenkapitalquote und werten Sie diese. Nehmen Sie auch Bezug auf die vertikalen Finanzierungsregeln.

c) Beschreiben Sie drei Maßnahmen, wie zukünftig die Kapitalstruktur der Trekking GmbH verbessert werden könnte.

d) Erläutern Sie, was die Geschäftsführung dazu veranlassen könnte, die Verschuldung noch weiter zu steigern.

e) Ermitteln Sie die Abschreibungsquote für beide Geschäftsjahre. Welche Aussage trifft die Abschreibungsquote allgemein? Wie beurteilen Sie diese für die Trekking GmbH für die letzten beiden Geschäftsjahre?

Lösung s. Seite 197

Aufgabe 15: Analyse der Finanzierung und Liquidität

Sie sind Mitarbeiter der Hansen AG. Der Vorstand beauftragt Sie den Jahresabschluss nach bestimmten Schwerpunkten zu analysieren. Dazu liegen Ihnen die vereinfachte Bilanz und ein Auszug aus der Gewinn- und Verlustrechnung der letzten beiden Geschäftsjahre vor:

AKTIVA	Bilanz der Hansen AG für die Geschäftsjahre 2013 und 2014				PASSIVA
	2014 TEuro	2013 TEuro		2014 TEuro	2013 TEuro
Anlagevermögen	**2.100**	**2.850**	**Eigenkapital**	**1.350**	**1.650**
Umlaufvermögen			**Fremdkapital**		
Vorräte	690	300	langfristiges FK	2.250	1.050
kurzfristige Forderungen	1.800	900	kurzfristiges FK	1.200	1.800
liquide Mittel	210	420		**3.450**	**2.850**
	2.700	**1.650**			
	4.800	4.500		4.800	4.500

Auszug der Gewinn- und Verlustrechnung der Hansen AG		
	2014 in T€	**2013 in T€**
Umsatzerlöse	2.700	2.300
Materialaufwand	1.500	900
Personalaufwand	410	530
Zinsaufwand	340	320
sonstiger Aufwand	265	220
Jahresüberschuss	185	330

a) Berechnen Sie die Liquidität 1. Grades für beide Geschäftsjahre.

b) Beurteilen Sie anhand von zwei Argumenten die Aussagefähigkeit der Kennzahl Liquidität 1. Grades.

c) Ermitteln Sie den durchschnittlichen Zinssatz, zu dem die Hansen AG ihr Fremdkapital in 2014 aufgenommen hat.

d) Ermitteln Sie für das Geschäftsjahr 2014 die Gesamtkapitalrentabilität, bezogen auf das Endkapital.

e) Welche Aussage trifft die Gesamtkapitalrentabilität allgemein und wozu kann Sie verwendet werden?

Der Vorstand der Hansen AG beabsichtigt, zum 01.07.2015 eine Kapitalerhöhung i. H. v. 1.500.000 € vorzunehmen, um zum gleichen Termin kurzfristiges Fremdkapital tilgen zu können.

f) Berechnen Sie die Eigenkapitalrentabilität zum 31.12.2015 (bezogen auf das Endkapital) unter Berücksichtigung der Veränderung durch die Kapitalerhöhung. Alle anderen Prämissen bleiben gleich. Gehen Sie von einem durchschnittlichen Fremdkapitalzinssatz von 10 % für das zu tilgende Fremdkapital aus.

g) Beurteilen Sie, ob die Aktionäre der Hansen der Kapitalerhöhung zustimmen sollen oder nicht. Begründen Sie Ihre Antwort.

   Nennen und erläutern Sie rechnerisch den Effekt, der bei der Entscheidung der Aktionäre zum Tragen kommen kann.

Lösung s. Seite 200

Aufgabe 16: Finanz- und Liquiditätsanalyse

Ihnen liegt die Bilanz der Ziegel GmbH für das abgelaufene Geschäftsjahr vor.

AKTIVA		**Bilanz der Ziegel GmbH zum 31.12.2014**			**PASSIVA**
	2014 TEuro	2013 TEuro		2014 TEuro	2013 TEuro
A. Anlagevermögen			**A. Eigenkapital**		
I. immaterielle VG			I. gez. Kapital	437.500	
entgeltlich erworbene			II. Kapitalrücklage	131.250	
Konzessionen usw.		43.700			
II. Sachanlagen			III. Gewinnrücklage		
Grundstücke u.			andere Gewinn-		
Bauten	2.642.500		rücklagen	2.319.625	
techn. Anlagen	1.417.500		V. Jahresüberschuss	297.500	3.185.875
BuG-Ausstattung	245.000	4.305.000			
III. Finanzanlagen			**B. Rückstellungen**		
Beteiligungen		306.250	1. Pensions-		
			rückstellungen		
Anlagevermögen		**4.655.000**	(Vj. 650 T€)	686.000	
			2. Steuerrück-		
B. Umlaufvermögen			stellungen	96.250	
I. Vorräte			3. sonst. Rück-		
RHB-Stoffe	1.400.000		stellungen	73.500	855.750
II. Forderungen	682.500				
IV. Kassenbestand,			**C. Verbindlichkeiten**		
Guthaben bei			1. Darlehen	2.012.500	
Kreditinst.	392.875		2. Verb. aus LL	1.076.250	3.088.750
Umlaufvermögen		**2.475.375**			
		7.130.375			7.130.375

a) Ermitteln Sie für die Bilanz folgende Kennzahlen:
- Eigenkapitalquote
- statischer Verschuldungsgrad
- Deckungsgrad I
- Deckungsgrad II
- Liquidität 2. Grades
- Liquidität 3. Grades
- Working Capital.

b) Erläutern Sie welche Kernaussagen durch die Kennzahlen aus Teilaufgabe a) grundsätzlich getroffen werden.

c) Beurteilen Sie anhand der ermittelten Kennzahlen die Unternehmenssituation.

Lösung s. Seite 203

Aufgabe 17: Working Capital/Liquiditätsgrade, Kapitalerhöhung

Sie sind Mitarbeiter der Motoren AG in der Hauptabteilung Finanzwesen aus Hamburg. Der Finanzvorstand machte in der letzten Besprechung folgende Aussage: „Unsere Liquiditätssituation hat sich in den letzten drei Jahren kontinuierlich verbessert. Durch eine Kapitalerhöhung wurde zusätzlich frisches Kapital eingebracht."

a) Erläutern Sie, was unter Working Capital zu verstehen ist und nehmen Sie eine Abgrenzung zum Geldvermögen vor.

b) Erläutern Sie den Unterschied zwischen Working Capital und der Liquidität 3. Grades.

c) Erläutern Sie, welche Formen der Kapitalerhöhung, bei einer Aktiengesellschaft, unterschieden werden.

Lösung s. Seite 207

Aufgabe 18: Eigenkapitalrentabilität, Gesamtkapitalrentabilität

Die Profil GmbH hat im Geschäftsjahr 2014 eine Bilanzsumme von 8.000.000 € und einen Gewinn von 750.000 € erwirtschaftet. Der Verschuldungsgrad betrug 3,0. Der Fremdkapitalzins liegt im Durchschnitt bei 6 %. Alleiniger Gesellschafter ist Ludwig Gier.

a) Ermitteln Sie die Gesamtkapitalrentabilität der Profil GmbH, bezogen auf das Endkapital.

b) Ermitteln Sie die Eigenkapitalrentabilität der Profil GmbH, bezogen auf das Eigenkapital am Jahresende.

Die Profil GmbH plant, Erweiterungsinvestitionen i. H. v. 1.000.000 € vollständig durch zusätzliches Fremdkapital zu finanzieren. Der dafür zu zahlende Fremdkapitalzins würde, bei der derzeitigen Bonität, 7 % betragen.

c) Beschreiben Sie was unter Bonität zu verstehen ist und welche Bedeutung Sie im Kreditgeschäft hat.

d) Um wie viele Prozentpunkte würde sich die Eigenkapitalrentabilität aufgrund dieses Vorhabens verändern? Unterstellen Sie dabei, dass die Gesamtkapitalrentabilität unverändert bleibt.

Lösung s. Seite 208

Aufgabe 19: EBT, EBIT, EBITDA

Die Hansen AG möchte in Zukunft die Darstellung des Jahresabschlusses und die Analysefelder erweitern. In diesem Zusammenhang sind innerhalb des Vorstandes verschiedene Fragestellungen aufgetreten, zu den Sie Stellung nehmen sollen.

a) Nennen Sie zu EBT, EBIT, EBITDA

   - die englischen Bestandteile, aus denen sich der jeweilige Begriff ergibt und
   - geben Sie die deutschen Bezeichnungen dafür an.

b) Erklären Sie, in welchen Fällen Unternehmen ein besonderes Interesse daran haben, diese Kennzahlen zu veröffentlichen.

c) Nennen Sie je zwei Vor- und zwei Nachteile der EBITDA-Kennzahl.

Lösung s. Seite 210

Aufgabe 20: Cashflow, Deckungsgrade, Bilanzierungsregeln

Ihnen liegt der Jahresabschluss der Müller GmbH für das abgelaufene Geschäftsjahr vor:

AKTIVA — **Bilanz der Müller GmbH zum 31.12.2014** — **PASSIVA**

	TEuro	TEuro		TEuro	TEuro
A. Anlagevermögen			**A. Eigenkapital**		
I. immaterielle VG			I. gez. Kapital	437.500	
entgeltlich erworbene			II. Kapitalrücklage	131.250	
Konzessionen usw.		43.750			
II. Sachanlagen			III. Gewinnrücklage		
Grundstücke u.			andere Gewinn-		
Bauten	2.555.000		rücklagen	1.706.250	
techn. Anlagen	227.500		V. Jahresüberschuss	297.500	2.572.500
BuG-Ausstattung	70.000	2.852.000			
III. Finanzanlagen			**B. Rückstellungen**		
Beteiligungen		252.000	1. Pensionsrück-		
			stellungen		
Anlagevermögen		**3.148.250**	(Vj. 650 T€)	686.000	
			2. Steuerrück-		
B. Umlaufvermögen			stellungen	21.875	
I. Vorräte			3. sonst. Rück-		
RHB-Stoffe	1.967.000		stellungen	49.000	756.875
II. Forderungen	857.500				
IV. Kassenbestand,			**C. Verbindlichkeiten**		
Guthaben bei			1. Darlehen	2.289.000	
Kreditinst.	392.875		2. Verb. aus LL	747.250	3.036.250
Umlaufvermögen		**3.217.375**			
		6.365.625			6.365.625

Gewinn- und Verlustrechnung der Müller GmbH 01.01. - 31.12.2014		
	in €	**in €**
1. Umsatzerlöse	1.863.750,00	
2. Bestandserhöhung fertige und unfertige Erzeugnisse	17.500,00	1.881.250,00
3. andere aktivierte Eigenleistungen		43.750,00
4. sonstige betriebliche Erträge		60.375,00
5. Aufwendungen für Material/RHB		568.750,00
6. Löhne und Gehälter		341.250,00
7. soziale Abgaben		102.375,00
8. Abschreibungen auf Sachanlagen		94.500,00
9 sonstige betriebliche Aufwendungen		314.125,00
10. sonstige Zinsen und ähnliche Erträge		14.000,00
11. Zinsen und ähnliche Aufwendungen		48.125,00
12. Ergebnis aus gewöhnlicher Geschäftstätigkeit		530.250,00
13. Steuern		
a) vom Einkommen und Ertrag		485.587,50
b) sonstige betriebliche Steuern		47.162,50
14. Jahresüberschuss/Jahresfehlbetrag		**297.500,00**

Zur Analyse des Jahresabschlusses sollen Sie folgende Aufgaben übernehmen:

a) Ermitteln Sie auf Basis des vorliegenden Jahresabschlusses folgende Kennzahlen und erläutern Sie, welche Aussage die einzelnen Kennzahlen treffen:

- EAT
- EBT
- EBIT
- EBITDA.

b) Ermitteln Sie für das Unternehmen den Cashflow nach der indirekten Methode.

c) Die Geschäftsführung möchte von Ihnen eine Bewertung des Cashflow. Erläutern Sie, wie der Cashflow grundsätzlich bewertet werden kann.

d) Ermitteln Sie den Deckungsgrad II und erläutern Sie in diesem Zusammenhang, die Kernaussagen, die der Deckungsgrad II und die Erfüllung der goldenen Bilanzregel treffen.

e) Überprüfen Sie die goldene Finanzierungsregel im engeren und im weiteren Sinne.

Lösung s. Seite 212

Aufgabe 21: Analyse der Ertragskraft, Umschlagskennzahlen

Ihnen liegt die Bilanz und die Gewinn- und Verlustrechnung der Holzmöbel GmbH (HoMö GmbH) vor.

AKTIVA — **Bilanz der HoMö GmbH Hamburg zum 31.12.20..** — **PASSIVA**

AKTIVA	2014 TEuro	2013 TEuro	PASSIVA	2014 TEuro	2013 TEuro
A. Anlagevermögen			**A. Eigenkapital**		
I. immaterielle VG	300	350	I. gez. Kapital	4.000	4.000
II. Sachanlagen	8.230	7.410	III. Gewinnrücklage	1.359	1.737
III. Finanzanlagen	450	700	IV. Gewinnvortrag	1.933	375
			V. Jahresüberschuss	1.488	1.558
B. Umlaufvermögen					
I. Vorräte			**B. Rückstellungen**		
1. RHB-Stoffe	2.750	2.250	1. Pensionsrückstellungen	450	415
II. Forderungen u. sonst. VG			2. Steuerrückstellungen	125	175
1. Forderungen aus LL	4.750	5.150	3. sonst. Rückstellungen	600	775
IV. Kassenbestand, Guthaben bei Kreditinst.	1.950	2.200			
			C. Verbindlichkeiten		
			1. Verb. ggü. Kreditinst.	5.650	6.250
			2. Verb. aus LL	2.250	2.150
			3. sonst. Verb.	575	625
	18.430	18.060		18.430	18.060

Gewinn- und Verlustrechnung der HöMö GmbH Hamburg 01.01. - 31.12.20..

		in T€	in T€
		2014	**2013**
1.	Umsatzerlöse	17.500	20.125
2.	Erhöhung oder Verminderung	- 2.250	- 2.588
3.	andere aktivierte Eigenleistungen	350	403
4.	sonstige betriebliche Erträge	275	316
5.	Materialaufwand	6.600	7.510
6.	Personalaufwand	2.850	3.428
7.	Abschreibungen auf Sachanlagen	2.650	3.048
8	sonstige betriebliche Aufwendungen	1.650	1.898

Gewinn- und Verlustrechnung der HöMö GmbH Hamburg 01.01. - 31.12.20..		
9. Erträge aus Beteiligungen,	200	230
davon aus verbundenen Unternehmen		
10. Erträge aus anderen Wertpapieren und Ausleihungen des Finanzanlagevermögens,	450	518
davon aus verbundenen Unternehmen		
11. sonstige Zinsen und ähnliche Erträge,	20	23
davon aus verbundenen Unternehmen		
12. Abschreibungen auf Finanzanlagen und Wertpapiere	50	58
13. Zinsen und ähnliche Aufwendungen,	245	282
davon an verbundene Unternehmen		
14. Ergebnis der gewöhnlichen Geschäftstätigkeit	2.500	2.805
15. außerordentliche Erträge	150	25
16. außerordentliche Aufwendungen	75	86
17. außerordentliches Ergebnis	75	- 61
18. Steuern vom Einkommen und vom Ertrag	638	668
19. sonstige Steuern	450	518
20. Jahresüberschuss/Jahresfehlbetrag	**1.488**	**1.558**

a) Ermitteln Sie für das Unternehmen das EBIT für beide Geschäftsjahre.

b) Beschreiben Sie die das DuPont-Kennzahlensystem. Welche Kernaussage trifft die Spitzenkennzahl der Return on Investment?

c) Ermitteln Sie den Return on Investment im für beide Geschäftsjahre. Als Return verwenden Sie das unter Teilaufgabe a) ermittelte EBIT.

d) Wie könnte eine Wertung der unter Teilaufgabe c) ermittelten Werte vorgenommen werden?

e) Ermitteln Sie für die beiden Geschäftsjahre die durchschnittliche Kreditorenlaufzeit und die Debitorenlaufzeit. Das Unternehmen unterliegt ausschließlich dem Regelsteuersatz von 19 % in der Umsatzsteuer.

TIPP

Bestände 31.12.2012:

Forderungen aus LL	5.400.000 €
Verbindlichkeiten aus LL	2.350.000 €

f) Welche Kernaussage treffen beide Kernzahlen aus Teilaufgabe e), wie interpretieren Sie die konkreten Ergebnisse aus Teilaufgabe e)?

Lösung s. Seite 215

Aufgabe 22: Rentabilitäten, Leverage-Effekt

Ihnen liegt die aufbereitete Schlussbilanz der SyKo GmbH (Systemkomponentenbau) für die letzten zwei Geschäftsjahre vor:

AKTIVA	Bilanz der SyKo GmbH Hamburg zum 31.12.20..				PASSIVA
	2014 TEuro	2013 TEuro		2014 TEuro	2013 TEuro
Sachanlagen	71.000.000	71.500.000	gez. Kapital	30.000.000	30.000.000
Finanzanlagen	14.280.00	14.750.000	Rücklagen	4.000.000	4.000.000
Vorräte	19.550.000	15.900.000	Pensionsrückstellungen	4.750.000	4.250.000
Forderungen	12.900.000	10.550.000	langfristige Darlehen	42.500.000	42.500.000
Wertpapiere d. UV	-	4.000.000	sonst. Rückstellungen	1.150.000	300.000
liquide Mittel	320.000	250.000	kurzfristige Verb.	35.650.000	35.900.000
	118.050.000	116.950.000		118.050.000	116.950.000

Das Controlling stellt Ihnen außerdem noch folgende Daten und Informationen zum 31.12.2014 zur Verfügung:

- Fremdkapitalzinsen 2.550.000 €
- Jahresüberschuss 6.250.000 €
- Der Jahresgewinn wurde dem kurzfristigen Fremdkapital zugeordnet, da er umgehend in voller Höhe an die Gesellschafter ausgeschüttet werden soll.

Die SyKo GmbH hat am 01.01.2014 eine Produktionsanlage mit Anschaffungskosten i. H. v. 4.000.000 € aus Eigenmitteln erworben.

In der Geschäftsleitung wurde vor der Investition eine Finanzierung mit Fremdkapital diskutiert. Ein entsprechendes Angebot einer ortsansässigen Bank lag vor. Die Konditionen lauteten:

- Kreditbetrag 4.000.000 €
- im ersten Jahr tilgungsfrei
- Zinssatz p. a. 4,75 %.

Wäre die Produktionsanlage mit dem Kredit finanziert worden, wäre die Gewinnrücklage i. H. v. 4.000.000 € an die Gesellschafter am 31.12.2013 ausgeschüttet worden.

Nach Abschluss des Geschäftsjahres 2014 möchte die Geschäftsleitung wissen, ob es aus Sicht der Rentabilität besser gewesen wäre, die Produktionsanlage mit dem angebotenen Bankkredit zu finanzieren.

a) Die Geschäftsleitung beauftragt Sie für den vorliegenden Fall die konkrete Auswirkung beider Finanzierungsalternativen auf die Eigenkapitalrentabilität darzustellen und eine Stellungnahme abzugeben.

b) Beschreiben Sie den Zielkonflikt zwischen Rentabilität und Liquidität und geben Sie einen möglichen Lösungsansatz zum Ausgleich des Konflikts.

TIPP

Bei der Berechnung ist generell vom durchschnittlichen Kapital auszugehen.

Lösung s. Seite 218

Aufgabe 23: Cashflow, dynamischer Verschuldungsgrad, Interpretation

Die Sonne OHG legt Ihnen nachfolgend die Gewinn- und Verlustrechnung für das Geschäftsjahr 2014 vor.

S — Gewinn- und Verlustrechnung der Sonne oHG 01.01. - 31.12.2014 — H

S			H
Materialaufwand	50.500.000,00 €	Umsatzerlöse	94.500.000,00 €
Personalaufwand	34.500.000,00 €	Erhöhung des Bestandes an Erzeugnissen	500.000,00 €
Abschreibungen Anlagevermögen	1.000.000,00 €	andere aktivierte Eigenleistungen	200.000,00 €
sonst. betriebl. Aufwendungen	15.250.000,00 €	sonstige betriebl. Erträge	6.550.000,00 €
davon Aufwand aus der Bildung von Rückstellungen 750.000,00 €		**davon** Erträge aus der Auflösung von Rückstellung 1.000.000,00 €	
davon Aufwand aus der Einstellung in die PWB zu Forderungen 150.000,00 €		**davon** Erträge aus Zuschreibungen zu Gegenständen des AV 250.000,00 €	
Zinsaufwendungen	230.000,00 €	**davon** Erträge aus Kursgewinnen 100.000,00 €	
		Erträge aus Beteiligungen	400.000,00 €
Jahresüberschuss	670.000,00 €		
	102.150.000,00 €		**102.150.000,00 €**

Aus der Bilanz zum 31.12.2014 geht hervor, dass das in 2014 durchschnittlich eingesetzte Eigenkapital 2.400.000 € betragen hat. Das Fremdkapital belief sich im Durchschnitt auf 5.200.000 €.

Sie werden von den Gesellschaftern im Rahmen der Analyse des Jahresabschlusses gebeten, nachfolgende Fragen zu beantworten.

a) Ermitteln Sie den Cashflow des Unternehmens nach der indirekten Methode.

b) Ob der Cashflow als positiv zu bewerten ist, ist unternehmensspezifisch zu beantworten. Welche Funktionen muss der Cashflow erfüllen, um ihn aus Ihrer Sicht als positiv einschätzen zu können?

c) Ermitteln Sie aus den vorliegenden Daten den statischen Verschuldungsgrad, werten Sie diesen, gehen Sie hierbei auch auf die vertikalen Finanzierungsregeln ein.

d) Ermitteln Sie den dynamischen Verschuldungsgrad. Welche Aussage trifft diese Kennzahl allgemein. Beschreiben Sie kurz, welchen Nutzen Sie dieser Kennzahl zuweisen.

Lösung s. Seite 220

Aufgabe 24: Statische und dynamische Finanz- und Liquiditätsanalyse

Sie sind Mitarbeiter/in der SpoGe (Sportgeräte) GmbH mit Sitz in Rostock. Sie werden von der Geschäftsleitung gebeten, auf Basis der nachfolgenden Bilanzen für 2014 und 2013, eine statische und dynamische Finanz- und Liquiditätsanalyse durchzuführen.

AKTIVA	Bilanz der SpoGe GmbH zum 31.12.20..				PASSIVA
	2014 TEuro	2013 TEuro		2014 TEuro	2013 TEuro
Anlagevermögen			**Eigenkapital**		
immaterielle VG	630	700	gez. Kapital	14.000	14.000
Sachanlagen	45.500	31.500	Kapitalrücklage	3.500	3.500
Finanzanlagen	770	2.800	Gewinnrücklagen	3.500	3.500
	46.900	35.000		21.000	21.000
Umlaufvermögen			**Fremdkapital**		
Vorräte	7.000	10.500	langfristig	28.000	35.000
Forderungen	10.500	14.000	kurzfristig	24.500	14.000
liquide Mittel	9.100	10.500		52.500	49.000
	26.600	35.000			
	73.500	70.000		73.500	70.000

a) Erläutern Sie den Unterschied zwischen

- der statischen Liquiditätsanalyse und
- der dynamischen Liquiditätsanalyse.

Gehen Sie dabei jeweils auf Ziel und Vorgehensweise ein und nennen Sie jeweils eine Messgröße.

b) Berechnen Sie den Deckungsgrad II für beide Geschäftsjahre und interpretieren Sie Ihre Ergebnisse.

c) Erstellen Sie aus den Ihnen vorliegenden Bilanzen eine einfache gegliederte Bewegungsbilanz für das Jahr 2014.

d) Interpretieren Sie die von Ihnen erstellte Bewegungsbilanz.

Lösung s. Seite 222

Aufgabe 25: Erfolgsspaltung

Ihnen wird die Gewinn- und Verlustrechnung einer Aktiengesellschaft für das Geschäftsjahr 2014 vorgelegt. Sie werden beauftragt eine Erfolgsanalyse durchzuführen.

Gewinn- und Verlustrechnung 01.01. - 31.12.20..		
1. Umsatzerlöse		11.645.858,00 €
2. Bestandsveränderungen an fertigen und unfertigen Erzeugnissen		- 336.612,50 €
3. andere aktivierte Eigenleistungen		302.120,00 €
4. sonstige betriebliche Erträge	(1)	101.605,00 €
5. Materialaufwand		4.646.285,00 €
6. Personalaufwand		3.823.155,00 €
7. Abschreibungen		890.155,00 €
8. sonstige betriebliche Aufwendungen	(2)	1.781.535,00 €
9. sonstige Zinsen und ähnliche Erträge		4.375,00 €
10. Zinsen und ähnliche Aufwendungen		598.482,50 €
11. Ergebnis der gewöhnlichen Geschäftstätigkeit		- 22.540,00 €
12. außerordentliche Aufwendungen		88.375,00 €
13. außerordentliches Ergebnis		- 88.375,00 €
14. Steuern vom Einkommen und vom Ertrag		- 35.192,50 €
15. sonstige Steuern		6.370,00 €
16. Jahresüberschuss/Jahresfehlbetrag		- 82.092,50 €
17. Gewinnvortrag		728.962,50 €
18. Ausschüttung		175.000,00 €
Bilanzgewinn		**471.870,00 €**

Erläuterungen zur Gewinn- und Verlustrechnung

1. Zusammensetzung: Sonstige betriebliche Erträge
   - Mieterträge 44.450 €
   - Erträge aus abgeschriebenen Forderungen 1.190 €
   - Entschädigungen von Versicherungen 7.875 €
   - sonstige betriebliche Erträge 48.090 €

2. Zusammensetzung: Sonstiger betrieblicher Aufwand u. a.
   - Verluste aus Anlagenabgang 4.427,50 €
   - Forderungsverluste 78.400 €
   - Betriebsbedarf 90.107,50 €

a) Ermitteln und erläutern Sie
   - das ordentliche Betriebsergebnis und
   - das Finanzergebnis.

b) Erläutern Sie das Ziel, welches mit der Erfolgsspaltung verfolgt wird.

Lösung s. Seite 225

Aufgabe 26: Umschlagskennzahlen

Die Geschäftsleitung der HoMö GmbH beauftragt Sie, die nachfolgende Bilanz und Gewinn- und Verlustrechnung zu analysieren. Das Unternehmen verkauft ausschließlich mit 19 % Umsatzsteuer.

AKTIVA — Bilanz der HoMö GmbH Hamburg zum 31.12.20.. — PASSIVA

AKTIVA	2014 TEuro	2013 TEuro	PASSIVA	2014 TEuro	2013 TEuro
A. Anlagevermögen			**A. Eigenkapital**		
I. immaterielle VG	300	350	I. gez. Kapital	4.000	4.000
II. Sachanlagen	8.230	7.410	III. Gewinnrücklage	3.400	2.613
III. Finanzanlagen	450	700	IV. Gewinnvortrag	1.057	375
			V. Jahresüberschuss	683	682
B. Umlaufvermögen					
I. Vorräte			**B. Rückstellungen**		
1. RHB-Stoffe	2.750	2.250	1. Pensionsrückstellungen	450	415
II. Forderungen u. sonst. VG			2. Steuerrückstellungen	125	175
1. Forderungen aus LL	4.750	5.150	3. sonst. Rückstellungen	600	775
IV. Kassenbestand, Guthaben bei Kreditinst.	1.950	2.200	**C. Verbindlichkeiten**		
			1. Verb. ggü. Kreditinst.	4.650	5.250
			2. Verb. aus LL	3.250	3.150
			3. sonst. Verb.	575	625
	18.430	18.060		18.430	18.060

Gewinn- und Verlustrechnung der HöMö GmbH Hamburg 01.01. - 31.12.20..		
	2014 in T€	**2013 in T€**
1. Umsatzerlöse	28.500	32.775
2. Erhöhung oder Verminderung	- 4.250	- 4.888
3. andere aktivierte Eigenleistungen	350	403
4. sonstige betriebliche Erträge	275	316
5. Materialaufwand	15.750	18.113
6. Personalaufwand	3.850	4.428
7. Abschreibungen auf Sachanlagen	2.650	3.048
8 sonstige betriebliche Aufwendungen	1.650	1.898
9. Erträge aus Beteiligungen,	200	230
davon aus verbundenen Unternehmen		
10. Erträge aus anderen Wertpapieren und Ausleihungen des Finanzanlagevermögens,	450	518
davon aus verbundenen Unternehmen		
11. sonstige Zinsen und ähnliche Erträge,	20	23
davon aus verbundenen Unternehmen		
12. Abschreibungen auf Finanzanlagen und Wertpapiere	50	58
13. Zinsen und ähnliche Aufwendungen,	245	282
davon an verbundene Unternehmen		
14. Ergebnis der gewöhnlichen Geschäftstätigkeit	1.350	1.553
15. außerordentliche Erträge	150	25
16. außerordentliche Aufwendungen	75	86
17. außerordentliches Ergebnis	75	- 61
18. Steuern vom Einkommen und vom Ertrag	293	292
19. sonstige Steuern	450	518
20. Jahresüberschuss/Jahresfehlbetrag	**683**	**682**

Das Unternehmen plant im kommenden Geschäftsjahr einen weiteren Standort aufzubauen. Hierzu muss u. a. der Kapitalbedarf ermittelt werden. Sie sollen die notwendigen Daten ermitteln.

a) Ermitteln Sie nachvollziehbar das Debitorenziel, das Kreditorenziel und die durchschnittliche Umschlagsdauer der Vorräte für das Geschäftsjahr 2014.

b) Welche Bedeutung haben die einzelnen Kennzahlen auf den Kapitalbedarf des Unternehmens?

c) Nennen Sie
   - zum Debitorenziel und
   - zur Umschlagsdauer der Vorräte

   jeweils zwei Maßnahmen, um die Kennzahl zu verbessern.

Lösung s. Seite 227

Aufgabe 27: Return on Investment

Sie sind Mitarbeiter einer Kapitalgesellschaft. Im Rahmen der Analyse des Jahresabschlusses erteilt Ihnen der Vorstand die Aufgabe eine ROI-Analyse durchzuführen. Hierfür wird Ihnen die Gewinn- und Verlustrechnung des abgelaufenen Geschäftsjahres zur Verfügung gestellt.
Das betriebsnotwendige Kapital beträgt 25.000.000 €.

Der unternehmensspezifische Risikozinssatz wird mit 6 % bewertet. Der Zinssatz für langfristige sichere Finanzanlagen beträgt im Durchschnitt 2 %.

Gewinn- und Verlustrechnung 01.01. - 31.12.2014	
1. Umsatzerlöse	21.745.477,25 €
2. Bestandsveränderungen an fertigen und unfertigen Erzeugnissen	- 336.612,50 €
3. andere aktivierte Eigenleistungen	302.120,00 €
4. sonstige betriebliche Erträge	101.605,00 €
5. Materialaufwand	9.603.989,50 €
6. Personalaufwand	5.573.155,00 €
7. Abschreibungen	890.155,00 €
8. sonstige betriebliche Aufwendungen	3.531.535,00 €
9. sonstige Zinsen und ähnliche Erträge	4.375,00 €
10. Zinsen und ähnliche Aufwendungen	598.482,50 €
11. Ergebnis der gewöhnlichen Geschäftstätigkeit	1.619.647,75 €
12. außerordentliche Aufwendungen	88.375,00 €
13. außerordentliches Ergebnis	- 88.375,00 €
14. Steuern vom Einkommen und vom Ertrag	459.381,83 €
15. sonstige Steuern	6.370,00 €
16. Jahresüberschuss/Jahresfehlbetrag	1.065.520,93 €

a) Erläutern Sie die Grundzüge des ROI (Return on Investment) Kennzahlensystems.

b) Berechnen Sie den Return on Investment für die Kapitalgesellschaft. Als Return verwenden Sie das EBIT des Unternehmens.

c) Beschreiben Sie Ihre Vorgehensweise bei der Bewertung des ermittelten Return on Investment.

d) Beschreiben Sie zwei Kritikpunkte am ROI-Kennzahlensystem.

Lösung s. Seite 229

Aufgabe 28: Vermögens- und Liquiditätsanalyse

Sie sind Mitarbeiter/in der Regalbau GmbH mit Sitz Schwerin. Das Unternehmen ist spezialisiert auf den Bau von Lagereinrichtungen insbesondere Schwerlastregale. Im Rahmen der Jahresabschlussanalyse sind Sie beauftragt in bestimmten Analysefeldern Kennzahlen zu bilden und diese auszuwerten. Hierzu stellt Ihnen die Buchhaltung die nachfolgende Bilanz und Gewinn- und Verlustrechnung zur Verfügung.

AKTIVA		**Bilanz der Regalbau GmbH Schwerin zum 31.12.20..**			**PASSIVA**
	2014 TEuro	2013 TEuro		2014 TEuro	2013 TEuro
A. Anlagevermögen			**A. Eigenkapital**		
I. immaterielle VG	450	525	I. gez. Kapital	6.000	6.000
II. Sachanlagen	12.345	11.115	III. Gewinnrücklage	3.170	3.170
III. Finanzanlagen	675	1.050	IV. Gewinnvortrag	2.220	562
			V. Jahresüberschuss	1.632	1.773
B. Umlaufvermögen					
I. Vorräte			**B. Rückstellungen**		
1. RHB-Stoffe	4.125	3.375	1. Pensionsrückstellungen	675	622
II. Forderungen u. sonst. VG			2. Steuerrückstellungen	188	262,5
1. Forderungen aus LL	7.125	7.725	3. sonst. Rückstellungen	1.048	1.163
IV. Kassenbestand, Guthaben bei Kreditinst.	2.925	3.300			
			C. Verbindlichkeiten		
			1. Verb. ggü. Kreditinst.	8.475	6.375
			2. Verb. aus LL	3.375	6.225
			3. sonst. Verb.	863	937,5
	27.645	27.090		27.645	27.090

Gewinn- und Verlustrechnung der Regalbau GmbH Schwerin 01.01. - 31.12.20..		
	2014 in T€	**2013 in T€**
1. Umsatzerlöse	24.500	28.175
2. Erhöhung oder Verminderung an fertigen und unfertigen Erzeugnissen	- 3.150	- 3.623
3. andere aktivierte Eigenleistungen	350	403
4. sonstige betriebliche Erträge	275	316
5. Materialaufwand	9.800	11.270
6. Personalaufwand	4.950	5.693
7. Abschreibungen auf Sachanlagen	3.650	4.198
8. sonstige betriebliche Aufwendungen	1.150	1.323
9. Erträge aus Beteiligungen,	200	230
davon aus verbundenen Unternehmen		
10. Erträge aus anderen Wertpapieren und Ausleihungen des Finanzanlagevermögens,	450	518
davon aus verbundenen Unternehmen		
11. sonstige Zinsen und ähnliche Erträge,	20	23
davon aus verbundenen Unternehmen		
12. Abschreibungen auf Finanzanlagen und Wertanlagen	50	58
13. Zinsen und ähnliche Aufwendungen,	339	390
davon aus verbundenen Unternehmen		
14. Ergebnis der gewöhnlichen Geschäftstätigkeit	2.706	3.112
15. außerordentliche Erträge	150	25
16. außerordentliche Aufwendungen	75	86
17. außerordentliches Ergebnis	75	- 61
18. Steuern vom Einkommen und vom Ertrag	699	760
19. sonstige Steuern	450	518
20. Jahresüberschuss/Jahresfehlbetrag	**1.632**	**1.773**

a) Ermitteln Sie für beide Geschäftsjahre die Anlagenintensität. Welche Aussage trifft die Anlagenintensität. Wie kann diese Kennzahl im Rahmen der Interpretation verwendet werden?

b) Ermitteln Sie die Abschreibungsquote auf Sachanlagen für beide Geschäftsjahre. Welche Aussage trifft die Abschreibungsquote allgemein und bezogen auf die Regalbau GmbH.

c) Berechnen Sie die Vorratsintensität für beide Geschäftsjahre. Wozu könnte diese Kennzahl verwendet werden?

d) Beurteilen Sie anhand von zwei selbst gewählten Kennziffern die Liquiditätslage des Unternehmens.

Lösung s. Seite 231

Aufgabe 29: Investitionsanalyse

Ihnen liegt der Anlagenspiegel einer Aktiengesellschaft vor. Sie werden beauftragt für den Vorstand eine Analyse durchzuführen.

	historische AHK	Zugänge zu AHK	Abgänge zu AHK	Zuschreibungen	Abschreibungen		Buchwerte	
					kumuliert	Geschäftsjahr	31.12. 2014	31.12. 2013
	in T€							
immaterielle VG	**12.600**	**4.450**	**850**		**6.105**	**595**	**10.095**	**6.750**
Sachanlagen								
bebaute Grundstücke	21.000	2.100	770		17.100	780	5.230	5.700
technische Anlagen, Maschinen	28.500	2.150	2.100		22.500	1.750	6.410	5.100
Betriebsausstattung	9.150	800	450		7.450	560	2.050	1.650
Summe Sachanlagen	**58.650**	**5.410**	**3.320**		**47.050**	**3.090**	**13.690**	**12.450**
Finanzanlagen	**11.250**	**810**	**790**	**70**	**2.200**	**440**	**9.070**	**8.750**
Summe Anlagevermögen	82.500	10.670	4.960		55.355	4.125	32.855	27.950

AHK = Anschaffungskosten

a) Ist der Anlagenspiegel Pflichtbestandteil eines Jahresabschlusses?

b) Berechnen Sie nachvollziehbar folgende Kennzahlen ausschließlich für den Sachanlagenbereich:

- Investitionsquote
- Investitionsdeckung
- Abschreibungsquote
- Anlagenabnutzungsrad.

c) Interpretieren Sie Ihre Ergebnisse aus Teilaufgabe b).

Lösung s. Seite 234

Aufgabe 30: Cashflow-Analyse

Sie werden beauftragt für Ihr Unternehmen, eine mittelgroße Kapitalgesellschaft, eine Cashflow-Analyse durchzuführen. Vor der Durchführung der Analyse sind von Ihnen folgende Fragen zu beantworten:

a) Definieren Sie den Begriff Cashflow.

b) Der Cashflow kann nach verschiedenen Verfahren berechnet werden. Erläutern Sie die beiden Verfahren.

c) Im Rahmen der Cashflow-Analyse können verschiedene Kennzahlen gebildet werden, u. a.

- Cashflow-Umsatzrate und
- Schuldentilgungsdauer.

Nennen Sie zu jeder dieser Kennzahl die Berechnungsformel und erläutern Sie welche Aussage die Kennzahlen jeweils geben sollen.

Lösung s. Seite 236

4. Internationale Rechnungslegungsvorschriften

Aufgabe 1: Bestandteile Jahresabschluss

Bei einer Jahresabschlussanalyse werden neben den Bestandteilen des Jahresabschlusses weitere Informationsquellen benötigt.

a) Nennen Sie die Bestandteile des Jahresabschlusses für große nicht kapitalmarktorientierte Kapitalgesellschaften nach HGB.

b) Nennen Sie die Bestandteile des Jahresabschlusses nach IFRS.

c) Nennen Sie drei weitere Informationsquellen/Berichte, die ein Unternehmen im IFRS-Jahresabschluss beifügen kann.

Lösung s. Seite 239

Aufgabe 2: Unterschiede Bilanzierung HGB/IFRS

Sie sind Mitarbeiter/in der Anlagenbau AG. Das Unternehmen wird ab dem kommenden Geschäftsjahr die Jahresabschlüsse nach IFRS aufstellen. In der Abteilung Rechnungswesen herrscht noch Unsicherheit über die Unterschiede in der Bilanzierung und Bewertung zwischen HGB und IFRS.

a) Erläutern Sie den Unterschied zwischen Bilanzierungswahlrecht und Bewertungswahlrecht an einem Beispiel nach HGB.

b) Beschreiben Sie anhand von fünf Beispielen Unterschiede in der Bilanzierung und Bewertung von Bilanzposten nach HGB und IFRS.

Lösung s. Seite 239

Aufgabe 3: Bilanzierungsentscheidungen

Die Spiele AG mit Sitz in Hannover ist eine kapitalmarktorientierte Kapitalgesellschaft. Der Unternehmensgegenstand besteht im Handel mit hochwertigen Spielzeugen aus Naturholz. Die Spiele AG kauft weltweit ein und vertreibt die Waren hauptsächlich auf dem europäischen Markt.

Beurteilen Sie die in folgender Tabelle aufgeführten Sachverhalte der Spiele AG nach IFRS durch Ankreuzen und unter Angabe der entsprechenden Kernfundstellen.

Sachverhalt	Bilanzierungspflicht	Bilanzierungswahlrecht	Bilanzierungsverbot	Vorschrift(en)
1. Aktivierung von eigenen Anteilen im Umlaufvermögen				
2. Kauf eines Lkw, der ausschließlich für die Auslieferung von Waren an Kunden genutzt wird				
3. Aufwendungen für die Gründung des Unternehmens				

Sachverhalt	Bilanzierungspflicht	Bilanzierungswahlrecht	Bilanzierungsverbot	Vorschrift(en)
4. Rückstellungen (geschätzte Kosten) für den geplanten Neubau einer Produktionshalle zur Geschäftserweiterung im nächsten Jahr				
5. Ausgaben für ein im laufenden Geschäftsjahr selbst erstelltes Software-Programm (Fakturaprogramm) zur Eigennutzung (geplante Nutzungsdauer 5 Jahre)				
6. Wertsteigerungen eines eigenbetrieblich genutzten unbebauten Grundstücks über die Anschaffungskosten hinaus (weitere Grundstücke sind nicht vorhanden)				
7. Einem Lieferanten versprochene, aber noch nicht geleistete Anzahlung, ohne deren Leistung der Vertrag als nicht zu Stande gekommen gilt				
8. Kauf von Handelswaren, die Anlieferung und inventurmäßige Bestandsaufnahme erfolgte im alten Jahr. Die Eingangsrechnung ging erst im neuen Geschäftsjahr ein.				

Lösung s. Seite 241

Aufgabe 4: Herstellungskosten nach HGB und IFRS (I)

Die Mayer AG produziert Spezialanlagen für die chemische Industrie. Sie ist eine große Kapitalgesellschaft im Sinne des HGB. Das Unternehmen ist an der Börse notiert. Die Produktion wird auftragsbezogen durchgeführt.

Für einen spanischen Konzern wurde im Oktober 2014 mit der Fertigung einer Spezialanlage begonnen. Die Fertigstellung ist für Februar 2015 geplant. Da die Mayer AG den gesamten Auftrag vorfinanzieren muss, hat sie einen kurzfristigen Kredit bei einer örtlichen Bank aufgenommen.

Aus der Kostenrechnung liegen Ihnen folgende Daten des abgelaufenen Geschäftsjahres für den Auftrag vor:

- verbrauchtes Fertigungsmaterial 750.000 €
- Fertigungslöhne 210.000 €
- Materialgemeinkostenzuschlag 12 %
- Fertigungsgemeinkostenzuschlag 45 %

- Produktionsbezogene Verwaltungsgemeinkosten 5.000 €
- Allgemeine Verwaltungsgemeinkosten 14 %
- Fremdkapitalzinsen, herstellungsbezogen 12.500 €
- Konstruktionspläne 55.000 €

a) Beschreiben Sie kurz die Zielsetzungen, die mit der Rechnungslegungspflicht nach HGB und IFRS verfolgt werden sollen.

b) Ermitteln Sie tabellarisch die Herstellungskosten nach HGB und IFRS. Stellen Sie hierbei auch mögliche Bewertungsunter- bzw. -obergrenzen dar.

c) Wie wirken die möglichen unterschiedlichen Bilanzansätze (Herstellungskosteno-ber- bzw. -untergrenze) auf die Gewinn- und Verlustrechnung?

d) Beschreiben Sie kurz die Unterschiede zwischen HGB und IFRS beim Gewinnausweis bei Fertigungsaufträgen, die über mehrere Geschäftsjahre verlaufen.

Lösung s. Seite 242

Aufgabe 5: Grundlagen Sachanlagenbewertung, JA-Bestandteile

Sie sind Mitarbeiter/in der Büromöbelwerke AG Hamburg. Das kapitalmarktorientierte Unternehmen ist an mehreren Kapitalgesellschaften im In- und Ausland zu mehr als 50 % beteiligt. Das Unternehmen ist verpflichtet Abschlüsse nach IFRS zu erstellen.

a) Unterscheiden Sie zwischen Beteiligung und verbundenen Unternehmen im HGB-Jahresabschluss.

b) Nennen Sie die Bestandteile des Konzernabschlusses nach IFRS.

c) Um eine periodengerechte Erfolgsermittlung zu ermöglichen, kann die Bilanzierung des Sachanlagevermögens nach IFRS deutlich von den handelsrechtlichen Vorschriften abweichen. Beschreiben Sie die Grundüberlegungen des IAS 16.

Lösung s. Seite 243

Aufgabe 6: Zugangs- und Folgebewertung „Technische Anlage“

Die Mayer AG ist eine kapitalmarktorientierte Kapitalgesellschaft und muss nach IFRS bilanzieren.

Mit Kaufvertrag vom 20.02.2014 bestellte die Mayer AG eine technische Anlage bei einem spanischen Hersteller. Im vereinbarten Kaufpreis i. H. v. 276.000 € ist aufgrund des hohen Verschleißes ein kleines, kurzlebiges Ersatzteil im Wert von 500 € enthalten und wird mit einer separaten Lieferung kostenfrei der Mayer AG zugestellt.

Am 25.05.2014 hat die Mayer AG eine Anzahlung von 80.000 € an den Lieferanten überwiesen.

Vor Lieferung der Maschine wurde von eigenen Mitarbeitern das erforderliche Fundament erstellt. Das erforderliche Material (Zement, Kies usw.) konnte aus Vorräten, die aus einem anderen Vorhaben des Unternehmens stammen, entnommen werden. Es fielen 300 Stunden mit einem durchschnittlichen Stundenlohn von 27,50 € sowie direkt zurechenbare Materialeinzelkosten i. H. v. 18.000 € an. Die Fertigungsgemeinkosten belaufen sich auf 190 % der Stundenlöhne, inkl. Vertriebsgemeinkosten auf 210 %.

Materialgemeinkosten sind i. H. v. 25 % der Materialeinzelkosten angefallen; unter Berücksichtigung von Vertriebsgemeinkosten beträgt der Zuschlagssatz 28 %.

Am 30.08.2014 wurde die Maschine geliefert. Der Spediteur verlangte 3.000 € (netto) für die Anlieferung der Maschine, die Transportversicherung belief sich auf 500 €. Diese Zahlungen erfolgten ohne Abzug vom Bankkonto der Mayer AG.

Am 05.09.2014 wurde die Maschine in Betrieb genommen und unter Abzug von 3 % Skonto vom Gesamtpreis am 12.09.2013 unter Berücksichtigung der geleisteten Anzahlung bezahlt.

Die Zinsen für ein Darlehen über 80.000 €, das zur Finanzierung bei einem inländischen Kreditinstitut für die Zeit vom 15.05. bis einschließlich 31.08.2014 zu 6 % p. a. aufgenommen wurde, beliefen sich auf 1.400 €. Das Darlehen konnte aufgrund eines Zahlungseingangs per 31.08.2013 zurückbezahlt werden.

Die Nutzungsdauer der Maschine beträgt zehn Jahre; eine gleichmäßige Abnutzung wird erwartet.

a) Nennen Sie die Bestandteile des Jahresabschlusses nach IFRS.
b) Nehmen Sie zum Sachverhalt unter Angabe der relevanten Standards Stellung und entwickeln Sie die Bilanzansätze zum 31.12.2014. Die angegebenen Beträge sind ohne USt.

Lösung s. Seite 245

Aufgabe 7: Komponentenansatz

Die Müller AG ist eine große Kapitalgesellschaft im Sinne des HGB mit Sitz in Berlin. Das Unternehmen bilanziert nach IFRS.

Im Januar 2014 wurde das neue Verwaltungsgebäude fertig gestellt. Die Herstellungskosten des Gebäudes beliefen sich auf 2 Mio. €. Die betriebsgewöhnliche Nutzungsdauer des Gebäudes beträgt unstrittig 40 Jahre. Es wird überlegt, den Komponentenansatz zu wählen.

Für das Gebäude konnten folgende Komponenten identifiziert werden:

Komponente	Anteil an Gesamtkosten	Nutzungsdauer
Dach	20 %	20 Jahre
Gebäudehülle	40 %	40 Jahre
Fenster	5 %	25 Jahre
Sprinkleranlage (Feuerschutz)	10 %	10 Jahre
Aufzug	10 %	10 Jahre
Elektronik	5 %	20 Jahre
Innenausbau	10 %	10 Jahre

a) Entwickeln Sie den Bilanzansatz nach dem Komponentenansatz zum 31.12.2014 gem. IFRS.

b) Entwickeln Sie den Bilanzansatz des Gebäudes nach HGB zum 31.12.2014. Die einschlägigen gesetzlichen Grundlagen sind jeweils zu benennen.

Im Juni 2017 fällt überraschender Weise die Sprinkleranlage aus und muss durch eine neue ersetzt werden. Die Herstellungskosten belaufen sich auf 270.000 € zzgl. 19 % USt. Es wird sofort per Banküberweisung gezahlt.

c) Wie wirkt sich der Austausch der Sprinkleranlage aus

- bei der Bilanzierung nach Komponentenansatz in der IFRS-Bilanz im Jahr 2017 und
- bei Bilanzierung nach HGB im Jahr 2017?

Lösung s. Seite 246

Aufgabe 8: Bewertung Gebäude nach dem Anschaffungskostenmodell

Am 04.01.2014 hat die Hansen AG ihr Verwaltungsgebäude nach zweijähriger Bauzeit fertiggestellt. Dabei fielen folgende Kosten an:

- Einzelkosten 460.000 €
- direkte Fertigungs- und Materialgemeinkosten 400.000 €
- allg. Verwaltungskosten (nicht produktionsbezogen) 120.000 €
- für die Herstellung direkt zurechenbare Zinsaufwendungen 40.000 €

Die Anschaffungskosten für den dazugehörenden Grund und Boden betrugen 300.000 €. Von den Herstellungskosten des Gebäudes entfallen auf die wesentlichen Teile:

- Mauerwerk 70 %
- Dach 20 %
- Fenster, Innenausbau und sonstiges 10 %.

Die Nutzungsdauer dieser Teile beträgt:

- Mauerwerk 50 Jahre
- Dach 30 Jahre
- Fenster, Innenausbau und Sonstiges 15 Jahre.

a) Ermitteln Sie die Bilanzansätze zum 31.12.2014 der Vermögenswerte nach dem Anschaffungskostenmodell.

b) Erläutern Sie mögliche Abweichungen zur Bilanzierung nach HGB.

Lösung s. Seite 248

Aufgabe 9: Neubewertungsrücklage

Die Mayer AG erwirbt am 04.01.2014 eine Bürogebäude zu Anschaffungskosten i. H. v. 500.000 €. Es wird eine Nutzungsdauer von 40 Jahren geschätzt. Die Immobilie soll linear abgeschrieben werden. Am 31.12.2014 (Bilanzstichtag) wird der Marktwert der Immobilie nachhaltig auf 600.000 € aufgrund eines Gutachtens bewertet.

a) Wie ist der Sachverhalt im Jahresabschluss nach IFRS 2014 zu berücksichtigen, wenn das Neubewertungsmodell zur Anwendung kommen soll?

b) Wie ist der Sachverhalt im darauffolgenden Jahresabschluss 2015 zu behandeln, unter der Annahme, dass es im Jahr 2015 zu keinen Marktänderungen kommt?

c) Erläutern Sie die möglichen Abweichungen in der Bewertung im Handelsrecht.

Lösung s. Seite 249

Aufgabe 10: Wertminderung einer Sachanlage

Die Handels AG erwarb eine Verpackungsmaschine, die am 10.07.2014 in Betrieb genommen wurde.

Der Anschaffungspreis netto, betrug einschließlich Transportkosten 4.800.000 €. Außerdem sind eigene Kosten für die Montage i. H. v. 32.000 € und für Probeläufe i. H. v. 4.800 € angefallen.

Die Verpackungsmaschine hat eine Nutzungsdauer von fünfzehn Jahren und einen linearen Nutzungsverlauf. Nach Ablauf der Nutzungsdauer wird angenommen, dass die Maschine wirtschaftlich verbraucht ist und kein Liquidationserlös erzielt werden kann.

Die Handels AG bewertet die Anlage zu fortgeführten Anschaffungskosten. Im Dezember 2014 erkennt der Technikvorstand, dass die geplanten Verpackungsstückzahlen nicht erreicht werden können. Die Marktentwicklung weicht erheblich von den Erwartungen ab. Der Absatz ist stark eingebrochen.

Zum 31.12.2014 beträgt der beizulegende Zeitwert für die Verpackungsmaschine abzüglich Veräußerungskosten 3.700.000 €. Der Nutzungswert der Produktionsanlage wird realistisch auf 75 % des planmäßigen Buchwertes geschätzt.

Erläutern und ermitteln Sie nachvollziehbar den Bilanzansatz und den Ausweis der Verpackungsmaschine zum 31.12.2014 in der IFRS Bilanz. Geben Sie die einschlägigen IFRS-Vorschriften an.

Lösung s. Seite 251

Aufgabe 11: Bewertung Handelswaren IFRS (I)

Die Spielzeuggroßhandel GmbH, Hamburg, hat 2014 im asiatischen Raum Holzspielzeug zu 12,50 € netto erworben, die sie üblicherweise zu 27,50 € netto an den Einzelhandel veräußert. Am Bilanzstichtag 31.12.2014 sind noch 1.000 Stück auf Lager.

Inländische Produzenten von Holzspielzeug starteten eine Kampagne gegen den Spielzeuggroßhandel, da der Großhandel unter den Selbstkosten der Produzenten an den inländischen Einzelhandel verkauft. Auch die Presse schloss sich in Ihren Berichten den inländischen Produzenten an. Die Absätze der Spielzeuggroßhandel gingen stark zurück. Der Imageschaden ist immens.

Die Spielzeuggroßhandel GmbH entschloss sich alle am Bilanzstichtag (31.12.2014) vorhandenen Spielzeuge im Januar 2015 an eine französische Unternehmung (USt-Ident.Nr. liegt vor), zum Nettopreis von 10 € zu verkaufen. Veräußerungskosten fallen nicht an.

a) Die Spielzeuggroßhandel GmbH bewertet die Handelswaren in Ihrem Abschluss nach IFRS mit 10 € je Stück. Ist dieser Ansatz korrekt? Begründen Sie.

b) Wie ist die Lieferung nach Frankreich aus umsatzsteuerlicher Sicht zu beurteilen?

Lösung s. Seite 252

Aufgabe 12: Bewertung Handelswaren HGB/IFRS (II)

Die Spiele AG mit Sitz in Hannover ist eine kapitalmarktorientierte Kapitalgesellschaft. Der Unternehmensgegenstand besteht aus dem Handel mit hochwertigen Spielzeugen aus Naturholz. Die Spiele AG kauft weltweit ein und vertreibt die Waren hauptsächlich auf dem europäischen Markt.

Im November 2014 wurden Spielwaren aus der Schweiz in Schweizer Franken (CHF) zu Anschaffungskosten von umgerechnet 10,50 € (Stückpreis) erworben.

Am Bilanzstichtag befanden sich noch 30.000 Stück auf Lager. Es wird erwartet, dass die Spielwaren von Januar bis März 2015 zum Preis von 11,50 €/Stück verkauft werden können.

Die im Zusammenhang mit dem Verkauf noch anfallenden Versandkosten belaufen sich voraussichtlich auf 0,50 €/Stück.

Wegen des starken Euro hätte die Gesellschaft die Spielwaren am Bilanzstichtag für 9,75 €/Stück (bei unverändertem Kaufpreis in Schweizer Franken) erwerben können.

a) Stellen Sie den Sachverhalt zum 31.12.2014 aus Sicht des IFRS-Einzelabschlusses dar und begründen Sie die Ergebnisse.

b) Wie sind die Spielwaren im Abschluss nach HGB zum 31.12.2014 zu bewerten? Die einschlägigen Rechtsgrundlagen sind jeweils zu nennen.

Lösung s. Seite 253

Aufgabe 13: Bewertung von Fertigungsaufträgen nach IFRS und HGB

Die Straßenbau AG mit Sitz und Geschäftsleitung in Rostock ist spezialisiert auf den Bau von Autobahnen in ganz Europa. Die Straßenbau AG ist an der Frankfurter und Londoner Börse notiert. Die Abschlüsse werden sowohl nach HGB, als auch nach IFRS aufgestellt.

Am 20.02.2013 erhielt die Straßenbau AG den Zuschlag für den europaweit ausgeschriebenen Bau der Autobahn Hamburg – Kiel. Mit dem staatlichen Auftraggeber wurde ein Festpreis von 20 Mio. € vereinbart. Die Fertigstellung ist für Dezember 2015 vertraglich festgelegt.

Aufgrund der langjährigen Erfahrungen der Straßenbau AG ist mit einer gesicherten Erfüllung der Planung zu rechnen.

Das Controlling der Straßenbau AG ermittelte folgende Verteilung der Selbstkosten des Auftrages:

Jahr	Material-/Fertigungskosten	Verwaltungskosten	Vertriebskosten	Gesamt
	in T€			
2013	5.000	900	600	6.500
2014	5.000	1.500	500	7.000
2015	3.500	600	400	4.500
Summe	**13.500**	**3.000**	**1.500**	**18.000**

Die Material- und Fertigungskosten beinhalteten sowohl Einzelkosten als auch direkt und sachgerecht diesem Auftrag zuzuordnende Gemeinkosten.

Bei den Verwaltungs- und Vertriebskosten handelte es sich um jene Aufwendungen, die direkt dem Fertigungsauftrag zugerechnet werden können und die auch vertraglich mit den Auftragserlösen abgegolten wurden. Am Ende der einzelnen Geschäftsjahre konnten die Kosten jeweils gesichert ermittelt werden. Auch die Gesamtkosten werden nicht überschritten.

a) Wie werden Fertigungsaufträge nach HGB bewertet? Bestimmen Sie die Auswirkungen des Auftrages auf den Jahresüberschuss in den Jahren 2013, 2014 und 2015. Es wird eine Einheitsbilanz mit dem Steuerrecht angestrebt.

b) Wie werden Fertigungsaufträge nach IFRS bewertet? Berechnen Sie die Gewinnauswirkungen aus dem Auftrag nach IAS/IFRS. Die einschlägigen gesetzlichen Grundlagen sind zu benennen.

Lösung s. Seite 254

Aufgabe 14: Vermögenswerte, Vermögensgegenstände

Die Straßenbau AG mit Sitz und Geschäftsleitung in Rostock ist spezialisiert auf den Bau von Autobahnen in ganz Europa. Die Straßenbau AG ist an der Frankfurter und Londoner Börse notiert. Die Abschlüsse werden sowohl nach HGB, als auch nach IFRS aufgestellt. Der Jahresabschluss 2014 wird im Juni 2015 erstellt.

In Rahmen der Erstellung des Jahresabschlusses sind Sie zusammen mit anderen Mitarbeitern beauftragt, für die nachfolgenden Sachverhalte, zu prüfen inwieweit sich Vermögenswerte bzw. Vermögensgegenstände ergeben, die nach IFRS bzw. HGB zu bilanzieren sind.

Sachverhalt 1
Die Straßenbau AG erwarb zum 06.01.2014 ein neues Betriebs- und Verwaltungsgebäude für 4 Mio. €, hier sollen ein großer Teil der allgemeinen Verwaltung, der Bauleitung und ein kleines Lager untergebracht werden.

Eine sachgerechte Schätzung weist folgende Bestandteile/Komponenten des bebauten Grundstückes aus:

Komponente	Anteil an Gesamtkosten	Nutzungsdauer
Grund und Boden	20 %	
Mauerwerk	60 %	40 Jahre
Fenster/Türen	10 %	10 Jahre
Dach	10 %	20 Jahre

Sachverhalt 2
Die Straßenbau AG kaufte am 15.02.2014 ein neues unbebautes Grundstück für 200.000 €. Das neue Grundstück grenzt an das bestehende Betriebsgrundstück an und soll als Lagerplatz genutzt werden. Am 31.12.2014 ist der Wert nachhaltig auf 350.000 € gestiegen.

Sachverhalt 3
Die Straßenbau AG erwarb am 10.04.2014 einen neuen Sattelzug (Lkw), der für die Baustellenversorgung eingesetzt werden soll. Es sind folgende Beträge im Rahmen der Anschaffung angefallen:

- Anschaffungspreis 250.000 €
- Spezialaufbau 20.000 €
- Kosten für die Überführung 2.500 €

► Zulassungskosten	250 €
► Erste Tankfüllung	400 €
► Kfz-Versicherung	1.580 €
► Kfz-Steuer	750 €

Alle Werte sind Nettobeträge.

Für die Nutzungsdauer von acht Jahren wird unstrittig eine Gesamtlaufleistung von 800.000 km unterstellt.

Aufgrund der europaweiten Baustellen der Straßenbau AG im Jahr 2014 wird im Anschaffungsjahr eine sehr intensive Nutzung des neuen Sattelzugs unterstellt. 25 % der Gesamtlaufleistung werden im Anschaffungsjahr genutzt. In den folgenden Jahren geht man von einem gleichmäßigen Nutzungsverlauf aus.

a) Bestimmen Sie unter Angabe der einschlägigen Rechtsvorschriften für die Sachverhalte 1 - 3 die Vermögenswerte, die in der IFRS-Bilanz zum 31.12.2014 auszuweisen sind. Berechnen Sie nachvollziehbar deren Wert. Prüfen Sie stets, ob Wahlrechte bestehen und überprüfen Sie die Voraussetzungen für die Ausübung von Wahlrechten. Wie würden sich die Bilanzansätze verändern bei Ausübung der Wahlrechte?

b) Bestimmen Sie unter Angabe der einschlägigen Rechtsvorschriften für den Sachverhalt 2, wie im HGB-Jahresabschluss zu bewerten ist, wenn ein möglichst hoher Gewinn erzielt werden soll.

Lösung s. Seite 256

Aufgabe 15: Herstellungskosten nach IFRS und HGB (II)

Die RaMä AG mit Sitz in Kiel entwickelt und produziert u. a. Spezialrasentraktoren für die gewerbliche Nutzung. Ein neues Produktfeld ist ein spezieller Rasentraktor für Golfplätze. Nach achtmonatiger Entwicklungs- und Bauphase konnte für einen amerikanischen Golfplatzbetreiber ein Spezial-Rasentraktor entwickelt und gebaut werden.

Aus den Abteilungen des Entwicklungs- und Produktionscontrollings wurden folgende Kosten für den Auftrag ermittelt:

► verbrauchtes Fertigungsmaterial	75.000 €	
► gezahlte Fertigungslöhne	45.000 €	
► Entwicklungskosten	35.000 €	
► Materialgemeinkosten	10 %	(bezogen auf verbrauchtes Material)
► Fertigungsgemeinkosten	115 %	(bezogen auf gezahlte Fertigungslöhne)

- Kreditkosten für die Dauer der Entwicklung und Produktion (Auftragsbezogen) 3.000 €
- anteilige Kreditkosten für die Maschinen im Produktionsbereich 1.000 €
- produktionsbezogene Verwaltungskosten 1.500 €
- allgemeine Verwaltungskosten 4.000 €
- Verkaufsprovision Herr Gold (hatte den Kontakt hergestellt) 5.000 €

a) Ermitteln Sie in übersichtlicher Form die Mindest- und Höchstansätze für die Herstellungskosten nach HGB und IFRS für diesen Auftrag.

TIPP

Es handelt sich nicht um einen Fertigungsauftrag im Sinne des IAS 11.

b) Wie wirkt sich die Wahl des Höchst- bzw. Mindestansatzes auf die Bestandteile des Jahresabschlusses aus?

c) Die Ermittlung der Herstellungskosten wurde im Rahmen der Zugangsbewertung vorgenommen. Skizzieren Sie die Folgebewertung von Vorräten zum Bilanzstichtag nach HGB und IFRS (keine Berechnung).

Lösung s. Seite 258

Aufgabe 16: Bewertung eines endfälligen Darlehens mit Disagio nach IFRS und HGB

Zur Finanzierung einer Technischen Anlage nahm die Mayer AG ein Annuitätendarlehen bei der DENTA Bank i. H. v. 1.000.000 € auf. Es wurden folgende Konditionen vereinbart.

- Auszahlungstermin 01.01.2014
- Auszahlungsbetrag 95 %
- Laufzeit 5 Jahre
- Nominalzins 5 %
- Effektivzins 6,3 %
- Tilgung insgesamt am 31.12.2018
- Zinszahlung für 2014 erfolgt am 31.12.2014 durch Banklastschrift.

a) Wie ist das Darlehen zum 31.12.2014 im IFRS-Einzelabschluss anzusetzen? Entwickeln Sie nachvollziehbar die Bilanzposition und nennen Sie die einschlägigen gesetzlichen Grundlagen.

b) Entwickeln Sie die entsprechenden Bilanzpositionen, im Zusammenhang mit dem Darlehen, zum 31.12.2014 für den HGB-Einzelabschluss. Die betriebliche Zielsetzung ist ein möglichst hoher Handelsbilanzgewinn. Die einschlägigen gesetzlichen Grundlagen sind zu benennen.

Lösung s. Seite 260

Aufgabe 17: Bewertung von Rückstellungen, Prämien nach IFRS und HGB

Für die Mayer AG war das abgelaufene Geschäftsjahr 2014 sehr erfolgreich. Der Gewinn vor Steuern konnte um 25 % gegenüber dem Vorjahr gesteigert werden. Der Vorstand beabsichtigt die Mitarbeiter an diesem Erfolg beteiligen zu wollen.

Es soll den Mitarbeitern eine Erfolgsprämie gezahlt werden. Der Vorstand beschloss dies auf der letzten Vorstandssitzung im Geschäftsjahr 2014 am 29.12.2014. Es wurde allerdings nur ein grundsätzlicher Beschluss über einen Gesamtbetrag i. H. v. 750.000 € vorgenommen. Eine Aufteilung auf die einzelnen Mitarbeiter wurde nicht vorgenommen. Eine Bekanntgabe des grundsätzlichen Beschlusses wurde nicht vorgenommen.

a) Stellen Sie dar, nach welchen Bilanzierungs- und Bewertungsvorschriften der Sachverhalt im IFRS-Einzelabschluss zu beurteilen ist. Entwickeln sie ggf. den Bilanzansatz im IFRS-Einzelabschluss. Nennen Sie die einschlägigen gesetzlichen Grundlagen.

b) Wie ist der Sachverhalt im HGB-Einzelabschluss zu bewerten? Entwickeln Sie ggf. den Bilanzansatz und nennen Sie die einschlägigen gesetzlichen Grundlagen.

Lösung s. Seite 261

Aufgabe 18: Bewertung von Verbindlichkeiten, Rückstellungen (I)

Sie sind Mitarbeiter der Metall AG mit Sitz in Dresden. Im Rahmen der Jahresabschlusserstellung für das Geschäftsjahr 2014, sollen Sie bei der Bewertung von verschiedenen Sachverhalten den Leiter Finanz- und Rechnungswesen unterstützen.

Sachverhalt 1

Die Metall AG hatte im April 2014 eine selbstschuldnerische Bürgschaft für einen Geschäftspartner, die Hansen AG in Bonn, i. H. v. 10 Mio. € übernommen. Unmittelbare Anzeichen für eine Inanspruchnahme der Bürgschaft bestehen zum 31.12.2014 nicht, sie gilt jedoch nicht als „unwahrscheinlich“.

Sachverhalt 2

Die Metall AG bestellte am 17.12.2014 bei der österreichischen Austria KG Metallrohre zum Preis von 50.000 € netto. Lieferbedingung „exw“ (ex works). Eine Spedition brachte die Metallrohre am 28.12.2014 nach Dresden. Der Wareneingang wurde bestandsmäßig erfasst. Wegen der Betriebsferien wurde die Rechnung erst am 25.01.2015 von der Austria KG. ausgestellt und am 30.01.2015 von der Metall AG erfasst. Die Bezahlung erfolgte am 18.02.2015. Auf die Umsatzsteuer ist nicht einzugehen.

Sachverhalt 3
Die Metall AG hatte am 28.12.2014 bei der EUROBANK in Madrid ein Fälligkeitsdarlehen über 4 Mio. € aufgenommen, das nur zu 95 % ausgezahlt wurde. Am 31.12. erfolgte die Bankgutschrift mit 3.800.000 €. Der Zinslauf beginnt erst im Januar 2015.

Sachverhalt 4
Die Metall AG war Kunden gegenüber gesetzlich zur Gewährleistung für die gelieferten Produkte verpflichtet. Die Kunden der Metall AG gehen davon aus, dass die Metall AG, die in der Vergangenheit bei Mängeln innerhalb eines Zeitraumes von sechs Monaten nach Ablauf der Gewährleistungsfrist den Kunden nur das Material berechnet und die Lohnkosten selbst getragen hat, dies auch weiterhin so tun wird. Die Metall AG kann sich aus geschäftlichen Zwängen aufgrund der Konkurrenzsituation dem auch nicht entziehen. Dafür wurden in der Vergangenheit regelmäßig 2 % des Jahresumsatzes veranschlagt.

Zum 31.12.2014 umfassten die betroffenen Umsätze 24.000 T€.

Beurteilen Sie die Bilanzierung und Bewertung der o. g. Sachverhalte zum 31.12.2014 nach IFRS. Begründen Sie Ihre Entscheidungen unter Verwendung der einschlägigen Rechtsvorschriften. Gehen Sie auch auf eventuelle Unterschiede zur Bilanzierung nach HGB ein.

Lösung s. Seite 262

Aufgabe 19: Bewertung von Verbindlichkeiten, Rückstellungen (II)

Die Ferdinand Holz AG produziert Holzmöbel für das obere Preissegment. Die Materialien hierfür werden weltweit eingekauft. Der Absatz konzentriert sich hauptsächlich auf den europäischen und amerikanischen Markt. Der Hauptsitz der Gesellschaft ist Hamburg. Es gibt allerdings noch 10 Niederlassungen im In- und Ausland.

Im November 2014 ist bei einem Hochwasser eine Lagerhalle der Ferdinand Holz AG, in der 1.600 Stück Büroschränke (fertige Erzeugnisse) gelagert waren, beschädigt worden.

Der Schaden an der Lagerhalle wird laut eines Gutachtens auf 600.000 € geschätzt. Im Januar 2015 geht der Ferdinand Holz AG der Kostenvoranschlag eines Bauunternehmers zu, in Höhe des Gutachterwertes. Dieser Unternehmer könnte die Reparaturarbeiten an der Halle bis spätestens zum 25.03.2015 abschließen, was für die Ferdinand Holz AG aus wirtschaftlichen Gründen entscheidend ist.

Die Herstellungskosten der beschädigten Büroschränke betragen 1.500 € pro Stück, der reguläre Verkaufspreis netto beträgt 1.800 €. Durch das Hochwasser sind 600 Stück der Produkte völlig unbrauchbar geworden, die restlichen 1.000 Stück können voraussichtlich mit einem Nachlass von 40 % auf den normalen Preis in einer Sonderaktion im April 2015 verkauft werden.

a) Entwickeln Sie die einzelnen Bilanzposten zum 31.12.2014, die durch den Sachverhalt in der IFRS-Bilanz entstehen.

b) Erläutern Sie mögliche Unterschiede zur Bilanzierung im HGB-Jahresabschluss. Die einschlägigen Rechtsnormen sind zu nennen.

Lösung s. Seite 264

Aufgabe 20: Bewertung von Verbindlichkeiten, Rückstellungen (III)

Die Straßenbau AG mit Sitz und Geschäftsleitung in Rostock ist spezialisiert auf den Bau von Autobahnen in ganz Europa. Die Straßenbau AG ist an der Frankfurter und Londoner Börse notiert. Die Abschlüsse werden sowohl nach HGB, als auch nach IFRS aufgestellt. Der Jahresabschluss 2014 wird im Juni 2015 erstellt.

In Rahmen der Erstellung des Jahresabschlusses sind Sie zusammen mit anderen Mitarbeitern beauftragt, für den nachfolgenden Sachverhalt, zu prüfen, inwieweit eventuell eine Rückstellung oder Verbindlichkeit zu bilden ist.

Die Straßenbau AG arbeitet seit Jahren erfolgreich mit verschiedenen Nachunternehmern (Subunternehmern) zusammen. Für einen Auftrag in Niedersachsen wollte der Auftraggeber, im November 2014, den Nachunternehmer der Straßenbau AG nur akzeptieren, wenn die Straßenbau AG eine Garantie für Schäden die durch den Nachunternehmer entstehen können i. H. v. 500 T€ übernimmt. Anzeichen für eine tatsächliche Inanspruchnahme lagen zum Bilanzstichtag nicht vor.

a) Erläutern Sie den Unterschied zwischen
   - Rückstellungen,
   - Schulden und
   - Eventualverbindlichkeiten

   nach IFRS.

b) Beurteilen Sie die Bilanzierung und Bewertung des o. g. Sachverhaltes nach HGB, Steuerrecht und IFRS und entwickeln Sie ggf. die Bilanzpositionen zum 31.12.2014.

Lösung s. Seite 266

1. Das Steuersystem in seiner Bedeutung für das Unternehmen

Lösung zu Aufgabe 1: Begriff und Wirkung von Steuern im Unternehmen

a) Buchführungspflicht

Die Mayer AG ist Kaufmann im Sinne des HGB und somit gem. § 238 Abs. 1 HGB auch Buchführungspflichtig. Die steuerliche Buchführungspflicht ergibt sich aus § 140 AO (derivative Buchführungspflicht). Sofern ein Unternehmen handelsrechtlich buchführungspflichtig ist, ist es auch automatisch buchführungspflichtig nach Steuerrecht § 140 AO (derivative = abgeleitete Buchführungspflicht).

b) Gewinnermittlungsart

Die steuerliche Gewinnermittlungsart für die Mayer AG ist der vollständige Betriebsvermögensvergleich nach § 5 EStG. Es gilt das Maßgeblichkeitsprinzip nach § 5 Abs. 1 Satz 1 EStG, wonach die handelsrechtlichen Bewertungsvorschriften grundsätzlich maßgeblich für die steuerliche Gewinnermittlung sind, es sei denn es sollen steuerliche Wahlrechte gem. § 5 Abs. 1 2. Halbsatz EStG in Anspruch genommen werden oder das Steuerrecht sagt etwas anderes. § 5 Abs. 6 EStG (Durchbrechung der Maßgeblichkeit).

c) Körperschaftsteuer

Die Mayer AG ist in Deutschland gem. § 1 Abs. 1 KStG unbeschränkt körperschaftsteuerpflichtig, da der Sitz der Gesellschaft im Inland liegt. Die Mayer AG ist somit mit ihrem gesamten Welteinkommen in Deutschland körperschaftsteuerpflichtig (Universal-/Welteinkommensprinzip).

d) Steuergesetz

Im Falle der Gründung einer Vertriebs-GmbH in Spanien kann das Außensteuergesetz zur Anwendung kommen. Sinn einer Vertriebs-GmbH im Ausland könnte sein, die Gewinne in ein Land zu verschieben, in dem der Steuersatz für Steuern vom Einkommen und Ertrag niedriger ist als in Deutschland. Dies könnte geschehen, indem die Mayer AG vergünstigt an die Vertriebs-GmbH verkauft und die Gewinne von der Vertriebs-GmbH steuerfrei (95 % steuerfrei; § 8b KStG) an die Mayer AG ausgeschüttet werden. Die Finanzbehörde würde in diesem Fall prüfen, ob eine Gewinnverschiebung ins Ausland stattgefunden hat. Dies wird gem. § 1 AStG mit Verrechnungspreisen durchgeführt. Es wird geprüft, ob diese dem Fremdvergleich statthalten.

Lösung zu Aufgabe 2: Grundlagen der Besteuerung

a) Steuerarten

Die Friedrich AG ist eine Kapitalgesellschaft, auf die Gewinne der Kapitalgesellschaft fällt die Körperschaftsteuer an. Außerdem fällt hierauf der Solidaritätszuschlag an. Durch den Kauf der Produktionsstätte wurde der Anschaffungsvorgang mit der Grunderwerbsteuer, im Jahr 2013 i. H. v. 5 % belastet. Als wiederkehrende Steuer fallen für die Grundstücke die Grundsteuer an.

Die Friedrich AG muss außerdem an die Kommune Gewerbesteuer zahlen.

Die Aktionäre der Friedrich AG werden im Rahmen der Gewinnausschüttung mit der Abgeltungssteuer (eine besondere Erhebungsform der Einkommensteuer) i. H. v. 25 % belastet.

b) Steuergegenstand der jeweiligen Steuern

Die Körperschaftsteuer und die Einkommensteuer (hier die besondere Erhebungsform der Abgeltungssteuer) besteuern die Leistungsfähigkeit der Steuerpflichtigen, hier die AG bzw. deren Aktionäre. Es wird das Einkommen besteuert.

Bei der Grunderwerbssteuer werden grundsätzlich Erwerbsvorgänge, die sich auf inländische Grundstücke beziehen, besteuert. Welche speziellen Erwerbsvorgänge dies sind, ist in § 1 Grunderwerbssteuergesetz geregelt.

Steuergegenstand des Grundsteuergesetzes ist gem. § 2 Grundsteuergesetz der „Grundbesitz im Sinne des Bewertungsgesetztes".

Bei der Gewerbesteuer wird das Objekt „Gewerbebetrieb" besteuert.

c) Steuerempfänger

Grundsätzlich lassen sich reine Bundes-, Länder- und Gemeindesteuern unterscheiden. Außerdem gibt es so genannte Gemeinschaftsteuern, wo es mindestens zwei Steuerempfänger gibt. Für die o. g. gelten folgende Steuerempfänger:

Steuer	Steuerempfänger
Einkommensteuer	Bund Länder Gemeinden
Körperschaftsteuer	Bund Länder
Gewerbesteuer	Gemeinde
Grunderwerbsteuer	Land
Grundsteuer	Gemeinde

d) Einfluss der Gewerbesteuer auf betriebliche Entscheidungen

Die Gewerbesteuer ist eine kommunale Steuer. Hebeberechtigt sind die Gemeinden. In der jeweiligen Haushaltssatzung der Kommunen werden die Hebesätze für die Gewerbesteuer festgelegt, sodass die Gewerbesteuerbelastung in den Kommunen unterschiedlich hoch sein kann.

Wenn ein Unternehmen einen neuen Standort sucht, kann die Standortfrage auch auf Basis der Gewerbesteuerbelastung beurteilt werden. Die Unternehmen, die nicht an einen bestimmten Ort gebunden sind, werden in der Kommune investieren, in der die Gewerbesteuerbelastung relativ gering ist.

Es ist allerdings festzustellen, dass die Steuerbelastung nicht das einzige Entscheidungskriterium für die Standortwahl eines Unternehmens sein kann.

Lösung zu Aufgabe 3: Betriebswirtschaftliche Wirkung von Steuern

1.: Gewinn mindernde Wirkung von Steuern
Steuern, die den Gewinn mindern, werden häufig als betriebliche Steuern bezeichnet. Dies sind z. B. Grundsteuer, Kfz-Steuern, Versicherungssteuer. All diese Steuern werden buchhalterisch als Aufwand gebucht und mindern somit den Gewinn.

2.: Steuern, die vom Gewinn ermittelt werden
Steuern, die vom Gewinn ermittelt werden, sind so genannte Steuern vom Einkommen und Ertrag, sie werden auch als gewinnabhängige Steuern bezeichnet. Dies sind die Einkommensteuer, Körperschaftsteuer und Gewerbesteuer.

Diese Steuern mindern den steuerlichen Gewinn nicht. Handelsrechtlich werden sie allerdings als Aufwand erfasst.

3.: Steuern als Teil der Anschaffungskosten
Die wesentliche Steuer die in die Anschaffungskosten eines Vermögensgegenstandes eingeht ist die Grunderwerbsteuer. Sie beträgt 5 % und muss z. B. bei Anschaffungsvorgängen im Bereich Grund und Boden angewendet werden. Die zu entrichtende Grunderwerbsteuer geht in die Anschaffungskosten mit ein und wird somit aktiviert.

4.: Steuern als durchlaufende Posten
Erbringt ein Unternehmen umsatzsteuerpflichtige Umsätze, müssen auf die Produkte oder Leistungen Umsatzsteuern aufgeschlagen werden. Diese wird dem Kunden in Rechnung gestellt. Der Kunde muss diese an das Unternehmen entrichten. Das Unternehmen führt die Umsatzsteuer dann an den Fiskus ab. Die Umsatzsteuer wird also für den Staat dem Kunden in Rechnung gestellt und dann an den Staat abgeführt, sie belastet das Unternehmen nicht, deshalb wird die Umsatzsteuer als durchlaufender Posten bezeichnet.

Lösung zu Aufgabe 4: Freibetrag, Freigrenze

Freibetrag bedeutet, dass dieser von den zu berücksichtigenden Aufwendungen oder Erträgen abgezogen werden darf, sodass nur die Differenz in Ansatz kommt. Es darf sich allerdings kein negativer Wert ergeben. Sind die steuerlich zu berücksichtigenden Aufwendungen oder Erträge kleiner als der Freibetrag, so ist der Freibetrag von der Höhe, auf die Höhe der zu berücksichtigenden Aufwendungen bzw. Erträge begrenzt.

Beispiel

Ein Freibetrag ergibt sich u. a. aus § 11 GewStG. Einzel- und Personengesellschaften können vom Gewerbeertrag einen Freibetrag von 24.500 € abziehen. Dieses bedeutet, dass sich der Gewerbeertrag mindert. Ist der vorläufige Gewerbeertrag kleiner als

24.500 €, so mindert sich auch der Freibetrag, sodass sich als Ergebnis kein negativer Wert sondern höchstens 0 € Gewerbeertrag ergeben kann.

Freigrenze bedeutet, dass bestimmte Aufwendungen oder Erträge bis zu einer bestimmten Höhe im Rahmen der jeweiligen Steuerart nicht berücksichtigt werden müssen. Übersteigt der Aufwand oder Ertrag allerdings die Freigrenze, muss der gesamte Betrag berücksichtigt werden.

Eine Freigrenze ergibt sich z. B. aus § 4 Abs. 5 Nr. 1 EStG für Geschenke. Sind die Anschaffungskosten der Geschenke bis 35 € groß, können die Geschenke voll als abziehbare Betriebsausgaben berücksichtigt werden. Betragen die Anschaffungskosten 45 €, sind die kompletten 45 € nicht abziehbare Betriebsausgaben.

Ein Freibetrag führt also dazu, dass sich die Bemessungsgrundlage mindert, auch wenn der zu berücksichtigende Betrag den Freibetrag übersteigt. Bei der Freigrenze wird der gesamte Betrag in die Bemessungsgrundlage einbezogen, wenn dieser die Freigrenze übersteigt.

Lösung zu Aufgabe 5: Körperschaftsteuer, Organschaft

a)

Grundsätzlich ist jedes Unternehmen verpflichtet für die einzelnen Steuerarten, in diesem Fall für die Körperschaftsteuer, im Falle einer Steuerpflicht auch Steuererklärungen bzw. Steueranmeldungen abzugeben. Sind Unternehmen allerdings wirtschaftlich, finanzielle und/ oder organisatorisch so miteinander verflochten, dass sie im Rahmen der Gesamtbetrachtung eine Einheit abgeben, so verlangt der Fiskus, dass die Steuererklärung bzw. Steueranmeldung für die gesamte „Einheit" abgegeben wird. Diese „Einheit" wird im Steuerrecht Organschaft genannt. Eine Organschaft besteht aus einem Organträger und aus den Organgesellschaften, die dem Organträger zugeordnet sind. Organträger können sowohl natürliche, als auch juristische Personen sein. Organgesellschaften können nur juristische Personen sein. Das Einkommen der Organgesellschaften wird dann dem Organträger zugeordnet. Die Voraussetzungen im Bereich der Körperschaftsteuer sind geregelt in § 14 KStG, diese sind u. a.:

- Dem Organträger steht die Mehrheit der Stimmanteile an der Organgesellschaft zu.
- Es besteht ein Gewinnabführungsvertrag, der mindestens über fünf Jahre geschlossen ist und durchgeführt wird.

b)

Erfolgt die Erhebung der Körperschaftsteuer ohne Organschaft, werden alle Unternehmen für sich selbst betrachtet und besteuert. Das jeweilige zu versteuernde Einkommen wird mit 15 % Körperschaftsteuer besteuert. Es ergibt sich folgende Berechnung der jeweiligen Körperschaftsteuer.

Unternehmen	Zu versteuerndes Einkommen	Körperschaftsteuer
Mutter-AG Vertriebs-GmbH Produktions-GmbH	500.000,00 € 250.000,00 € -300.000,00 €	75.000,00 € 37.500,00 € –
Gesamtsteuerbelastung		**112.500,00 €**

Ein negatives zu versteuerndes Einkommen führt dazu, dass die Körperschaftsteuer 0 € beträgt. Der Verlust kann nicht mit den anderen Unternehmen verrechnet werden. Die Produktions-GmbH kann allerdings die Verluste für die nachfolgenden Geschäftsjahre vortragen ggf. auch um ein Jahr zurücktragen.

Erfolgt die Besteuerung im Rahmen einer Organschaft, so wird das Einkommen aller Organgesellschaften (Vertriebs- und Produktions-GmbH) dem Organträger (Mutter-AG) zugeordnet. Der Organträger muss das gesamte zu versteuernde Einkommen der Organschaft versteuern. Das gesamte zu versteuernde Einkommen der Organschaft wird mit 15 % Körperschaftsteuer besteuert. Es ergibt sich folgende Berechnung der Körperschaftsteuer:

Unternehmen	Zu versteuerndes Einkommen	Körperschaftsteuer
Mutter-AG Vertriebs-GmbH Produktions-GmbH	500.000,00 € 250.000,00 € -300.000,00 €	
Summe	**450.000,00 €**	**67.500,00 €**

Das negative Einkommen der Produktions-GmbH vermindert das zu versteuernde Einkommen der Organschaft. Somit ergibt sich bei der Besteuerung im Rahmen der Organschaft eine niedrigere Gesamtsteuerbelastung.

Lösung zu Aufgabe 6: Körperschaftsteuer, Gewerbesteuer

a)

Die Körperschaftsteuerpflicht, wird geregelt in den §§ 1, 2 KStG. Die Hansen AG hat ihren Sitz im Inland (Hamburg). Somit ist die Hansen AG gem. § 1 Abs. 1 KStG unbeschränkt in Deutschland körperschaftsteuerpflichtig mit ihrem gesamten Welteinkommen (Universalprinzip). Die Betriebsstätten Berlin und München sind, da es sich um unselbstständige Betriebsstätten handelt, der Hansen AG Hamburg zuzuordnen.

Die Vertriebs-GmbH in Wismar ist selbst gem. § 1 Abs. 1 KStG unbeschränkt körperschaftsteuerpflichtig. Ein Ergebnisabführungsvertrag, der ein Indiz für eine Organschaft sein könnte, liegt laut Aufgabenstellung nicht vor.

b)

Gemäß § 2 Abs. 1 GewStG unterliegt jeder stehende Gewerbebetrieb, der im Inland betrieben wird der Gewerbesteuerpflicht. Die Hansen AG ist kraft Rechtsform ein gewerbliches Unternehmen, welches ihren Sitz im Inland hat.

Somit besteht für die Hansen AG, inkl. der Betriebsstätten in Berlin und München, Gewerbesteuerpflicht. Durch die Besonderheit, dass die Hansen AG Betriebsstätten unterhält, möchten die Kommunen in denen die Betriebsstätten liegen auch einen Anteil an der Gewerbesteuer (Zerlegung).

Die Vertriebs-GmbH in Wismar ist auch gewerbesteuerpflichtig, allerdings für sich, nicht als Betriebsstätte der Hansen AG. Eine Organschaft ist auch im Rahmen der Gewerbesteuer möglich. Hierbei sind in Angleichung an die Körperschaftsteuer die gleichen Voraussetzungen zu prüfen. Da kein Ergebnisabführungsvertrag besteht, ist eine gewerbesteuerliche Organschaft zu verneinen.

c)

Die Hansen AG reicht die Gewerbesteuererklärung beim zuständigen Betriebsstätten-Finanzamt in Hamburg, inkl. der Betriebsstätten in München und Berlin, ein (§ 22 Abs. 1 AO). Das zuständige Finanzamt erstellt auf Basis der Gewerbesteuererklärung einen Gewerbesteuermessbescheid (Grundlagenbescheid). Da die Hansen AG auch Betriebsstätten in Berlin und München unterhält, wird das Finanzamt Hamburg eine Gewerbesteuerzerlegung gem. § 28 ff. GewStG vornehmen.

Es werden durch das Hamburger Finanzamt Zerlegungsbescheide für die jeweiligen Betriebsstätten Hamburg, München und Berlin erstellt. Die jeweiligen Bescheide werden sowohl der Hansen AG, als auch den jeweiligen Gemeindefinanzbehörden bekannt gegeben. Falls die Hansen AG das Rechtsmittel des Einspruchs geltend machen möchte, ist dies gegenüber dem Hamburger Finanzamt vorzunehmen.

Die jeweiligen Gemeindefinanzbehörden werden den Zerlegungsmaßstab (anteiligen Gewerbesteuermessbetrag) mit dem jeweiligen Gewerbesteuer-Hebesatz multiplizieren und jeweils einen Gewerbesteuerbescheid (Folgebescheid) erstellen.

Wenn die Hansen AG das Rechtsmittel des Einspruchs gegen die Gewerbesteuerbescheide vornehmen möchte, ist dies jeweils gegenüber den Gemeindefinanzbehörden vorzunehmen.

Die Vertriebs-GmbH aus Wismar gibt die Gewerbesteuererklärung gegenüber dem Wismarer Finanzamt ab. Dieses erstellt den Gewerbesteuermessbescheid (Grundlagenbescheid) und sendet diesen der Gemeindefinanzbehörde Wismar zu. Diese erstellt den Gewerbesteuerbescheid (Folgebescheid) für die Vertriebs-GmbH. Dies geschieht unabhängig von der Hansen AG.

d)

Falls die Vertriebs-GmbH an die Hansen AG Gewinn ausgeschüttet, bleiben diese Gewinnausschüttungen bei der Hansen AG grundsätzlich außer Ansatz (§ 8b Abs. 1 KStG), d. h. sie werden bei der Ermittlung des zu versteuernden Einkommens bei der Hansen AG nicht mit einbezogen. Gemäß § 8b Abs. 3 KStG müssen allerdings 5 % der Gewinnausschüttungen als nicht abziehbare Betriebsausgaben berücksichtigt werden, sodass in der Gesamtbetrachtung 95 % der Gewinnausschüttung steuerfrei für die Hansen AG ist.

Lösung zu Aufgabe 7: Gewerbesteuer

a) Berechnung der Gewerbesteuerschuld

Ausgangsbasis für die Berechnung der Gewerbesteuer ist grundsätzlich der steuerliche Gewinn (§ 7 GewStG). Es gilt zu beachten, dass bei der Berechnung der Gewerbesteuer im ersten und letzten Wirtschaftsjahr des Unternehmens der steuerliche Gewinn eventuell korrigiert werden muss, da innerhalb der Gewerbesteuer nur die Betriebsausgaben und Betriebseinnahmen ab/bis werbende Tätigkeit berücksichtigt werden dürfen.

In der Ausgangssituation ist der steuerliche Gewinn i. H. v. 2.375.758,23 € die Ausgangsbasis für die Berechnung der Gewerbesteuer. Die Ermittlung wird im nachfolgenden Schema dargestellt:

	steuerlicher Gewinn		**2.375.758,23 €**
+	Hinzurechnungen § 8 GewStG		
	Nr. 1a Entgelte f. Schulden (Zinsen)	5.000,00 €	
	Nr. 1d ½ Miete des Baggers	300,00 €	
	Nr. 1e Pacht des Grund und Boden	3.500,00 €	
		8.800,00 €	
-	Freibetrag	8.800,00 €	
=	**Hinzurechnungen**		**0,00 €**
	Achtung: Falls der Wert der Hinzurechnungen gem. § 8 Nr. 1 größer als 100.000 € ist, dann ist nach Abzug des Freibetrags ein Viertel hinzuzurechnen.		
-	**Kürzungen § 9 GewStG**		
	Nr. 1 1,2 % des Einheitswerts des Grundstücks Der Einheitswert muss gem. § 133 S. 1 Nr. 2 BewG auf 400 % angehoben werden. → in der Situation handelt es sich um einen Geschäftsbau in Bergen, Einheitswert von 1935		720,00 €
=	**maßgebender Gewerbeertrag**		**2.375.038,23 €**
-	**Verlustabzug § 10a GewStG**		**1.250.000,00 €**
	Grundsätzlich sind 1 Mio. € Gewerbeverlust sofort abziehbar. 60 % des danach maßgebenden Gewerbeertrags sind dann auch noch mit den Gewerbeverlusten, wenn vorhandenen, verrechenbar.		
	maßgebender Gewerbeertrag	2.375.038,23 €	
	Verlust gem. § 10a S. 1 GewStG	1.000.000,00 €	
		1.375.038,23 €	
	davon wären noch 60 % verrechenbar	825.022,94 €	
	gesamt verrechenbar	1.825.022,94 €	
	vorhandener Gewerbeverlust	1.250.000,00 €	
	(Damit ist der Gewerbeverlsut voll verrechenbar.)		
=	**maßgebender Gewerbeertrag**		**1.125.038,23 €**
	abrunden auf volle 100 € § 11 Abs 1 Satz 3 GewStG		**1.125.000,00 €**
-	Freibetrag § 11 Abs 1 Nr. 1 GewStG		24.500,00 €
=	**maßgebender Gewerbeertrag**		**1.100.500,00 €**
•	Steuermesszahl 3,5 % gem. § 11 Abs 2 GewStG		
=	**Gewerbesteuermessbetrag**		**38.517,50 €**
•	Hebesatz der Kommune Bergen 445 %		
=	**Gewerbesteuerschuld**		**171.402,88 €**

b) Zerlegung der Gewerbesteuer

Hat ein Gewerbebetrieb Betriebsstätten in mehreren Kommunen, so muss der ermittelte Gewerbesteuermessbetrag auf die Kommunen aufgeteilt (zerlegt) werden. Maßstab hierfür sind die gezahlten Bruttolöhne in den einzelnen Kommunen. Gesetzliche Grundlage hierfür sind die §§ 28 ff. GewStG.

In einem ersten Schritt wird der Zerlegungsmaßstab ermittelt. Grundsätzlicher Zerlegungsmaßstab sind die gezahlten Bruttoarbeitslöhne, allerdings, müssen die Ausbildungsvergütungen herausgerechnet werden. Dieser Zerlegungsmaßstab wird auf den Gewerbesteuermessbetrag (aus Teilaufgabe a) angewendet.

Die jeweilige Kommune und der Steuerpflichtige erhalten von der zuständigen Finanzbehörde einen Zerlegungsbescheid. Die jeweiligen Kommunen erstellen auf Basis des Zerlegungsbescheides die Gewerbesteuerbescheide für den Steuerpflichtigen. Die Gewerbesteuer ist dann jeweils an die Kommune zu entrichten.

		Bergen	Wolgast	Gesamt
Ermittlung Zerlegungsmaßstab				
	Bruttolohnsumme	737.500,00 €	287.500,00 €	
-	Ausbildungsvergütung	50.000,00 €	0,00 €	
+	Unternehmer	12.500,00 €	12.500,00 €	
=	Zerlegungsmaßstab (€)	700.000,00 €	300.000,00 €	1.000.000,00 €
	Zerlegungsmaßstab (%)	70 %	30 %	100 %
Ermittlung Gewerbesteuer				
	Gewerbesteuermessbetrag	26.962,25 €	11.555,25 €	38.517,50 €
	Hebesatz	445 %	405 %	
	Gewerbesteuer	**119.982,01 €**	**46.798,76 €**	**166.780,78 €**

Durch den geringeren Hebesatz in Wolgast verringert sich die gesamte Gewerbesteuerbelastung.

c) Ermittlung Einkommensteuer

Herr Mayer ist gem. § 1 Abs. 1 EStG unbeschränkt einkommensteuerpflichtig. Er muss seine gewerblichen Einkünfte (§ 15 EStG) der Einkommensteuer unterwerfen. Laut Aufgabenstellung kann er Sonderausgaben gem. § 10 EStG geltend machen. Gemäß § 35 EStG kann Herr Mayer seinen Anteil an der Gewerbesteuer auf die Einkommensteuer anrechnen.

Hierzu muss als erstes die grundsätzliche Einkommensteuer, ohne Berücksichtigung der Gewerbesteuer, berechnet werden. Dann kann gem. § 35 Abs. 1 Nr. 1 EStG das 3,8-Fache des Gewerbesteuermessbetrages auf die Einkommensteuer angerechnet werden, aber maximal die gezahlte Gewerbesteuer.

Der Gewerbesteuermessbetrag ist nach dem allgemeinen Gewinnverteilungsschlüssel (50 % für Herrn Mayer) aufzuteilen. Da kein Steuersatz gegeben ist, muss die Einkommensteuer nach der Formel gem. § 32a EStG ermittelt werden. (Die gesetzlichen Grundlagen stehen Ihnen in einer Prüfung der IHK zur Verfügung).

Ermittlung zu versteuerndes Einkommen

	Einkünfte aus Gewerbebetrieb (50 % des steuerlichen Gewinns)	1.187.879,12 €
-	Sonderausgaben	3.000,00 €
=	**zu versteuerndes Einkommen**	**1.184.879,12 €**
	Einkommensteuer gem. § 32a Nr. 5 EStG = 1.184.879,12 € • 0,45 - 15.718 €	
=	**grundsätzliche Einkommensteuer**	**517.477,60 €**
-	anrechenbare Gewerbesteuer gem. § 35 EStG das 3,8-Fache des anteiligen Gewerbesteuermessbetrages 50 % von 38.517,50 € = 19.258,75 € • 3,8	73.183,25 €
	In diesem Fall kann die gesamte Gewerbesteuer angerechnet werden.	
=	**tatsächlich zu zahlende Einkommensteuer**	**444.294,35 €**

Die Gewerbesteuer muss tatsächlich an die Kommune abgeführt werden, diese wirkt dann mindernd auf die Einkommensteuer.

Lösung zu Aufgabe 8: Körperschaftsteuer

a) Ermittlung des zu versteuernden Einkommens

Ausgangspunkt für die Berechnung ist laut Aufgabenstellung der handelsrechtliche Jahresüberschuss. Dieser muss korrigiert werden um die Vorauszahlungen für die Körperschaftsteuer, da es sich steuerrechtlich um eine Steuer vom Einkommen und Ertrag handelt und somit das zu versteuernde Einkommen nicht mindern darf.

Außerdem muss der nicht abziehbare Anteil der angemessenen Bewirtungsaufwendungen noch korrigiert werden. Im Handelsrecht sind die Bewirtungsaufwendungen voll Gewinn mindernd erfasst worden. Im Steuerrecht können die angemessenen Bewirtungsaufwendungen nur zu 70 % berücksichtigt werden. Es ergibt sich der steuerliche Gewinn, da keine weiteren Informationen zu berücksichtigen sind, gleichzeitig ist der steuerliche Gewinn das zu versteuernde Einkommen in der Körperschaftsteuer, da keine weiteren Einkommenskorrekturen laut Körperschaftsteuergesetz durchzuführen sind.

	handelsrechtlicher Jahresüberschuss	450.000,00 €
+	Vorauszahlungen zur Körperschaftsteuer	50.000,00 €
+	nicht abziehbare Betriebsausgaben § 4 Abs 5 Nr. 2 EStG (30 % von 40.000 €)	12.000,00 €
=	**steuerlicher Gewinn**	**512.000,00 €**
=	**zu versteuerndes Einkommen**	

b) Ermittlung Körperschaftsteuer und Solidaritätszuschlag

Der Steuersatz für die Körperschaftsteuer beträgt 15 % (§ 23 KStG), bezogen auf das zu versteuernde Einkommen. Der Solidaritätszuschlag beträgt 5,5 % (§ 4 SolZG) bezogen auf die Körperschaftsteuer.

=	steuerlicher Gewinn	512.000,00 €
=	zu versteuerndes Einkommen	
•	Steuersatz 15 % (bezogen auf das zu versteuernde Einkommen)	
=	**festzusetzende Körperschaftsteuer 2014**	**76.800,00 €**
•	Steuersatz 5,5 % (bezogen auf die KSt)	
=	**Solidaritätszuschlag**	**4.224,00 €**

c) Verdeckte Gewinnausschüttungen

Verdeckte Gewinnausschüttungen sind grundsätzlich Betriebsausgaben (Zahlungen), die der Gesellschaft in Bezug auf die Gesellschafter verursacht werden, diese sind allerdings im Gesellschaftsverhältnis begründet. D.h. einem fremden Dritten (Fremdvergleich) würde das Unternehmen dies nicht leisten. Auf Unternehmensebene werden also Gewinnminderungen realisiert, um das zu versteuernde Einkommen der Gesellschaft zu mindern. Auf Ebene der Gesellschafter findet ein Zufluss, d. h. Ertrag statt.

Die Finanzverwaltung prüft also im Rahmen der Besteuerung des Unternehmens, ob die Betriebsausgaben einem Fremdvergleich statthalten. Ist dies nicht der Fall, werden diese Betriebsausgaben bei der Berechnung des zu versteuernden Einkommens in der Körperschaftsteuer wieder hinzugerechnet.

In der vorliegenden Ausgangssituation könnten im Rahmen der Gehälter verdeckte Gewinnausschüttungen geprüft werden. Laut Aufgabe ist das Gehalt angemessen, also keine verdeckte Gewinnausschüttung.

Falls die Gesellschafter Pia und Paul Holz im November 2014, im Rahmen einer Gesellschafterversammlung, sich als Geschäftsführer die Gehälter rückwirkend ab Januar 2014 um 75 % erhöhen und die Nachzahlung mit dem Dezembergehalt auszahlen, prüft das Finanzamt, ob ein angestellter Geschäftsführer auch rückwirkend eine solche Gehaltserhöhung bekommen hätte.

Dies ist regelmäßig zu verneinen. Deshalb kann die Zahlung vorgenommen werden, dies ist nicht verboten. Allerdings werden diese Gehaltsbestandteile nicht als Betriebsausgaben bei der Berechnung der Körperschaftsteuer berücksichtigt.

Lösung zu Aufgabe 9: Begriffe Umsatzsteuer

a) System der Umsatzsteuer

Die Umsatzsteuer ist eine Verkehrsteuer, d. h. es werden die Verkehrsvorgänge von Rechtsgeschäften besteuert. In Deutschland herrscht grundsätzlich ein Allphasennettosystem. Das heißt, auf jeder Wirtschaftsstufe, wird nur der Mehrwert (daher auch der umgangssprachliche Begriff „Mehrwertsteuer") besteuert.

Der Unternehmer kann auf jeder Wirtschaftsstufe die Vorsteuer aus dem Einkauf von Lieferungen oder sonstigen Leistungen vom Finanzamt zurückfordern und muss die Umsatzsteuer auf seine Lieferungen oder sonstigen Leistungen an das Finanzamt abführen.

Daraus ergibt sich grundsätzlich eine Zahllast in Höhe der Steuer bezogen auf den erwirtschafteten Mehrwert. Der Endverbraucher kann sich die gezahlte Umsatzsteuer in Form einer Vorsteuer nicht vom Finanzamt zurückfordern, sodass der Endverbraucher letztlich die Umsatzsteuer trägt.

Im Rahmen der Umsatzbesteuerung gilt es diverse Ausnahmen bzw. Sonderregelungen zu beachten, z. B. die Umkehrung der Steuerschuldnerschaft oder Steuerbefreiungen. Im Rahmen des europäischen Gemeinschaftsgebietes ist die Umsatzsteuer weitgehend harmonisiert.

b) Unternehmereigenschaft

Lehmann besitzt gem. § 2 UStG die Unternehmereigenschaft im Sinne des Umsatzsteuergesetzes, da er eine gewerbliche Tätigkeit mit der Absicht der Einnahmeerzielung durchführt.

c) Soll-Versteuerung, Ist-Versteuerung

Wenn ein Unternehmer steuerpflichtige Umsätze ausführt, muss der Unternehmer grundsätzlich die Umsatzsteuer an das Finanzamt abführen. Der Unternehmer muss bis zum 10. Tag nach Ablauf des Voranmeldezeitraums die zu entrichtende Umsatzsteuer melden und abführen (§ 18 UStG). Der Voranmeldezeitraum, ist der Zeitraum für den die Meldung abgegeben werden muss (monatlich, quartalsweise, jährlich).

Der Unternehmer muss für die Umsätze, die im Voranmeldungszeitraum getätigt worden sind, die Umsatzsteuer bis zum 10. Tag nach Ablauf des Voranmeldezeitraumes an das Finanzamt abführen, unabhängig davon, ob er das Geld von den Kunden schon erhalten hat oder nicht. Dies wird als Soll-Versteuerung bezeichnet, da der Unternehmer nach so genannten vereinbarten Entgelten versteuert (§ 16 UStG).

Da es für Unternehmer, insbesondere für kleinere Unternehmen, eine große Liquiditätsbelastung darstellen kann, wenn die Umsatzsteuer an das Finanzamt abgeführt werden muss, ohne dass der Kunde bezahlt hat, hat der Gesetzgeber eine Möglichkeit der Erleichterung im Umsatzsteuergesetz verankert.

Gemäß § 20 UStG können Unternehmer mit einem Umsatz bis jährlich 500.000 € auf Antrag zur Ist-Besteuerung wechseln. Das heißt, dass die Umsatzsteuer erst mit Ablauf des Voranmeldezeitraumes gemeldet und abgeführt werden muss, in dem der Kunde gezahlt hat. Man spricht von der Versteuerung nach vereinnahmten Entgelten.

d) Soll-/Ist-Versteuerung des Lehmann

Da der Umsatz im abgelaufenen Geschäftsjahr größer 500.000 € ist, unterliegt Lehmann der Soll-Versteuerung. Die Höhe der Umsatzsteuerzahllast des vorangegangenen Kalenderjahres ist entscheidend für den Voranmeldezeitraum. Da die Zahllast im abgelaufenen Kalenderjahr größer 7.500 € ist, muss Lehmann seine Umsatzsteuervoranmeldung monatlich abgeben.

Im Rahmen der Soll-Versteuerung gibt es allerdings eine Ausnahme, gem. § 13 Abs. 1 Nr. 1a Satz 4 UStG kann ein Unternehmer bei Abschlagsrechnungen die Ist-Versteuerung durchführen.

e) Organschaft

1. Sind Unternehmen (Organgesellschaften) finanziell, wirtschaftlich und/oder organisatorisch in ein anderes Unternehmen (Organträger) eingegliedert, wird die Gesamtheit der Unternehmen als Organschaft bezeichnet. Der Organträger gibt dann für die gesamte Organschaft die Umsatzsteuervoranmeldung ab. Die Umsätze, die die Unternehmen innerhalb eines Organkreises durchführen sind dann nicht steuerbare Innenumsätze. Organträger kann sowohl eine natürliche, als auch juristische Person sein. Organgesellschaft kann nur eine juristische Person sein.
2. In dem vorliegenden Fall liegt keine Organschaft vor. Beide Unternehmen gehören zwar Lehmann, aber beide werden in der Rechtsform einer Einzelunternehmung geführt, eine Organgesellschaft kann aber nur eine juristische Person sein. In dem vorliegenden Fall spricht man von Unternehmeridentität. Das heißt Lehmann ist umsatzsteuerlich gesehen ein Unternehmer und gibt für beide Einzelunternehmen eine zusammenfassende Umsatzsteuervoranmeldung ab. Umsätze, die die beiden Einzelunternehmen untereinander tätigen sind dann nicht steuerbare Innenumsätze A 2.7 (3) USt-AE.

Lösung zu Aufgabe 10: Umsatzsteuer, Ausland

a) Auslandsumsätze

Das Umsatzsteuergebiet definiert grundsätzlich die Gebiete

- Inland, § 1 Abs. 2 UStG
- Gemeinschaftsgebiet § 1 Abs. 2a Satz 1 UStG; A 1.10 USt-AE
- Drittlandsgebiet § 1 Abs. 2a Satz 3 UStG.

Das Gemeinschaftsgebiet und das Drittlandsgebiet gelten aus umsatzsteuerlicher Sicht als Ausland.

Bei den ausländischen Umsätzen ist also zu unterscheiden, ob die Lieferungen ins Gemeinschaftsgebiet oder ins Drittland ausgeführt werden. Grundsätzlich sind Lieferungen ins Ausland steuerbare Umsätze gem. § 1 Abs. 1 Nr. 1 UStG.

Gelangen die Gegenstände (Rasenmäher und -traktoren) ins Gemeinschaftsgebiet, handelt es sich um innergemeinschaftliche Lieferungen die gem. § 4 Nr. 1b UStG, unter bestimmten Voraussetzungen gem. § 6a UStG, steuerfrei sein können.

Die Länder die zum Gemeinschaftsgebiet gehören, werden im Umsatzsteueranwendungserlass (USt-AE) A 1.10 genannt.

Gelangen die Gegenstände ins Drittland, handelt es sich um Ausfuhrlieferungen. Auch diese sind, unter bestimmten Voraussetzungen, gem. § 4 Nr. 1a UStG steuerfrei, wenn die Voraussetzungen des § 6 UStG erfüllt sind.

b) Voraussetzungen für die Steuerbefreiungen für Ausfuhr und innergemeinschaftliche Lieferung

Die Voraussetzungen damit Ausfuhrlieferungen steuerfrei sind, sind in § 6 UStG geregelt. Diese sind u. a.

- wenn der Unternehmer oder der Abnehmer den Gegenstand in das Drittlandsgebiet befördert oder versendet
- ein Beauftragter die Beförderung oder Versendung übernimmt
- der Gegenstand in das Drittlandsgebiet gelangt.

Die Voraussetzungen damit eine innergemeinschaftliche Lieferung steuerfrei wird, sind in § 6a UStG geregelt, diese sind:

- Der Unternehmer oder der Abnehmer hat den Gegenstand der Lieferung in das übrige Gemeinschaftsgebiet befördert oder versendet.
- Der Abnehmer ist
  - ein Unternehmer
  - eine juristische Person, die nicht Unternehmer ist
  - bei Neufahrzeugen jede Person.
- Der Erwerb unterliegt im anderen Mitgliedsstaat der Umsatzbesteuerung (als innergemeinschaftlicher Erwerb).

Lösung zu Aufgabe 11: Umsatzsteuer, Ortsbestimmung

a) Grundsystem der Umsatzsteuer, Allphasennettosystem

Die Umsatzsteuer ist eine Verkehrsteuer, d. h. es werden die Verkehrsvorgänge von Rechtsgeschäften besteuert. In Deutschland herrscht grundsätzlich ein Allphasennettosystem. Das heißt, dass auf jeder Wirtschaftsstufe nur der Mehrwert (daher auch der umgangssprachliche Begriff „Mehrwertsteuer") besteuert wird. Der Unternehmer kann auf jeder Wirtschaftsstufe die Vorsteuer aus dem Einkauf von Lieferungen oder sonstigen Leistungen vom Finanzamt zurückfordern und muss die Umsatzsteuer auf seine Lieferungen oder sonstigen Leistungen an das Finanzamt abführen. Daraus ergibt sich grundsätzlich eine Zahllast in Höhe der Steuer bezogen auf den erwirtschafteten Mehrwert. Der Endverbraucher kann sich die gezahlte Umsatzsteuer in Form einer Vorsteuer nicht vom Finanzamt zurückfordern, sodass der Endverbraucher letztlich die Umsatzsteuer trägt. Das Allphasennettosystem kann vereinfacht wie folgt dargestellt werden:

Wirtschaftsstufe	Einkauf		Verkauf		Zahllast
Forstbetrieb			netto	250,00 €	
			+ 19 % VSt	47,50 €	→ 47,50 €
			brutto	297,50 €	
Sägewerk	netto	250,00 €	netto	350,00 €	
	+ 19 % VSt	47,50 €	+ 19 % VSt	66,50 €	→ 19,00 €
	brutto	297,50 €	brutto	416,50 €	
Möbelfabrik	netto	350,00 €	netto	550,00 €	
	+ 19 % VSt	66,50 €	+ 19 % VSt	104,50 €	→ 38,00 €
	brutto	416,50 €	brutto	654,50 €	
Großhandel	netto	550,00 €	netto	800,00 €	
	+ 19 % VSt	104,50 €	+ 19 % VSt	152,00 €	→ 47,50 €
	brutto	654,50 €	brutto	952,00 €	
Einzelhandel	netto	800,00 €	netto	1.250,00 €	
	+ 19 % VSt	152,00 €	+ 19 % VSt	237,50 €	→ 85,50 €
	brutto	952,00 €	brutto	1.487,50 €	
					237,50 €
Endverbraucher		**1.487,50 €**			
		davon USt **237,50 €**			

Im Rahmen der Umsatzbesteuerung gilt es diverse Ausnahmen bzw. Sonderregelungen zu beachten, z. B. die Umkehrung der Steuerschuldnerschaft oder Steuerbefreiungen. Im Rahmen des europäischen Gemeinschaftsgebietes ist die Umsatzsteuer weitgehend harmonisiert.

b) Lieferung, Werklieferung

Die Lieferung ist in § 3 Abs. 1 UStG geregelt. Die Übertragung (Verschaffung) der Verfügungsmacht eines Gegenstandes (einer Sache) an den Abnehmer, wird als Lieferung bezeichnet. Hierbei ist die Zahlung nicht von Bedeutung. Jeder Verkauf eines Gegenstandes, sei es von Lebensmitteln, Büchern, Zeitungen, PKW usw.wird im Umsatzsteuerrecht als Lieferung bezeichnet.

Eine Sonderform der Lieferung ist die Werklieferung. Hierbei ist der Unternehmer einen Werkvertrag eingegangen, der mit einer Erfolgsschuldung durch den Unternehmer einhergeht.

Die Werklieferung ist in § 3 Abs. 4 UStG und in A 3.8 USt-AE geregelt. Der Unternehmer verpflichtet sich einen bestimmten Erfolg zu schulden, das Material für die Erfüllung des Werkvertrages wird durch den Unternehmer gestellt.

Am Beispiel von der Einzelunternehmung von Fritz Mayer lässt sich dies, wie folgt darstellen. Verkauft Fritz Mayer an einen Kunden Pflastersteine, damit der Kunde seine Hauseinfahrt selbst pflastern kann, so handelt es sich um eine Lieferung, da Mayer die Verfügungsmacht an einer Sache (Pflastersteine) dem Kunden verschafft hat.

Wenn der Kunde die Bauunternehmung Mayer beauftragt die Hauseinfahrt zu pflastern und die Pflastersteine sollen durch Mayer gestellt werden, so schuldet Mayer eine gepflasterte Hauseinfahrt, d. h. er schuldet einen Erfolg. Dadurch dass das Material durch Mayer gestellt werden soll, handelt es sich um eine Werklieferung.

TIPP

Falls der Kunde die Bauunternehmung Mayer mit der Pflasterung der Hauseinfahrt beauftragt hätte, allerdings der Kunde hätte die Pflastersteine gestellt, würde es sich um eine Werkleistung im Rahmen der Umsatzsteuer handeln. Auch hier besteht eine Erfolgsschuldung, allerdings erbringt die Bauunternehmung nur eine sonstige Leistung zu Erfüllung des Werkvertrages, das Material wird durch den Kunden gestellt.

c) Ortsbestimmung bei sonstigen Leistungen

Die Grundformen der sonstigen Leistungen sind geregelt in § 3a Abs. 1, Abs. 2 UStG.

Bei den Grundformen wird unterschieden, ob der Unternehmer an einen Nichtunternehmer (§ 3a Abs. 1 UStG) oder einen Unternehmer (§ 3a Abs. 2 UStG) eine sonstige Leistung erbringt.

Erbringt der Unternehmer an einen Nichtunternehmer eine sonstige Leistung, so bestimmt sich umsatzsteuerlich der Ort, wo sich der Sitz bzw. die Betriebsstätte des leistenden Unternehmers befindet. Familie Müller aus Hamburg lassen sich in Berlin von einem Fachanwalt für Steuerrecht im Rahmen einer Schenkung beraten. Der Ort für die sonstige Leistung ist Berlin, da der leistende Unternehmer (Rechtsanwalt) seinen Sitz in Berlin hat.

Erbringt der Unternehmer eine sonstige Leistung an einen anderen Unternehmer, so ist der Ort der sonstigen Leistung, dort wo sich der Sitz oder die Betriebsstätte des Leistungsempfängers befindet.

Der Berliner Fachanwalt für Steuerrecht vertritt die Bauunternehmung Mayer, aus Rostock, bei einem Prozess vor dem Hamburger Landgericht. Der Ort der sonstigen Leistung, die der Anwalt erbringt, bestimmt sich nach § 3a Abs. 2 UStG und ist dort wo der Sitz des Leistungsempfängers (Bauunternehmung Mayer) ist, Rostock.

Diese beiden Grundformen dürfen allerdings nur angewendet werden, wenn alle Sonderformen geprüft wurden und nicht anzuwenden sind.

Eine mögliche Sonderform bei der Ortsbestimmung von sonstigen Leistungen sind gerade für Bauunternehmen der § 3a Abs. 3 Nr. 1 UStG. Hierbei handelt es sich um Leistungen im Zusammenhang mit Grund und Boden, Gebäude. Dies sind z. B. Mietumsätze, Bauleistungen usw. diese werden umsatzsteuerlich grundsätzlich dort ausgeführt, wo sich das Grundstück befindet.

Wenn die Bauunternehmung Mayer für die Hamburger Familie Schmidt in deren Ferienhaus auf Mallorca die Reparatur des Daches übernimmt (reine Lohnleistung), dann bestimmt sich der Ort nach § 3a Abs. 3 Nr. 1c UStG, dort wo das Grundstück liegt, auf Mallorca.

Eine weitere Sonderform sind die sonstigen Leistungen an Privatpersonen aus dem Drittland, § 3a Abs. 4 UStG. Der Ort der sonstigen Leistungen bestimmt sich umsatzsteuerlich nach dem Sitz des Empfängers.

Falls der Berliner Anwalt in seiner Kanzlei die Familie Rübli aus Zürich (Schweiz) in erbschaftsteuerlichen Angelegenheit berät, so ist der Ort dieser sonstigen Leistung Zürich (Sitz des Empfängers).

d) Abgrenzung Ausfuhr-/innergemeinschaftliche Lieferung

Eine Ausfuhrlieferung liegt vor, wenn eine Lieferung in das Drittland ausgeführt wird. Eine innergemeinschaftliche Lieferung liegt vor, wenn die Lieferung in Gemeinschaftsgebiet ausgeführt wird.

Grundsätzlich sind beide Arten von Lieferungen im Rahmen der Umsatzsteuer steuerfrei. § 4 Nr. 1a, b UStG.

Lösung zu Aufgabe 12: Körperschaftsteuer, Umsatzsteuer, Gewerbesteuer

a) Körperschaft-, Gewerbesteuerpflicht

Körperschaftsteuerpflicht

Der Sitz der Mayer GmbH ist Schwerin (Inland). Somit erfüllt die Mayer GmbH die Tatbestandsmerkmale des § 1 Abs. 1 KStG und ist unbeschränkt in Deutschland, mit ihrem Welteinkommen, im Rahmen der Körperschaftsteuer steuerpflichtig.

Gewerbesteuer

Die Tätigkeit einer Kapitalgesellschaft gilt gem. § 2 Abs. 2 GewStG stets im vollen Umfang als gewerbliche Tätigkeit. Da die Mayer GmbH im Inland betrieben wird (Schwerin) ist die Mayer GmbH gem. § 2 Abs. 2 GewStG gewerbesteuerpflichtig.

b) Steuerliche Behandlung von Gewinnausschüttungen von Tochtergesellschaften

Die Mayer GmbH ist die Mutter-Gesellschaft der Austria-GmbH (Tochtergesellschaft). Werden Gewinne ausgeschüttet, die auf eine Beteiligung an einer anderen Kapitalgesellschaft basieren, bleiben diese grundsätzlich beim empfangenen Unternehmen, in diesem Fall der Mayer GmbH außer Ansatz, d. h. sie werden nicht bei der Ermittlung des zu versteuernden Einkommens berücksichtigt (§ 8b Abs. 1 KStG). Allerdings müssen 5 % als nicht abziehbare Betriebsausgaben berücksichtigt werden (§ 8b Abs. 5 KStG), sodass effektiv „nur" 95 % steuerfrei sind.

TIPP

Bei Beteiligungen unter 10 % sind gem. § 8b Abs. 4 KStG die Gewinnausschüttungen beim empfangenen Unternehmen voll dem Einkommen zuzurechnen.

c) Ermittlung Körperschaftsteuer, Gewerbesteuer

Da in der Aufgabenstellung keine Höhe der Gewinnausschüttung benannt ist und das zu versteuernde Einkommen bzw. der Gewerbeertrag gegeben ist, sind dies die Ausgangsgrößen für die Berechnung der Körperschaft- bzw. Gewerbesteuer.

Bei der Berechnung der Körperschaftsteuer wird der Steuersatz i. H. v. 15 % auf das zu versteuernde Einkommen angewendet (§ 23 Abs. 1 KStG).

Das zu versteuernde Einkommen beträgt 3.500.000 € • 15 % Steuersatz = **525.000 €** Körperschaftsteuer.

Bei der Berechnung der Gewerbesteuer ist der Gewerbeertrag die Ausgangsbasis. Durch das Betriebsstättenfinanzamt wird der Gewerbesteuermessbetrag festgesetzt. Dieser wird dann mit dem Gewerbesteuerhebesatz der Kommune multipliziert. Der Gewerbesteuerbescheid wird durch die Kommune erstellt.

=	**maßgebender Gewerbeertrag**	**3.500.000,00 €**
•	**Steuermesszahl 3,5 % gem. § 11 Abs. 2 GewStG**	
=	**Gewerbesteuermessbetrag**	**122.500,00 €**
•	Hebesatz der Kommune Schwerin 400 %	
=	**Gewerbesteuerschuld**	**490.000,00 €**

Die Körperschaft- und Gewerbesteuer sind Steuern vom Einkommen und Ertrag und können somit bei der Berechnung der jeweiligen Steuer nicht als Betriebsausgaben berücksichtigt werden.

d) Beurteilung Unternehmereigenschaft

Die Mayer GmbH führt eine gewerbliche Tätigkeit durch, dadurch besitzt Sie gem. § 2 Abs. 1 UStG die Unternehmereigenschaft im Rahmen der Umsatzsteuer.

Dadurch dass die Austria-GmbH durch die 100 %-Beteiligung in die Mayer GmbH eingegliedert ist, könnte eine Organschaft unterstellt werden. Dies ist allerdings nicht der Fall, da Organschaften ihre Wirkung nur bei Unternehmensteilen im Inland entfalten (§ 2 Abs. 2 Nr. 2 Satz 2 UStG).

Die Lieferungen der Mayer GmbH an die Austria-GmbH stellen somit Lieferungen gem. § 3 Abs. 1 UStG dar, der Ort bestimmt sich gem. § 3 Abs. 1 Satz 1 UStG (Beginn der Lieferung, Schwerin), die Lieferung ist somit im Inland steuerbar gem. § 1 Abs. 1 Nr. 1 UStG. Allerdings, wenn die Voraussetzungen erfüllt sind, steuerfrei gem. § 4 Nr. 1b UStG i. V. m. § 6a UStG.

e) Umsatzsteuerliche Behandlung Verwaltungsarbeiten

Bei den Verwaltungsarbeiten handelt es sich gem. § 3 Abs. 9 UStG um sonstige Leistungen. Bei der Ortsbestimmung gibt es keine Sonderregelungen, dadurch wird die Grundregel § 3a Abs. 2 UStG angewendet, der Ort ist der Sitz des Leistungsempfängers, also Wien (Österreich). Da das Inlandsmerkmal fehlt, handelt es sich um eine nicht steuerbare sonstige Leistung. Der Ausweis der Umsatzsteuer unterbleibt.

f) UStVA, Zusammenfassende Meldung

Die Umsatzsteuervoranmeldung (UStVA) dient dazu, dass der Unternehmer alle Umsätze des Voranmeldezeitraums dem zuständigen Betriebsfinanzamt melden muss, dies ist geregelt in § 18 UStG i. V. m. § 21 AO.

Die Zusammenfassende Meldung (ZM) dient dazu das alle innergemeinschaftlichen Lieferungen und im Gemeinschaftsgebiet erbrachten sonstigen Leistungen an das Bundeszentralamt für Steuern gemeldet werden (§ 18a UStG).

Lösung zu Aufgabe 13: Ausschüttungsbesteuerung auf Ebene der Anteilseigner

Der Gewinn der Anlage-GmbH i. H. v. 300.000 € ist nach Abzug der Steuern vom Einkommen und Ertrag, d. h. auf Ebene der Anlage-GmbH wurde die Körperschaft- und Gewerbesteuer gezahlt.

Auf der Ebene der Anteilseigner gilt Folgendes:
Auf Ebene der Beteiligungs-GmbH gilt für die empfangene Ausschüttung § 8b Abs. 1, Abs. 5 KStG. Das bedeutet, dass die empfangene Ausschüttung grundsätzlich auf Ebene der Beteiligungs-GmbH steuerfrei ist. Allerdings müssen 5 % des Ausschüttungsbetrages als nicht abziehbare Betriebsausgaben erfasst werden.

Die Beteiligungs-GmbH erhält einen Ertrag in Höhe 100.000 €, hiervon müssen 5.000 € als nicht abziehbare Betriebsausgabe erfasst werden. Das bedeutet das zu versteuernde Einkommen im Rahmen der Erhebung der Körperschaftsteuer auf Ebene der Beteiligungs-GmbH erhöht sich durch die Ausschüttung i. H. v. 100.000 € um 5.000 €, die verbleibenden 95.000 € bleiben bei der Berechnung der Körperschaftsteuer auf Ebene der Beteiligungs-GmbH unberücksichtigt. Auf die zu entrichtende Körperschaftsteuer müssen zusätzlich 5,5 % Solidaritätszuschlag (§§ 3, 4 SolZG)entrichtet werden.

Auf Ebene des Einzelunternehmers Fritz Gier, der die Beteiligung im Betriebsvermögen hält, greift das Teileinkünfteverfahren, gem. § 3 Nr. 40 EStG. Das bedeutet, dass Fritz Gier 40 % der Ausschüttung steuerfrei behandeln darf und 60 % der Ausschüttung sind steuerpflichtige Einkünfte im Sinne des § 15 EStG, Einkünfte aus Gewerbebetrieb. Bei Betriebsausgaben im Zusammenhang mit der Beteiligung dürfen auch nur 60 % Gewinn mindernd erfasst werden. 40 % der Betriebsausgaben im Zusammenhang mit der Beteiligung dürfen nicht Steuer mindernd erfasst werden. Auf Ebene des Einzelunternehmens müssen also 60.000 € (60 % von 100.000 €) als Einkünfte aus Gewerbebetrieb erfasst werden. Auf die zu entrichtende Einkommensteuer müssen zusätzlich 5,5 % Solidaritätszuschlag (§§ 3, 4 SolZG)entrichtet werden.

Auf Ebene des Hans Glück erfolgt die Besteuerung mit der Abgeltungssteuer. Die zugewiesene Dividende sind für Hans Glück Einkünfte aus Kapitalvermögen im Sinne des § 20 EStG, da Hans Glück die Anteile in seinem Privatvermögen hält. Die Einkünfte werden gem. §§ 43, 43a EStG mit einem Steuersatz von 25 % belastet, sodass von dem Gewinnanteil i. H. v. 100.00 € eine Abgeltungssteuer i. H. v. 25.000 € einbehalten wird. Zusätzlich werden 5,5 % Solidaritätszuschlag (§ 3, 4 SolZG) i. H. v. 1.375 € erhoben. Effektiv verbleiben Hans Glück 73.625 €. Falls der persönliche Steuersatz des Hans Glück niedriger als 25 % ist, kann Hans Glück die Einkünfte auch mit seinem persönlichen Steuersatz besteuern.

Lösung zu Aufgabe 14: Zinsschranke

a) Zinsschranke

Die Zinsschranke ist eine Beschränkung des Abzuges der Zinsaufwendungen bei der steuerrechtlichen Gewinnermittlung. Während im Handelsrecht der gesamte Zinsaufwand den handelsrechtlichen und damit den ausschüttbaren Gewinn mindert, ist der Zinsaufwand im Steuerrecht unter bestimmten Voraussetzungen nur zum Teil abziehbar. Der nicht abziehbare Zinsaufwand kann allerdings steuerrechtlich auf die neuen Wirtschaftsjahre vorgetragen werden. Die gesetzliche Grundlage für die Zinsschranke ist § 4h EStG.

Damit die gesamten Zinsaufwendungen auch steuerrechtlich voll abziehbar sind, muss dies gem. § 4h Abs. 2 EStG geprüft werden. Voraussetzungen sind:

- Der Betrag Zinsaufwendungen abzüglich Zinserträge ist kleiner 3.000.000 € oder
- der Betrieb gehört nicht oder nur anteilsmäßig zu einem Konzern oder
- der Betrieb gehört zu seinem Konzern, die Eigenkapitalquote war allerdings am vergangenen Abschlussstichtag gleich oder größer als die Eigenkapitalquote des Konzerns (Escape-Klausel).

b) Berechnung des steuerlichen Abzugs der Zinsaufwendungen

Aus den vorgegebenen Daten muss zuerst der Gewinn vor Anwendung der Zinsschranke ermittelt werden. Danach wird gem. § 4h Abs. 1 EStG das steuerliche EBITDA (earnings before interest taxes depreciation and amortization) ermittelt. Hiervon können 30 % als Zinsaufwendungen steuerlich Gewinn mindernd in Abzug gebracht werden. Zusätzlich, zu den 30 % des steuerlichen EBITDA, sind die Zinsaufwendungen in Höhe der Zinserträge abziehbar. Es ergibt sich folgende Rechnung:

		Aufwand	Ertrag	
	Umsatzerlöse		100.000.000,00 €	
	Zinserträge		1.500.000,00 €	
	Gesamterträge			101.500.000,00 €
	Materialaufwand	60.000.000,00 €		
	Personalaufwand	15.000.000,00 €		
	Abschreibungen	7.500.000,00 €		
	sonstiger betrieblicher Aufwand	12.000.000,00 €		
	Gesamtaufwendungen			103.500.000,00 €
=	**vorläufiger Gewinn**			**- 2.000.000,00 €**
-	Zinserträge			1.500.000,00 €
+	Zinsaufwendungen			9.000.000,00 €
+	Abschreibungen			7.500.000,00 €
=	**steuerliches EBITDA**			**13.000.000,00 €**
=	30 % hiervon als sofort abziehbare Zinsaufwendungen			3.900.000,00 €
+	abziehbare Zinsaufwendungen in Höhe der Zinserträge			1.500.000,00 €
=	**gesamt abziehbare Zinsaufwendungen**			**5.400.000,00 €**

Die steuerlich nicht abziehbaren Zinsaufwendungen können auf fünf neue Wirtschaftsjahre vorgetragen werden.

=	nicht sofort abziehbare Zinsaufwendungen (gesamte Zinsaufwendungen - abziehbare Zinsaufwendungen)	3.600.000 €

Bestehen noch EBITDA-Vorträge sind die nicht abziehbaren Zinsaufwendungen hiermit zu verrechnen.

Der steuerliche Gewinn errechnet sich dann folgendermaßen:

	vorläufiger Jahresüberschuss (vor Anwendung der Zinsschranke)	- 2.000.000,00 €
+	nicht abziehbare Zinsaufwendungen	3.600.000,00 €
=	**steuerlicher Gewinn**	**1.600.000,00 €**

Lösung zu Aufgabe 15: Ermittlung Gewerbesteuer, Einkommensteuer, Doppelbesteuerung

a) Ermittlung Gewerbesteuer

Die Gewerbesteuer bemisst sich nach dem Gewerbeertrag (§ 7 GewStG). Hierzu wird der Gewinn bzw. Verlust aus Gewerbebetrieb gem. Einkommensteuerrecht ermittelt.

TIPP

Der Gewinn aus Gewerbebetrieb in der Gewerbesteuer, entspricht grundsätzlich dem Gewinn aus Gewerbebetrieb in der Einkommensteuer. Es kann Unterschiede geben im ersten und letzten Wirtschaftsjahr. Dies leitet sich aus der Einkommensteuer- bzw. Gewerbesteuerpflicht ab.

Der steuerliche Gewinn wird dann ggf. um Hinzurechnungen gem. § 8 GewStG und um Kürzungen gem. § 9 GewStG korrigiert. Ein eventueller Gewerbeverlust wird gem. § 10a GewStG berücksichtigt. Aus dem sich ergebenden Gewerbeertrag wird dann gem. § 11 GewStG der Freibetrag für Einzelunternehmen subtrahiert und der Gewerbesteuermessbetrag ermittelt. Der Gewerbesteuermessbetrag wird von der Kommune als Bemessungsgrundlage für die Gewerbesteuer verwendet. Es ergibt sich folgende Berechnung:

handelsrechtlicher Jahresüberschuss		261.000,00 €
Gewerbesteuer-Vorauszahlungen		23.000,00 €
steuerlicher Jahresüberschuss (§ 7 GewStG)		**284.000,00 €**
Hinzurechnungen § 8 GewStG		
Nr. 1a Zinsaufwendungen	25.000,00 €	
Nr. 1d 20 % des Leasingaufwands für technische Anlagen	15.000,00 €	
Nr. 1e 50 % der Miete Verwaltung/Produktion	48.000,00 €	
Summe	88.000,00 €	
abzüglich Freibetrag	88.000,00 €	0,00 €
Achtung: Es ist zwar ein Freibetrag lt. Gesetz von 100.000 € möglich, allerdings darf durch den Freibetrag kein negatives Ergebnis herauskommen.		
Kürzungen § 9 GewStG		0,00 €
vorläufiger Gewerbeertrag		**284.000,00 €**
abrunden auf volle 100 € entfällt, § 11 Abs. 1 Satz 3 GewStG		
Freibetrag für Einzelunternehmen		24.500,00 €
maßgebender Gewerbeertrag (§ 10 GewStG)		**259.500,00 €**
Steuermesszahl gem. § 11 Abs. 2 GewStG	3,5 %	
Gewerbesteuermessbetrag		**9.082,50 €**
Hebesatz der Gemeinde	**420,0 %**	
Gewerbesteuer		**38.146,50 €**

b) Ermittlung des zu versteuernden Einkommens

Die Eheleute Hansen werden laut Aufgabenstellung gemeinsam zur Einkommensteuer veranlagt. Somit ergibt sich das zu versteuernde Einkommen aus dem steuerpflichtigen Gewinn (Einkünfte aus Gewerbebetrieb) des Herrn Hansen und dem Gehalt (Einkünfte aus nichtselbständiger Arbeit) der Frau Hansen. Die Sonderausgaben mindern das zu versteuernde Einkommen Es ergibt sich folgende Berechnung:

	Einkünfte aus Gewerbebetrieb (§ 15 EStG)	284.000,00 €
+	Einkünfte aus nichtselbstständiger Arbeit (§ 9 EStG)	50.000,00 €
=	Summe der Einkünfte	334.000,00 €
-	Sonderausgaben (§ 10 EStG)	17.500,00 €
=	**zu versteuerndes Einkommen**	**316.500,00 €**

c) Ermittlung der abzuführenden Einkommensteuer

Grundsätzlich müssen die Eheleute Hansen das zu versteuernde Einkommen der Einkommensteuer nach dem Splitting-Verfahren (da die Eheleute sich zusammenveranlagen) unterwerfen. Der Gesetzgeber hat um eine Benachteiligung gegenüber den Kapitalgesellschaften zu mindern, eine Anrechnung der Gewerbesteuer auf die zu zahlende Einkommensteuer in § 35 EStG verankert. Dies bedeutet in einem ersten Schritt muss die Einkommensteuer für die Eheleute Hansen nach dem Splitting-Verfahren gem. § 32a Abs. 5 EStG ermittelt werden. Auf die ermittelte Einkommensteuer können danach gem. § 35 Abs. 1 Nr. 1 EStG das 3,8-Fache des Gewerbesteuermessbetrages, allerdings die maximal die tatsächlich gezahlte Gewerbesteuer, angerechnet werden. Es ergibt sich folgende Berechnung der tatsächlich abzuführenden Einkommensteuer:

zu versteuerndes Einkommen		**316.500,00 €**
Anwendung § 32a Abs. 5 EStG: Auf die Hälfte des zu versteuernden Einkommens wird § 32a Abs. 1 EStG angewendet, der ermittelte Steuerbetrag wird danach verdoppelt.		
Hälfte des zu versteuernden Einkommens:	158.250,00 €	
Formel § 32a Abs. 1 Nr. 4 EStG (0,42 • 158.200 € - 8.239 €)	58.226,00 €	
Verdopplung = Einkommensteuer (Splitting-Verfahren)		**116.452,00 €**
Anwendung § 35 Abs. 1 Nr. 1 EStG:		
Anrechnung des 3,8-Fachen des Gewerbesteuermessbetrages (9.082,50 € • 3,8) Die Anrechnung kann in voller Höhe angesetzt werden, da dieser Wert kleiner ist als die tatsächlich gezahlte Gewerbesteuer i. H. v. 38.146,50 €.		**34.513,50 €**
= tatsächlich zu zahlende Einkommensteuer		**81.938,50 €**

d) Doppelbesteuerung durch neue Betriebsstätte in Österreich

Fritz Hansen ist in Deutschland gem. § 1 Abs. 1 EStG unbeschränkt steuerpflichtig. Das heißt er muss sein gesamtes Welteinkommen in Deutschland versteuern, also auch die Gewinne aus der Betriebsstätte in Österreich. In Österreich besteht aus Sicht des Hansen eine beschränkte Steuerpflicht (§ 1 Abs. 4 EStG-Ö), das so genannte Territorialprinzip. Österreich besteuert die Gewinne aus Gewerbebetrieb, die in Österreich erwirtschaftet werden. So das Hansen die Gewinne sowohl der deutschen als auch der österreichischen Einkommensteuer unterwerfen muss. Es besteht also eine grundsätzliche Doppelbesteuerung. Um diese Doppelbesteuerung auszuschließen bzw. zu mindern, schließen Staaten miteinander so genannte Doppelbesteuerungsabkommen ab (Bilaterale Verträge). Diese begründen kein neues Besteuerungsrecht für den jeweiligen Staat, sondern regeln nur inwieweit welcher Staat sein Besteuerungsrecht durchsetzen kann und wie der andere Staat mit den besteuerten Einkünften umgeht.

Im vorliegenden Fall der Betriebsstätte liegt das Besteuerungsrecht für die Gewinne beim österreichischen Staat (Artikel 7 OECD-MA). Der deutsche Staat stellt diese Gewinne bei der Besteuerung frei (Artikel 23 A OECD-MA). Allerdings fallen die Einkünfte in Deutschland unter Progressionsvorbehalt gem. § 32b Abs. 1 Nr. 3 EStG, d. h. sie werden zwar in Deutschland als steuerfrei angesehen. Aber bei der Ermittlung des Steuersatzes (in der Einkommensteuer herrscht Steuerprogression) werden sie berücksichtigt.

Lösung zu Aufgabe 16: Umsatzsteuer, Einkommensteuer, Thesaurierung

a) Bestandteile des Jahresabschlusses eines Einzelunternehmens

Das Einzelunternehmen ist Kaufmann im Sinne des HGB und gem. § 238 Abs. 1 HGB buchführungspflichtig. Eine eventuelle Befreiung gem. § 241a HGB greift im vorliegenden Fall nicht, da die Umsatz- und Gewinngrenzen überschritten wurden.

Der Jahresabschluss des Kaufmanns (in diesem Fall des Einzelunternehmens) besteht aus

- Bilanz gem. § 242 Abs. 1 HGB und
- der Gewinn- und Verlustrechnung gem. § 242 Abs. 1 HGB.

Ein besonderes Gliederungsschema besteht für die Bilanz und Gewinn- und Verlustrechnung für Einzelunternehmen nicht. § 247 Abs. 1 HGB sagt „nur“, dass eine hinreichende Gliederung vorzunehmen ist. Um eine gewisse Rechtssicherheit zu gewährleisten, halten sich die meisten Personenunternehmen an das Gliederungsschema für Bilanz bzw. Gewinn- und Verlustrechnung, welche für Kapitalgesellschaften gelten (§§ 266, 275 HGB).

b) Veröffentlichung des Jahresabschlusses

Nach HGB muss der Jahresabschluss des Einzelunternehmens nicht veröffentlich werden. Eine Veröffentlichung kann allerdings verpflichtend sein wenn zwei der drei Größenklassen laut § 1 Publizitätsgesetz überschritten werden. Diese Größenklassen sind

- Bilanzsumme größer 65 Mio. €,
- Umsatzerlöse im Geschäftsjahr größer 130 Mio. € und
- mehr als 5.000 Mitarbeiter im abgelaufenen Geschäftsjahr.

c) Mögliche Umsätze im Gesamtumsatz

Der Großhandel mit Holzspielzeug ist grundsätzlich mit 19 % steuerpflichtig. Allerdings kann im Gesamtumsatz ein großer Anteil von steuerfreien Umsätzen stecken, dies können z. B. sein:

- Umsatz ins Gemeinschaftsgebiet (innergemeinschaftliche Lieferungen), diese sind steuerfrei gem. § 4 Nr. 1b in Verbindung mit § 6a UStG.
- Umsätze ins Drittlandsgebiet (Ausfuhrlieferungen), diese sind steuerfrei gem. § 4 Nr. 1a in Verbindung mit § 6 UStG.
- Das so genannte innergemeinschaftliche Verbringen (§ 3 Abs. 1a UStG), steuerfrei gem. § 4 Nr. 1b i. V. m. § 6a UStG, z. B. der Großhandel bringt eigene Erzeugnisse zu seiner Niederlassung ins Gemeinschaftsgebiet, um die Erzeugnisse von der Niederlassung aus zu verkaufen.

d) Ermittlung steuerlicher Gewinn, Einkommensteuer

Gegeben ist laut Aufgabenstellung der handelsrechtliche Gewinn. Dieser muss um all jene Bestandteile korrigiert werden, die steuerlich nicht abziehbar sind.

Im vorliegenden Fall handelt es sich zum einen um die Abschreibungen für selbst erstellte immaterielle Vermögensgegenstände. Für diese gilt ein Aktivierungsverbot (§ 5 Abs. 2 EStG), sie wurden direkt bei Erschaffung als Betriebsausgabe gebucht, die Abschreibung ist Gewinn erhöhend zu korrigieren. Die Steuern vom Einkommen und Ertrag, im vorliegenden Fall die Gewerbesteuer, muss handelsrechtlich Gewinn mindernd erfasst werden, da die Gewerbesteuer ansonsten ausschüttbarer Gewinn wäre. Steuerrechtlich darf die Gewerbesteuer den steuerlichen Gewinn allerdings nicht mindern (§ 4 Abs. 5b EStG), die handelsrechtlichen Aufwendungen hierfür sind dem Gewinn wieder hinzuzurechnen.

Es ergibt sich somit folgender steuerlicher Gewinn:

	Gewinn lt. Handelsbilanz	500.000,00 €
+	Gewerbesteuer	45.000,00 €
+	Abschreibung auf selbst geschaffene immaterielle Vermögensgegenstände	10.000,00 €
=	**steuerlicher Gewinn**	**555.000,00 €**

Da laut Aufgabenstellung der steuerliche Gewinn (Einkünfte aus Gewerbebetrieb § 15 EStG) dem zu versteuernden Einkommen entsprechen sollen, kann hierauf, zur Ermittlung der Einkommensteuer, ohne weitere Korrekturen der § 32a Abs. 1 Nr. 5 EStG angewendet werden. Es ergibt sich folgende Berechnung der Einkommensteuer:

=	zu versteuerndes Einkommen	555.000,00 €
	Formel gemäß § 32a Abs. 1 Nr. 5 EStG (0,45 • 555.000 € - 15.761 €)	
=	**Einkommensteuer**	**233.989,00 €**

e) Thesaurierungsbesteuerung

Der Gesetzgeber gibt Steuerpflichtigen, die ihre Gewinne nicht entnehmen auf Antrag die Möglichkeit, den Gewinnanteil nicht nach ihrem persönlichen Steuersatz zu besteuern, sondern mit einem festen Steuersatz von 28,25 % (§ 34a Abs. 1 EStG). Wird der Gewinn allerdings in nachfolgenden Geschäftsjahren entnommen, findet eine Nachversteuerung i. H. v. 25 % auf den dann entnommen Gewinn statt (§ 34a Abs. 4 EStG).

Für den laufend entnommenen Gewinn, wird der persönliche Steuersatz angewendet. Für Fritz Huber ergibt sich dadurch für das abgelaufene Geschäftsjahr unter der Annahme das 50 % des Gewinnes nicht entnommen werden, folgende Einkommensteuer:

	50 % entnommener Gewinn	**277.500,00 €**	
	Formel gemäß § 32a Abs. 1 Nr. 5 EStG (0,45 • 277.000 € - 15.761 €)		
=	Einkommensteuer		109.114,00 €
	50 % nicht entnommener Gewinn	**277.500,00 €**	
	Formel gemäß § 34a Abs. 1 StG = 28.75 %		
=	Einkommensteuer		79.781,25 €
=	**gesamte Einkommensteuer**		**188.895,25 €**

Lösung zu Aufgabe 17: Steuerpflichten, Doppelbesteuerung

a) Doppelbesteuerung, Doppelbesteuerungsabkommen

Doppelbesteuerung

Eine Doppelbesteuerung liegt vor, wenn folgende Merkmale erfüllt sind:

- unterschiedliche nationale Steuerhoheiten
- Identität des Steuersubjekts
- Identität des Steuerobjekts
- Identität der Steuerperiode
- Gleichartigkeit der Steuer.

Vereinfacht lässt sich der Begriff Doppelbesteuerung wie folgt erläutern:
Eine Doppelbesteuerung liegt vor, wenn ein Steuerpflichtiger für die gleichen Einkünfte in unterschiedlichen Staaten zu einer gleichen Steuerart herangezogen wird und somit die Einkünfte mindestens zweimal besteuert worden sind.

Doppelbesteuerungsabkommen

Doppelbesteuerungsabkommen sind bilaterale Verträge (Verträge zwischen zwei Staaten) in denen geregelt wird, welcher Staat inwieweit sein Besteuerungsrecht durchsetzt und wie der andere Staat mit den Einkünften umgeht. Wichtig ist, dass Doppelbesteuerungsabkommen kein neues Besteuerungsrecht begründen, sondern ausschließlich geregelt wird, welcher Staat sein Besteuerungsrecht in welcher Form durchsetzen „darf". Doppelbesteuerungsabkommen sind so genannte „lex speciales".

Sie haben gem. § 2 AO Vorrang vor deutschen Steuergesetzen, allerdings nur dann, wenn sie nicht gegen das Grundgesetz verstoßen.

b) Methoden zur Vermeidung/Verminderung von Doppelbesteuerung

Grundsätzlich lassen sich folgende Methoden unterscheiden:

- **Freistellungsmethode**
  - Steuerbefreiung der entsprechenden Auslandseinkünfte im inländischen Wohnsitz- bzw. Ansässigkeitsstaat
  - dient der Verwirklichung des Territorialprinzips
  - da unilateral meist Welteinkommensprinzip gilt à unvereinbar
  - mit und ohne Progressionsvorbehalt möglich
  - eventuell „Weiße Einkünfte".
- **Anrechnungsmethode**
  - Es wird von der unbeschränkten Besteuerung des Welteinkommens durch den inländischen Wohnsitzstaat ausgegangen.
  - Die im Ausland erhobenen Steuern werden aber zur Abmilderung ganz oder teilweise auf die inländische Steuerschuld angerechnet.
- **Abzugsmethode**
  - Es liegt die volle Besteuerung der ausländischen Einkünfte, als auch im inländischen Wohnsitzstaat vor.
  - Im Gegensatz zur Abzugsmethode werden die im Quellenstaat erhobenen Steuern nicht auf die inländische Steuer angerechnet, sondern bei der Ermittlung der Einkünfte abgezogen.
  - mindert also nur die Bemessungsgrundlage der Besteuerung
  - nur ein Verfahren zur Milderung nicht zur Beseitigung der Doppelbesteuerung
  - kann sinnvolle Ergänzung zur Anrechnungsmethode darstellen.
- **Pauschalierungsmethode**
  - Im Gegensatz zur Anrechnungsmethode wird nicht die konkrete ausländische Steuer berücksichtigt, sondern es wird ein Pauschalsteuersatz angewendet.
  - Durch die Pauschalierung wird die Besteuerung im Ausland nicht berührt, dadurch eine rein unilaterale Maßnahme.
- **Erlassmethode**
  - Das Steuerrecht kann eine unzureichende Vermeidung der Doppelbesteuerung als unbillig erachten und so in Ausnahmen unilateral einen Steuererlass vornehmen.
  - entspricht faktisch der Freistellungsmethode.

c) Beurteilung der Steuerpflichten

1. Fritz Hansen ist wohnhaft in Rostock. Somit ist er gem. § 1 Abs. 1 EStG unbeschränkt in Deutschland mit seinem Welteinkommen (Universalprinzip) steuerpflichtig. Im vorliegenden Fall handelt es sich um Einkünfte als Angestellter, somit sind es gem. § 19 EStG Einkünfte aus nichtselbstständiger Arbeit.
2. Rudi Rübli hat in Deutschland weder seinen Wohnsitz noch seinen gewöhnlichen Aufenthaltsort. Somit ist er mit den Einkünften in Deutschland gem. § 1 Abs. 4 EStG beschränkt steuerpflichtig (Territorialprinzip). Im vorliegenden Fall handelt es sich um Einkünfte aus Kapitalvermögen gem. § 1 Abs. 4 in Verbindung mit § 49 Abs. 1 Nr. 5 EStG Einkünfte aus Kapitalvermögen.
3. Paul Frisch ist wohnhaft in Bonn. Somit ist er unbeschränkt steuerpflichtig in Deutschland gem. § 1 Abs. 1 EStG mit dem Welteinkommen (Universalprinzip). Im vorliegenden Fall handelt es sich um Einkünfte aus Vermietung und Verpachtung gem. § 21 EStG.

TIPP

In der Aufgabenstellung ging es nur um die Frage der Steuerpflicht in Deutschland. Nicht, ob es zu einer Doppelbesteuerung kommen kann und wie diese ggf. vermieden bzw. vermindert werden kann.

Lösung zu Aufgabe 18: Internationales Steuerrecht

a) Unilaterale und bilaterale Maßnahmen zur Vermeidung/Verminderung von Doppelbesteuerung

Unilaterale Maßnahmen zur Vermeidung bzw. zur Verminderung einer möglichen Doppelbesteuerung sind Maßnahmen, die nur von einem Staat ausgehen, da keine völkerrechtlichen Verträge zwischen den beteiligten Staaten bestehen. Im deutschen Steuerrecht sind diese hauptsächlich im § 34c EStG geregelt. Es handelt sich um die Anrechnungs- und Abzugsmethode.

Bilaterale Maßnahmen zur Vermeidung bzw. Verminderung der Doppelbesteuerung sind völkerrechtliche Verträge zwischen den beteiligten Staaten im Rahmen der Besteuerung von Einkünften, die durch unbeschränkte bzw. beschränkte Steuerpflicht in mehreren Staaten entstehen. Es handelt sich bei bilateralen Verträgen um Doppelbesteuerungsabkommen, die Regeln welcher Staat sein Besteuerungsrecht wie durchsetzen darf und wie der andere Staat die Einkünfte dann behandelt. Diese völkerrechtlichen Verträge (Doppelbesteuerungsabkommen) haben gem. § 2 AO Vorrang vor den deutschen Steuergesetzen, wenn sie nicht gegen das Grundgesetz verstoßen.

b) Unilaterale Maßnahmen zur Vermeidung bzw. Verminderung der Doppelbesteuerung

Anrechnungsmethode

Bei der Anrechnungsmethode werden die im Ausland gezahlten Steuern auf die deutsche Einkommensteuer angerechnet. Es gilt allerdings zu beachten, dass ein Anrechnungshöchstbetrag berücksichtigt werden muss, sodass nicht mehr ausländische Steuer angerechnet werden kann, als die Einkünfte in Deutschland eine Steuerlast ausgelöst hätten.

Abzugsmethode

Bei der Abzugsmethode werden die im Ausland gezahlten Steuern im Inland wie Betriebsausgaben behandelt. Das heißt, sie werden nicht direkt auf die inländische Steuer angerechnet, sondern mindern lediglich das zu versteuernde Einkommen. Dieses bedeutet, sie mindern die Bemessungsgrundlage für die Berechnung der Einkommensteuer.

Die Abzugsmethode ist also nicht so effektiv wie die Anrechnungsmethode um die Steuerlast zu mindern.

c) Begriff und Aufbau von Doppelbesteuerungsabkommen

Doppelbesteuerungsabkommen sind bilaterale Verträge zwischen Staaten in denen geregelt wird, welcher Staat sein Besteuerungsrecht wie durchsetzen darf, wenn ein Steuerpflichtiger durch die Steuerpflicht in mehreren Staaten einer drohenden Doppelbesteuerung unterliegt. Diese bilateralen Verträge haben Vorrang vor dem nationalen Steuerrecht, wenn sie nicht gegen das Grundgesetz verstoßen.

Die Doppelbesteuerungsabkommen sind grundsätzlich aufgebaut in

- Begriffsbestimmungen,
- Einkünfteartikel und
- Methodenartikel.

In den **Begriffsbestimmungen** werden grundlegende Begriffe, wie z. B. der Begriff „Betriebsstätte“ definiert, damit deren Verwendung im Rahmen der Doppelbesteuerungsabkommen zu keinen Irritationen (Fehldeutungen) führt.

In den **Einkünfteartikeln** werden für die jeweiligen Einkunftsarten geregelt, welchem Staat im Rahmen der jeweiligen Einkünfte das Besteuerungsrecht zusteht.

Methodenartikel besagen, wie der Staat, der bei den Einkünften nicht besteuern konnte, mit diesen Einkünften bei der nationalen Besteuerung umgeht. Die Steuern werden entweder angerechnet oder die Einkünfte werden freigestellt.

d) Weiße Einkünfte

Weiße Einkünfte würden entstehen, wenn Einkünfte in keinem Land besteuert werden würden. Dies könnte vorkommen, wenn ein deutscher Steuerpflichtiger in einem anderem Staat Einkünfte erhält, die aufgrund eines Doppelbesteuerungsabkommen im anderen Land der Steuern unterworfen wird. Das andere Land hat allerdings einen Steuersatz von 0 % und der deutsche Staat hat im Doppelbesteuerungsabkommen in den Methodenartikeln die Freistellungsmethode stehen. Dann würden die Einkünfte in keinem Staat besteuert werden. Dies gilt es aus fiskalischer Sicht natürlich zu vermeiden.

Lösung zu Aufgabe 19: Umsatzsteuer, Internationale Besteuerung

a) Steuern vom Einkommen und Ertrag

Steuern vom Einkommen und Ertrag sind die Steuern, die vom Gewinn berechnet werden und diesen im steuerlichen Sinne nicht mindern, d. h. nicht als Betriebsausgaben absetzbar sind.

Für eine Aktiengesellschaft wie die BüMö AG sind das die Körperschaftsteuer und die Gewerbesteuer.

Die BüMö AG ist im Rahmen der Körperschaftsteuer in Deutschland unbeschränkt steuerpflichtig, da der Sitz (Berlin) und der Sitz der Geschäftsleitung im Inland gelegen ist (§ 1 Abs. 1 KStG).

Die Tätigkeit einer Kapitalgesellschaft gilt gem. § 2 Abs. 2 GewStG stets im vollen Umfang als gewerbliche Tätigkeit. Da die BüMö AG im Inland betrieben wird (Berlin), ist die BüMö AG gem. § 2 Abs. 1 GewStG gewerbesteuerpflichtig.

b) Umsatzsteuerliche Behandlung

Der Einkauf aus Norwegen stellt im Rahmen der Umsatzsteuer eine Einfuhr da. Die Umsatzart ist geregelt in § 1 Abs. 1 Nr. 4 UStG. Mangels Steuerbefreiungen gem. § 5 UStG ist die Lieferung steuerpflichtig. Die Bemessungsgrundlage für die Umsatzsteuer ist gem. § 11 UStG der Zollwert. Es wird eine Einfuhrumsatzsteuer erhoben. Anders als bei der Umsatzsteuer, handelt es sich bei der Einfuhrumsatzsteuer um eine reine Bundessteuer. Der Steuersatz ist allerdings identisch mit dem Umsatzsteuersatz i. H. v. 19 %. Die gezahlte Einfuhrumsatzsteuer kann als Vorsteuer gem. § 15 Abs. 1 Nr. 2 UStG gegenüber dem Finanzamt in Abzug gebracht werden.

c) Lieferung an die BüMö Vertriebs GmbH

Bei den Lieferungen an die BüMö Vertriebs GmbH handelt es sich um eine steuerfreie innergemeinschaftliche Lieferung. Die Umsatzart ist eine Lieferung gem. § 3 Abs. 1 UStG, der Ort liegt gem. § 3 Abs. 6 Satz 1 UStG in Berlin. Die Lieferung ist gem. § 1 Abs. 1 Nr. 1 UStG in Deutschland steuerbar im Rahmen der Umsatzsteuer. Die Lieferung ist allerdings gem. § 4 Nr. 1b UStG in Verbindung mit § 6a UStG steuerfrei im Rahmen der Umsatzsteuer. Der § 6a UStG regelt die Voraussetzungen für die Steuerfreiheit. Dies sind hauptsächlich das der Abnehmer ein Unternehmer ist und das die Ware von einem Mitgliedstaat des Gemeinschaftsgebietes in einen anderen Staat des Gemeinschaftsgebietes gelangt. Es ist über das Gelangen in einen anderen Staat des Gemeinschaftsgebietes ein Nachweis zu erbringen (Gelangensbestätigung).

d) Behandlung von Gewinnausschüttungen

Auf Ebene der BüMö-AG gilt für die empfangene Ausschüttung § 8b Abs. 1, Abs. 5 KStG. Das bedeutet, dass die empfangene Ausschüttung grundsätzlich auf Ebene der BüMö-AG steuerfrei ist. Allerdings müssen 5 % des Ausschüttungsbetrages als nicht abziehbare Betriebsausgaben erfasst werden.

Das heißt grundsätzlich sind 95 % der Gewinnausschüttungen auf Ebene der BüMö-AG steuerfrei.

e) Steuerliche Ziele im Konzernaufbau

Eines der betrieblichen Zielsetzungen eines Unternehmens ist die Minimierung der Steuerlast des Unternehmens. In den einzelnen Ländern Norwegen, Deutschland und Österreich gelten unterschiedliche Steuersätze bei den Steuern vom Einkommen und Ertrag. Die BüMö-AG wird also versuchen den Gewinn in das Land zu verlagern, in dem der Steuersatz am geringsten ist.

Dadurch dass die norwegische Tochtergesellschaft unter den marktüblichen Preisen an die BüMö-AG verkauft, wird in Norwegen ein geringerer Gewinn realisiert. Dies ist die Zielsetzung, da der Steuersatz in Norwegen größer ist als in Deutschland.

An die Vertriebs GmbH verkauft die BüMö-AG unter den marktüblichen Preisen, sodass in Deutschland ein geringerer Gewinn realisiert wird, da in Österreich der Steuersatz für die Steuern vom Einkommen und Ertrag niedriger ist als in Deutschland. Die BüMö-AG verlagert den Gewinn also nach Österreich und lässt sich den Gewinn grundsätzlich steuerfrei nach Deutschland (Beachte: 5 % nicht abziehbare Betriebsausgaben) ausschütten.

Der Gesetzgeber ist mit dieser Gewinnverschiebung nicht einverstanden. Es soll jedes Unternehmen in ansässigen Staat nach seiner Leistungsfähigkeit besteuert werden.

In Deutschland wurde in § 1 AStG hierzu Rechnung zu tragen. Die Finanzbehörden überprüfen, ob die Preise, die zwischen nahestehende Personen, in unserem Fall, verflochtene Unternehmen, einem Fremdvergleich standhalten. Das bedeutet, dass die Finanzbehörde überprüft, ob die Preise, die zwischen den Unternehmen vereinbart wurden, auch mit einem fremden Unternehmen so vereinbart worden wären.

Ist die Finanzbehörde der Auffassung, dass dies nicht der Fall ist, korrigiert der Fiskus die Preise und die Gewinnverschiebungen werden rückgängig gemacht. Somit müssen die Unternehmen die Steuern auf die Gewinne entrichten, die aus Sicht der Finanzbehörde entstanden wären, wenn die Unternehmensverflechtungen nicht vorhanden wären.

Der Dokumentationsaufwand für die Unternehmen im Rahmen der Prüfung von Verrechnungspreisen wird immer aufwändiger.

Lösung zu Aufgabe 20: Steuerlicher Rechtsformvergleich

a) Steuerlicher Rechtsformvergleich Einzelunternehmen vs. GmbH

Steuerliche Belastung bei der Rechtsform „Einzelunternehmen"
Bei der steuerlichen Belastung des Einzelunternehmens sind die Einkommensteuer und die Gewerbesteuer zu berechnen. Der Einzelunternehmer kann sein Gehalt in Form von Privatentnahmen entnehmen, dies führt allerdings nicht zu einer Verringerung des steuerlichen Gewinns. Deshalb ist die Ausgangsbasis für die Berechnung der Steuern der gegebene steuerliche Gewinn i. H. v. 260.000 €. Allerdings kann der Einzelunternehmer die tatsächlich gezahlte Gewerbesteuer, auf die Einkommensteuer ggf. in voller Höhe anrechnen. Es ergibt sich für die Rechtsform des Einzelunternehmens folgende steuerliche Belastung.

Im ersten Schritt wird die Gewerbesteuerbelastung für das Einzelunternehmen berechnet:

Gewerbesteuer

	Gewerbeertrag		260.000,00 €	
-	Freibetrag § 11 Abs 1 Nr. 1 GewStG		24.500,00 €	
=	maßgebender Gewerbeertrag		235.500,00 €	
•	Steuermesszahl	3,5 %		
=	Gewerbesteuermessbetrag		8.242,50 €	
	Hebesatz	400,0 %		
=	**Gewerbesteuer**			**32.970,00 €**

Im zweiten Schritt wird die tatsächliche Einkommensteuer des Einzelunternehmers berechnet. Hierauf wird der Solidaritätszuschlag berechnet.

Auf die tatsächliche Einkommensteuer kann allerdings die Gewerbesteuer in Höhe des 3,8-Fachen des Gewerbesteuermessbetrages, allerdings maximal die tatsächlich gezahlte Gewerbesteuer, angerechnet werden.

Einkommensteuer/Solidaritätszuschlag

	steuerlicher Gewinn (Einkünfte aus Gewerbebetrieb § 15 EStG)	260.000,00 €		
=	zu versteuerndes Einkommen	260.000,00 €		
	Einkommensteuer lt. Grundtabelle (vor GewSt-Anrechnung) gem. § 32a Abs 1 Nr. 5 EStG (0,45 • 260.000 € - 15.761 €)		101.239,00 €	
	Solidaritätszuschlag 5,50 % (BMG = Einkommensteuer)			**5.568,15 €**
-	Anrechnung Gewerbesteuer auf Est § 35 EStG das 3,8-Fache des Gewerbesteuermessbetrags, maximal die gezahlte Gewerbesteuer		31.321,50 €	
	tatsächlich zu zahlende Einkommensteuer (101.239 € - 31.321,50 €)			**69.917,50 €**

Daraus ergeben sich für den Einzelunternehmer folgende Einkünfte nach Steuern:

Einkünfte als Einzelunternehmer

	Einkünfte aus Gewerbebetrieb § 15 EStG	260.000,00 €
-	tatsächlich gezahlte Est	69.917,50 €
-	Solidaritätszuschlag	5.568,15 €
-	Gewerbesteuer	32.970,00 €
=	**Einkünfte nach Steuern**	**151.544,35 €**

Steuerliche Belastung bei der Rechtsform GmbH
Wird das Unternehmen in der Rechtsform einer GmbH geführt, muss zuerst auf Ebene des Unternehmens und dann auf Ebene des Unternehmers die steuerliche Belastung ermittelt werden.

Auf Ebene des Unternehmens ist zuerst der vorläufige Gewinn, um das Gehalt des Geschäftsführers zu kürzen, da das Gehalt Betriebsausgaben darstellt. Von dem sich dann ergebenden Gewinn müssen die Steuern vom Einkommen und Ertrag ermittelt werden, d. h. die Körperschaftsteuer, Solidaritätszuschlag und die Gewerbesteuer.

Nach Abzug der Steuern vom Einkommen und Ertrag erhält man den ausschüttbaren Gewinn. Bei der Ausschüttung muss die GmbH allerdings 25 % Abgeltungsteuer zzgl. 5,5 % Solidaritätszuschlag für den Gesellschafter einbehalten.

Auf Ebene des Unternehmers muss für das Gehalt die Einkommensteuer und der Solidaritätszuschlag ermittelt werden. Außerdem belasten auf Ebene des Unternehmers die 25 % Abgeltungssteuer plus Solidaritätszuschlag. Es ergibt sich folgende Berechnung:

	vorläufiger steuerlicher Gewinn		260.000,00 €
-	Gehalt Geschäftsführer		60.000,00 €
=	steuerlicher Gewinn		200.000,00 €
-	Körperschaftsteuer	15,0 %	30.000,00 €
-	Solidaritätszuschlag	5,5 %	1.650,00 €
-	Gewerbesteuer (200.000 € • 3,5 % • 400 %)		28.000,00 €
=	ausschüttbarer Gewinn		140.350,00 €
-	Abgeltungsteuer	25,0 %	35.087,50 €
-	Solidaritätszuschlag	5,5%	1.929,81 €
=	**Ausschüttung**		**103.332,69 €**

Steuern auf Ebene des Unternehmens

	Körperschaftsteuer	15,0 %	30.000,00 €
+	Solidaritätszuschlag	5,5 %	1.650,00 €
+	Gewerbesteuer		28.000,00 €
=	**Steuern vom Einkommen und Ertrag**		**59.650,00 €**

Steuern auf Ebene des Unternehmens/Gesellschafters

	Einkommensteuer § 32a Abs. 1 Nr. 4 EStG (0,42 • 60.000 € - 8.239 €)		16.961,00 €
+	Solidaritätszuschlag	5,5 %	932,86 €
+	Abgeltungsteuer		35.087,50 €
+	Solidaritätszuschlag	5,5 %	1.929,81 €
=			**54.911,17 €**
=	**gesamte steuerliche Belastung**		**114.561,17 €**

Daraus ergeben sich bei der Wahl der Rechtsform „GmbH" folgende Einkünfte nach Steuern, für den Unternehmer:

Einkünfte als GmbH – Gesellschafter/Geschäftsführer

	Einkünfte aus nichtselbstständiger Arbeit § 19 EStG	60.000,00 €
+	Einkünfte aus Kapitalvermögen § 20 EStG	140.350,00 €
=	Summe der Einkünfte	200.350,00 €
-	Einkommensteuer zu § 19 EStG	16.961,00 €
-	Solidaritätszuschlag hierauf	932,86 €
-	Abgeltungssteuer zu § 20 EStG	35.087,50 €
-	Solidaritätszuschlag hierauf	1.929,81 €
=	**Einkünfte nach Steuern**	**145.438,83 €**

Die Betrachtung der Einkünfte nach Steuern führt dazu, dass es einen Vorteil der Rechtsform „Einzelunternehmung" gegenüber der Rechtsform „GmbH" gibt.

b) Steuerliche Belastung bei 50 % Ausschüttung

Bei der Wahl der Rechtsform Einzelunternehmen wird grundsätzlich der gesamte steuerliche Gewinn besteuert, auch wenn dieser nicht voll ausgeschüttet wird. Sodass die steuerliche Belastung unverändert bleiben würde.

Der Steuerpflichtige kann allerdings beim zuständigen Finanzamt eine Begünstigung für nicht entnommene Gewinne gem. § 34a EStG beantragen. Dies hätte zur Folge, dass die entnommenen Gewinne mit dem persönlichen Steuertarif gem. § 32a EStG besteuert werden und der nicht entnommene Gewinn mit einem festen Steuersatz von 28,75 % (§ 34a Abs. 1 EStG) besteuert wird.

Die Steuerbelastung könnte also unter Umständen gemindert werden. Allerdings muss der Steuerpflichtige in kommenden Geschäftsjahren, wenn er den Gewinn dann entnimmt diesen mit 25 % (§ 34a Abs. 4 EStG) nachversteuern. Diese Variante ist in den meisten Fällen nicht ratsam.

Bei der Wahl der Rechtsform der GmbH bleibt die Besteuerung auf Unternehmensebene unberührt. Die Steuerlast der GmbH ändert sich nicht.

Auf Ebene des Unternehmers wird nur der Betrag mit der Abgeltungssteuer zzgl. Solidaritätszuschlag belastet der auch tatsächlich ausgeschüttet wurde. Sodass der Unternehmer weniger ausgeschütteten Gewinn und somit auch eine geringere Steuerlast hat. Auf Ebene des Unternehmers gilt das Zuflussprinzip, eine Besteuerung wird nur vorgenommen wenn Gewinne ausgeschüttet werden.

2. Unterstützung der Unternehmensziele durch Bilanz- und Steuerpolitik

Lösung zu Aufgabe 1: Grundlagen der Bilanz- und Steuerpolitik (I)

a) Zielsetzungen Bilanz- und Steuerpolitik

Die **Bilanzpolitik** beschäftigt sich mit der Gestaltung des Jahresabschlusses in Form und Inhalt gem. verschiedener Zielsetzungen. Diese Zielsetzungen können u. a. einerseits aus Sicht des Unternehmens und andererseits aus Sicht der Anteilseigner bzw. der Geschäftsführung bestehen.

Die Zielsetzungen aus Unternehmenssicht können u. a. sein:

- Ausschüttungsziele
- Kreditwürdigkeitsziele
- Steuerbelastungsziele.

Die Ausschüttungsziele beziehen sich auf den ausschüttbaren Gewinn des Unternehmens. Die Anteilseigner sind grundsätzlich bestrebt eine hohe Ausschüttung zu generieren, um eine hohe Verzinsung ihres Kapitals zu erreichen. Aus Unternehmenssicht muss allerdings auch die Ausschüttung so reguliert werden, dass die Liquidität des Unternehmens gesichert und die notwendige Kapitalausstattung gewährleistet ist.

Im Rahmen der Kreditwürdigkeitsziele, geht es vor allem um die Außendarstellung des Unternehmens. Das Unternehmen wird u. a. von zukünftigen Anteilseignern bzw. zukünftigen Kreditgebern begutachtet. Ziel des Unternehmens muss es sein, gegenüber zukünftigen Anteilseignern attraktiv zu sein.

Dies bedeutet zukünftige Anteilseigner investieren nur, wenn eine gewisse Rendite erwirtschaftet wird, die Bilanzpolitik versucht also eine gewisse Rentabilität darzustellen.

Zukünftige Kreditgeber nutzen u. a. den Jahresabschluss zur Ermittlung der Bonität. Das Unternehmen ist also bestrebt die Mittel der Bilanzpolitik so einzusetzen, dass eine positive Bonität ermittelt wird.

Ein drittes wesentliches Ziel des Unternehmens ist es, die Steuerbelastung des Unternehmens so gering wie möglich zu halten. Der steuerliche Gewinn ist die Grundlage für die Berechnung der Steuern vom Einkommen und Ertrag. Durch gezielte Gestaltung des Jahresabschlusses versucht das Unternehmen den steuerlichen Gewinn so niedrig wie möglich zu halten.

Ziele der Anteilseigner bzw. der Geschäftsführung können u. a. sein:

- Ausschüttung, Rentabilitätsziele
- Kontinuität in der Gewinnentwicklung
- erfolgsabhängige Vergütungen.

Aus Sicht der Anteilseigner ist ein wesentliches Ziel die Rentabilität und die damit einhergehende Ausschüttung. Die Anteilseigner investieren ihr Kapital in das Unternehmen, hierfür möchten Sie eine angemessene Verzinsung. Die Verzinsung muss mindestens die marktüblichen Zinsen für langfristige risikofreie Kapitalanlagen plus einen Risikoaufschlag für das unternehmerische Risiko erreichen.

Ein weiteres Ziel ist die Kontinuität der Gewinnentwicklung. Anteilseigner möchten nicht nur einmalig eine positive Rendite bzw. Ausschüttung erhalten, sondern wollen diese dauerhaft gewährleistet haben.

Die Geschäftsführung hat in vielen Fällen in ihrer Vergütung auch erfolgsabhängige Bestandteile integriert. Sie ist also bemüht die Bilanzpolitik so zu nutzen, dass das Geschäftsergebnis relativ hoch ausfällt, da dies auch Einfluss auf die erfolgsabhängigen Vergütungen hat.

Die **Steuerpolitik** des Unternehmens beschäftigt sich mit der Gestaltung der Steuerbelastung des Unternehmens im Sinne der unternehmerischen Ziele. Ziel der Steuerpolitik ist es vornehmlich die Steuerlast in den einzelnen Steuerarten zu minimieren.

Dies kann u. a. durch bewusste Bilanzpolitik geschehen, allerdings gehen in die Steuerpolitik auch weitere Aspekte mit ein, z. B. die Standortwahl des Unternehmens bzw. der Betriebsstätten hat Einfluss auf die Höhe der Gewerbesteuer.

Eine weitere Zielsetzung kann die Verschiebung der Steuerlast in andere Geschäftsjahre sein. Verringern sich z. B. im Laufe der Geschäftsjahre die Steuersätze, ist es für das Unternehmen sinnvoll, den steuerlichen Gewinn und somit die Steuerlast in die Geschäftsjahre zu verschieben in denen die Steuersätze niedriger sind.

b) Zielkonflikte

Ein wesentlicher Zielkonflikt liegt in den Ausschüttungszielen und den Steuerbelastungszielen. Die Anteilseigner wollen einen hohen handelsrechtlichen Gewinn, da dieser die Bemessungsgrundlage für die Ausschüttung ist. Andererseits soll der steuerliche Gewinn so niedrig wie möglich gehalten werden, um die Steuerlast zu minimieren. Da die handelsrechtliche Gewinnermittlung allerdings grundsätzlich die Grundlage für die steuerliche Gewinnermittlung ist, kommt es zu Konflikten.

Ein weiterer Zielkonflikt besteht zwischen den Kreditwürdigkeitszielen und den Ausschüttungszielen. Die Anteilseigner möchten die Gewinne, die erwirtschaftet werden gerne ausschütten. Damit wird dem Unternehmen Kapital entzogen. Würden die Gewinne im Unternehmen verbleiben, stellen sie Eigenkapital dar, somit erhöht sich die Eigenkapitalquote. Dies hat einen positiven Effekt auf die Bonität des Unternehmens.

Lösung zu Aufgabe 2: Grundlagen der Bilanz- und Steuerpolitik (II)

a) Ziele der Bilanz- und Steuerpolitik

Ziele der Bilanzpolitik können sein:

- Ausschüttungsziele
- Liquiditätsziele
- Gewinnung neuer Anteilseigner
- Bonitätsziele.

Ziele der Steuerpolitik können sein:

- Verringerung der Steuerbelastung
- Verschiebung des Zahlungszeitpunktes
- Verschiebung der Steuerlast in andere Jahre.

b) Mittel der Bilanzpolitik

Innerhalb der **zeitlichen Bilanzpolitik** werden Zeitpunkte, die für die Erstellung bzw. Analyse des Jahresabschlusses entscheidend sein können, festgelegt. Dies sind u. a.:

- Wahl des Bilanzstichtages
- Wahl des Bilanzaufstellungstermins
- Wahl des Offenlegungstermins.

Innerhalb der **materiellen Bilanzpolitik** geht es darum die Darstellung das Abbildes des Unternehmens, in Art, Umfang und Höhe von Vermögen und Kapital, im Jahresabschluss zu gestalten. Dies kann geschehen durch:

- Sachverhaltsgestaltung
- Wahrnehmung von Wahlrechten und Ermessenspielräume von Bilanzierungsansätzen bzw. bei der Bewertung
- gezielte Gewinnverwendungspolitik.

Im Rahmen der **formellen Bilanzpolitik** werden Instrumente angewendet, die auf die Darstellung des Abschlusses als Informationsinstrument nach außen dienen. Diese können u. a. sein

- Anwendung des Bruttoprinzips
- Anwendung von Erleichterungen im Gliederungsschema des Jahresabschlusses
- Darstellung der Informationen im Anhang bzw. Lagebericht.

c) Grenzen der Bilanzpolitik

Alle Möglichkeiten der Bilanzpolitik müssen im Rahmen der gesetzlichen Möglichkeiten ausgeübt werden. Eine willkürliche Gestaltung, um eine bestimmte Außendarstellung zu erreichen, ist somit stark begrenzt.

Außerdem muss beachtet werden, dass falls ein bestimmtes Wahlrecht in Anspruch genommen wird, muss auch in folgenden Geschäftsjahren so verfahren werden, auch wenn es dann eventuell nicht mehr günstig ist. Eine weitere Begrenzung der Bilanzpolitik ist, dass die Wirkung der Maßnahmen der Bilanzpolitik grundsätzlich zeitlich begrenzt ist.

d) Bilanzpolitik vs. Jahresabschlussanalyse

Die Bilanzpolitik beschäftigt sich mit der Gestaltung des Jahresabschlusses im Sinne der betrieblichen Zielsetzungen.

Die Jahresabschlussanalyse beschäftigt sich mit der Aufbereitung und Interpretation des Jahresabschlusses. Die Jahresabschlussanalyse kann intern, durch das Unternehmen, oder extern durch die Stakeholder (zukünftige Anteilseigner, Banken usw.) durchgeführt werden.

Während die Bilanzpolitik den Jahresabschluss zu gestalten versucht, versucht die Jahresabschlussanalyse ein reales Abbild des Unternehmens zu bewerten.

Lösung zu Aufgabe 3: Materielle Bilanzpolitik

a) Ermessensspielräume, Wahlrechte

Ermessensspielräume sind Bewertungsspannen, die sich für den Kaufmann ergeben, da es in den gesetzlichen Grundlagen unmöglich ist alle wirtschaftlichen Vorgänge, die in einem Unternehmen stattfinden, zu normieren (festzulegen). Diese Spielräume sind vom Gesetzgeber nicht gewollt, ergeben sich allerdings in der praktischen Umsetzung der gesetzlichen Grundlagen und geben dem Kaufmann eine gewisse Bewertungsfreiheit.

Ein wesentliches Beispiel hierfür findet sich im Bereich der Herstellungskosten. In § 255 Abs. 2 Satz 2 HGB heißt es „... sowie angemessene Anteile der Materialgemeinkosten, ...“. Wie hoch sind die angemessenen Anteile der Gemeinkosten? Diese Frage wird durch den Gesetzgeber nicht beantwortet, sondern liegt im Ermessen des Kaufmanns. Hierin liegt also der Handlungsspielraum des Kaufmanns.

Wahlrechte ergeben sich, wenn durch den Gesetzgeber für einen gewissen Tatbestand, gewollt, mehrere mögliche Handlungsalternativen geschaffen werden. Der Kaufmann trifft dann die Entscheidung, welche Handlungsalternative er ergreift, dies schließt dann die anderen Handlungsalternativen aus.

Ein mögliches Wahlrecht findet sich auch bei den Herstellungskosten. Laut § 255 Abs. 2 Satz 3 HGB „... dürfen auch angemessene Teile der Kosten der allgemeinen Verwaltung ...“. Aus dem Wort „dürfen“ ergibt sich das Wahlrecht, der Kaufmann kann die angemessenen Kosten der allgemeinen Verwaltung in die Herstellungskosten mit einbeziehen oder nicht.

b) Beispiele Wahlrechte, Ermessensspielräume

1. beim Bilanzansatz
   Ein **Wahlrecht** beim Bilanzansatz ergibt sich im Handelsrecht bei den selbst geschaffenen immateriellen Vermögensgegenständen. Gemäß § 248 Abs. 2 Satz 1 HGB können diese als Vermögensgegenstand in die Bilanz aufgenommen werden. Der Kaufmann muss dies allerdings nicht, dann verbleiben die Aufwendungen für die Schaffung des „Selbst erstellten immateriellen Vermögensgegenstandes“ in der Gewinn- und Verlustrechnung.
   Ein **Ermessenspielraum** ergibt sich beim Ansatz der selbst geschaffenen immateriellen Vermögensgegenstände bei der Abgrenzung zwischen Forschung- und Entwicklungsaufwand. Der Ansatz darf nur erfolgen, wenn Forschung- und Entwicklungskosten eindeutig trennbar sind. Inwieweit eine Trennung möglich ist, ist ein Spielraum für den Kaufmann.
2. bei der Bewertung
   Ein **Bewertungswahlrecht** ergibt sich z. B aus der Anwendung des gemilderten Niederstwertprinzips. Gemäß § 253 Abs. 3 Satz 4 HGB können außerplanmäßige Abschreibungen bei Finanzanlagen, auch bei nur vorübergehender Wertminderung erfolgen.
   Ein **Ermessensspielraum** im Rahmen der Bewertung ergibt sich dann im Umfang der außerplanmäßigen Abschreibung. Das heißt in welcher Höhe soll die außerplanmäßige Abschreibung vorgenommen werden.
   Während das Wahlrecht dem Kaufmann die Möglichkeit gibt außerplanmäßig abzuschreiben oder nicht, liegt es dann im Ermessen in welcher Höhe die Abschreibung vorzunehmen ist.

Lösung zu Aufgabe 4: Zusammenhang von Handels- und Steuerbilanz

a) Maßgeblichkeitsprinzip, Durchbrechung der Maßgeblichkeit

Das Maßgeblichkeitsprinzip (§ 5 Abs. 1 Satz 1 EStG) besagt, dass die handelsrechtliche Bewertung von Vermögen und Schulden und die handelsrechtliche Gewinnermittlung grundsätzlich maßgeblich sind für die steuerliche Gewinnermittlung, es sei denn ein steuerliches Wahlrecht wird gewählt, welches zu einem anderen Ansatz führt.

Dann muss dieses Wirtschaftsgut (im Steuerrecht werden Vermögen und Schulden als Wirtschaftsgüter, positive bzw. negative) allerdings in einem gesonderten Verzeichnis erfasst werden (§ 5 Abs. 1 Satz 2 EStG).

Die Durchbrechung der Maßgeblichkeit ist in § 5 Abs. 6 EStG geregelt. Dieser besagt, dass die steuerlichen Bewertungsvorschriften zu befolgen sind. Diese Aussage hat großen Einfluss auf die Vorgehensweise bei der steuerlichen Gewinnermittlung.

Bei der steuerlichen Gewinnermittlung werden also die handelsrechtlichen Bewertungen in einem ersten Schritt übernommen (Maßgeblichkeitsprinzip) und dann muss der Steuerpflichtige prüfen, ob das Steuerrecht zwingend eine andere Bewertung fordert. Gibt es im Steuerrecht eine solche Forderung muss dieser dann Folge geleistet werden (§ 5 Abs. 6 EStG). Gibt es eine solche Forderung nicht, wird der handelsrechtliche Ansatz übernommen.

b) Bilanzierungswahlrechte, Bewertungswahlrechte

Bilanzierungswahlrechte geben dem Kaufmann die Alternative ob, er einen Vermögensgegenstand bzw. einen Schuldposten ansetzt oder nicht. Man spricht auch von einem so genannten Ansatzwahlrecht.

Beispiele

- Ansatz von selbst erstellten immateriellen Vermögensgegenständen in der Handelsbilanz gem. § 248 Abs. 2 HGB
- Ansatz eines Disagios in der Handelsbilanz gem. § 250 Abs. 3 HGB.

Bei einem **Bewertungswahlrecht** hingegen besteht Bilanzierungspflicht für einen Vermögensgegenstand bzw. Schuldposten, das Wahlrecht besteht in der Höhe des Ansatz (Bilanzierung der Höhe nach), d. h. es gibt gesetzliche Alternativen in der Ermittlung des Ansatzwertes.

Beispiele

- Einbeziehung der Verwaltungsgemeinkosten in die Herstellungskosten gem. § 255 Abs. 2 HGB
- Vornahme von Sonderabschreibungen gem. § 7g Abs. 5 EStG.

c) Zwingende Unterschiede zwischen Handels- und Steuerbilanz

In der Handelsbilanz besteht das Aktivierungswahlrecht gem. § 248 Abs. 2 HGB einen selbst erstellten immateriellen Vermögensgegenstand anzusetzen. Dies könnte z. B. ein selbst entwickeltes Patent sein, welches durch das Unternehmen dann genutzt werden soll.

Gemäß § 5 Abs. 2 EStG dürfen immaterielle Wirtschaftsgüter allerdings nur angesetzt werden, wenn sie entgeltlich erworben wurden. Ein Ansatz eines selbst erstellten immateriellen Vermögensgegenstandes ist also in der Steuerbilanz ausgeschlossen. Es besteht ein Ansatzverbot gem. § 5 Abs. 6 in Verbindung mit § 5 Abs. 5 EStG.

Ein weiterer zwingender Unterschied liegt beim Ansatz von Drohverlustrückstellungen. In der Handelsbilanz sind diese zwingend anzusetzen gem. § 249 Abs. 1 Satz 1 HGB (Ansatzgebot). In der Steuerbilanz besteht hingegen ein Ansatzverbot gem. § 5 Abs. 6 in Verbindung mit § 5 Abs. 4a EStG.

In beiden Fällen kommt es zu einer Durchbrechung der Maßgeblichkeit.

Lösung zu Aufgabe 5: Bewertungsprinzipien, Bewertungsbegriffe

Anschaffungswertprinzip

Das Anschaffungswertprinzip besagt, dass die Anschaffungs- bzw. Herstellungskosten die oberste Wertgrenze für einen Vermögensgegenstand in der Bilanz sind. Wird z. B. ein Grundstück für 50.000 € Anschaffungskosten erworben, kann dieses Grundstück in zukünftigen Jahresabschlüssen niemals mit einen höheren Wert angesetzt werden.

Niederstwertprinzip

Das Niederstwertprinzip besagt, dass bei abnutzbaren und nicht abnutzbaren Vermögensgegenständen, eine außerplanmäßige Abschreibung, auf den niedrigeren Wert, bei voraussichtlich dauernder Wertminderung vorzunehmen ist (§ 253 Abs. 3 Satz 3 HGB.)

Beim Niederstwertprinzip werden noch die Ausprägungen des gemilderten (§ 253 Abs. 3 Satz 4 HGB) und des strengen Niederstwertprinzips (§ 253 Abs. 4 HGB) unterschieden.

Das gemilderte Niederstwertprinzip gilt für das Finanzanlagevermögen und besagt, dass auch bei einer voraussichtlich nicht dauernden Wertminderung (d. h. der Wert der Finanzanlagen ist nur vorübergehend gesunken) der niedrigere Wert zum Abschlussstichtag angesetzt werden kann (Wahlrecht).

Beispiel

Ein Unternehmen kauft am 02.12.2014 Aktien zur langfristigen Anlage zum Börsenwert von 55 € je Stück. Am 31.12.2014 liegt der Börsenwert der Aktien bei 40 € je Stück. Am Tag der Bilanzaufstellung (21.03.2015) liegt der Wert der Aktien pro Stück bei 60 €.

Da der Aktienkurs sich im neuen Jahr wieder erholt, handelt es sich nicht um eine dauernde Wertminderungen. Somit sind die Voraussetzungen für eine außerplanmäßige Abschreibung nicht gegeben. Beim Finanzanlagevermögen allerdings gilt das gemilderte Niederstwertprinzip, d. h. das Unternehmen kann im vorliegenden Fall eine Abwertung (Wahlrecht) auf den niedrigeren Aktienwert zum Bilanzstichtag vornehmen, muss dies aber nicht.

Das strenge Niederstwertprinzip gilt für das Umlaufvermögen und besagt, dass stets am Abschlussstichtag der niedrigere Wert (Vergleich Anschaffungs-/Herstellungskosten mit Tageswert) angesetzt werden muss, egal wie sich der Wert nach dem Abschlussstichtag entwickelt.

Beispiel

Ein Metall-Großhandel kauft Anfang November 2014 20 t Kupfer á 6.500 € je Tonne. Am Abschlussstichtag (31.12.2014) beträgt der Marktpreis für Kupfer 6.250 € je Tonne. Am Tag der Bilanzaufstellung (20.02.2015) beträgt der Marktwert 7.000 €.

Egal wie der Marktpreis sich im folgenden Jahr entwickelt, muss das Unternehmen für Vermögensgegenstände des Umlaufvermögens, am Abschlussstichtag den niedrigeren Wert aus Anschaffungskosten und Marktpreis am Abschlussstichtag ansetzen. Das heißt, das vorhandene Kupfer muss zwingend mit 6.250 € je Tonne angesetzt werden.

Höchstwertprinzip
Das Höchstwertprinzip bezieht sich auf die Passiva der Bilanz. Von zwei möglichen Wertansätzen ist der Höhere anzusetzen. Hat ein Unternehmen z. B. eine Verbindlichkeit in einer Fremdwährung und ändert sich zum Bilanzstichtag der Kurswert in der Weise, dass sich ein höherer Erfüllungsbetrag ergibt, ist dieser zwingend anzusetzen (vgl. Vorsichtsprinzip § 252 Abs. 1 Nr. 4 HGB).

Stille Reserven
Stille Reserven entstehen durch die Anwendung des Grundsatzes der Vorsicht, Gewinne dürfen erst ausgewiesen werden, wenn sie realisiert sind. D. h. stille Reserven sind nicht realisierte Gewinne, die nicht ausgewiesen werden dürfen im Jahresabschluss.

Sie entstehen durch Anwendung des Anschaffungswertprinzips, das besagt, dass die Anschaffungskosten die Wertobergrenze für den Bilanzausweis der Vermögensgegenstände bilden. Ist der Marktpreis über den Anschaffungskosten, entstehen stille Reserven.

Kauft ein Unternehmen ein Grundstück im Jahr 2012 mit Anschaffungskosten von 250.000 €, erfolgt der Bilanzausweis mit den Anschaffungskosten. Wenn der Wert des Grundstücks im Jahr 2014 auf 350.000 € steigt, bleibt es trotzdem beim Bilanzausweis von 250.000 €, die Anschaffungskosten bilden die Wertobergrenze.

Die Differenz i. H. v. 100.000 € sind die stille Reserve, ein nicht realisierter Gewinn, der nicht ausgewiesen werden darf. Die stille Reserve wird erst ausgewiesen, wenn das Grundstück verkauft wird.

Wertaufhellende Tatsachen
Hierbei handelt es sich um Tatsachen/Ereignisse die wirtschaftlich vor dem Abschlussstichtag entstanden sind, allerdings erst zwischen Bilanzstichtag und Tag der Bilanzaufstellung dem Kaufmann bekannt geworden sind. Diese Tatsachen müssen gem. § 252 Abs. 1 Nr. 4 HGB im Jahresabschluss berücksichtigt werden.

Beispiel

Ein Kunde meldet am 29.12.2014 beim zuständigen Amtsgericht Insolvenz an. Dem Unternehmen wird dieses erst Ende Januar 2015 bekannt. Bei Aufstellung des Jahresabschlusses 2014, muss die Insolvenz des Kunden berücksichtigt werden, da das Ereignis vor dem Abschlussstichtag stattgefunden hat und vor Bilanzaufstellung bekannt wurde.

Wertbeeinflussende Tatsachen
Hierbei handelt es sich um Tatsachen/Ereignisse, die wirtschaftlich nach dem Bilanzstichtag entstanden sind, allerdings vor dem Tag der Bilanzaufstellung bekannt geworden sind. Diese Tatsachen sind im Jahresabschluss nicht zu berücksichtigen.

Ein Kunde meldet am 03.01.2015 beim zuständigen Amtsgericht Insolvenz an. Dem Unternehmen wird dieses Ende Januar 2015 bekannt. Bei Aufstellung des Jahresabschlusses 2014, darf die Insolvenz des Kunden nicht berücksichtigt werden, da das Ereignis nach dem Abschlussstichtag stattgefunden hat, auch wenn es vor Bilanzaufstellung bekannt wurde. Am Abschlussstichtag, war die Forderung noch werthaltig.

Lösung zu Aufgabe 6: Bilanzierungsentscheidungen

Die KlebSto AG ist Kaufmann im Sinne des HGB und somit buchführungspflichtig nach Handels- und Steuerrecht (§ 238 Abs. 1 HGB, § 140 AO). Sie ist verpflichtet einen Jahresabschluss aufzustellen. Es ist für die beiden Sachverhalte zu prüfen, inwieweit eine Bilanzierung vorgenommen werden muss oder die Sachverhalte in der Gewinn- und Verlustrechnung erfasst werden.

a) Beurteilung Sachverhalt 1

Die erworbene Maschine ist ein Vermögensgegenstand der gem. § 246 Abs. 1 Satz 1 HGB in der Handelsbilanz der KlebSto AG ausgewiesen werden muss. Gemäß § 5 Abs. 1 Satz 1 EStG (Maßgeblichkeitsprinzip) gilt die auch für die Steuerbilanz.

Da die Maschine dem Unternehmen langfristig dienen soll, ist sie gem. § 247 Abs. 2 HGB und R 6.1 Abs. 1 EStR Anlagevermögen. Der Ausweis in der Bilanz erfolgt gem. § 266 Abs. 2 A II. „2. Technische Anlagen und Maschinen".

Die Zugangsbewertung erfolgt gem. § 253 Abs. 1 Satz 1 HGB und § 6 Abs. 1 Nr. 1 Satz 1 EStG mit den Anschaffungskosten gem. § 255 Abs. 1 HGB und H 6.2 EStH. Die Vorsteuer gehört gem. § 9b EStG nicht mit zu den Anschaffungskosten.

Zu den Anschaffungskosten zählen der Anschaffungspreis, sowie die Anschaffungsnebenkosten, in diesem Fall, die Kosten der Lieferung und Montage.

Der Skonto mindert die Anschaffungskosten. Somit ergeben sich im Mai 2014 folgende Anschaffungskosten, die nach Handels- und Steuerrecht identisch sind:

	Anschaffungspreis	750.000,00 €
-	2 % Skonto	15.000,00 €
+	Lieferung und Montage	25.000,00 €
=	**Anschaffungskosten Mai 2014**	**760.000,00 €**

Bei der Maschine handelt es sich um einen abnutzbaren Vermögensgegenstand, der über die Nutzungsdauer planmäßig abgeschrieben werden muss (§ 253 Abs. 3 Satz 1 und 2 HGB; § 7 Abs. 1 Satz 1 EStG).

Da Handels- und Steuerbilanz übereinstimmen sollen, wird die lineare Abschreibung gewählt. Die Anschaffung erfolgt im Monat Mai, sodass im Anschaffungsjahr nur zeitanteilig abgeschrieben werden darf (§ 7 Abs. 1 Satz 4 EStG).

$$\text{Abschreibung 2014} = \frac{\text{Anschaffungskosten}}{\text{Nutzungsdauer}} \cdot \frac{8}{12}$$

$$\text{Abschreibung 2014} = \frac{760.000,00\ €}{10\ \text{Jahre}} \cdot \frac{8}{12}$$

$$\text{Abschreibung 2014} = \mathbf{50.666,67\ €}$$

Hieraus ergibt sich dann folgender Bilanzansatz (Handelsbilanz = Steuerbilanz) zum 31.12.2014.

	Anschaffungskosten Mai 2014	760.000,00 €
-	zeitanteilige Abschreibung 2014	50.666,67 €
=	**Bilanzansatz 31.12.2014 (Handels-/Steuerbilanz)**	**709.333,33 €**

b) Sachverhalt 2

Bei dem Computerprogramm handelt es sich um einen selbst erstellten immateriellen Vermögensgegenstand des Anlagevermögens.

Handelsrechtlich besteht für selbst erstellte immaterielle Vermögensgegenstände des Anlagevermögens gem. § 248 Abs. 2 Satz 1 HGB ein Aktivierungswahlrecht. Da der handelsrechtliche Gewinn möglichst hoch ausgewiesen werden soll, wird die KlebSto AG die Aktivierung vornehmen, d. h. das Aktivierungswahlrecht ausüben.

Handelsrechtliche Aktivierungswahlrechte führen grundsätzlich gem. § 5 Abs. 1 Satz 1 EStG zu steuerlichen Aktivierungsgeboten. Allerdings besagt § 5 Abs. 6 EStG (Durchbrechung der Maßgeblichkeit), dass steuerlichen Bewertungsvorschriften zu folgen ist. Gemäß § 5 Abs. 2 EStG dürfen selbst erstellte immaterielle Vermögensgegenstände (Wirtschaftsgüter) in der Steuerbilanz nicht aktiviert werden.

Das bedeutet, dass Handels- und Steuerbilanz auseinanderfallen. Handelsrechtlich erfolgt eine Aktivierung als Vermögensgegenstand, steuerlich werden alle Aufwendungen als Betriebsausgaben (§ 4 Abs. 4 EStG) Gewinn mindernd erfasst.

Bilanzierung/Bewertung im Handelsrecht

Der selbst erstellte immaterielle Vermögensgegenstand wird gem. § 246 Abs. 1 Satz 1 HGB in Verbindung mit § 248 Abs. 2 Satz 1 HGB aktiviert. Er ist dem Anlagevermögen zuzuordnen, da er langfristig dem Unternehmen dienen soll (§ 247 Abs. 2 HGB). Der Ausweis in der Bilanz erfolgt unter der Position „Selbst erstellte immaterielle Vermögensgegenstände" § 266 Abs. 2 A I. „1 ..."HGB.

Die Bewertung erfolgt mit fortgeführten Herstellungskosten gem. § 253 Abs. 1 Satz 1 HGB in Verbindung mit § 255 Abs. 2, Abs. 2a HGB.

Da die Nutzung zeitlich begrenzt ist, sind Abschreibungen vorzunehmen, im Anschaffungsjahr allerdings zeitanteilig, da Nutzung ab August 2014. (§ 253 Abs. 3 Satz 1 und 2 HGB).

	Materialeinzelkosten	50.000,00 €
+	Fertigungseinzelkosten	25.000,00 €
+	Materialgemeinkosten	15.000,00 €
+	Fertigungseinzelkosten	12.500,00 €
+	Verwaltungsgemeinkosten	10.000,00 €
=	Herstellungskosten (01.08.2014)	112.500,00 €
-	Abschreibung	4.687,50 €
=	**Bilanzansatz (31.12.2014) (Handelsbilanz)**	**107.812,50 €**

Ermittlung der Abschreibung

$$\text{Abschreibung 2014} = \frac{\text{Herstellungskosten}}{\text{Nutzungsdauer}} \cdot \frac{5}{12}$$

$$\text{Abschreibung 2014} = \frac{112.000,00\text{ €}}{10\text{ Jahre}} \cdot \frac{5}{12}$$

Abschreibung 2014 = **4.687,50 €**

In der Steuerbilanz, werden die Aufwendungen komplett als Betriebsausgaben (§ 4 Abs. 4 EStG) erfasst, sodass sich kein Bilanzansatz ergibt.

TIPP

Dadurch dass sich der handelsrechtliche und der steuerliche Gewinn unterscheidet, aber in zukünftigen Geschäftsjahren sich dieses wieder ausgleicht, kommt es zu latenten Steuern.

Lösung zu Aufgabe 7: Bilanzierung immaterieller Vermögensgegenstände/Wirtschaftsgüter

Sachverhalt 1

Durch die diversen Aktivitäten ist für das Unternehmen eine Marke entstanden. Zuerst ist handels- und steuerrechtlich zu prüfen, ob ein Vermögensgegenstand bzw. Wirtschaftsgut anzusetzen ist.

Gemäß § 248 Abs. 2 Satz 2 HGB besteht für selbst geschaffene Marken im Handelsrecht ein Aktivierungsverbot. Das heißt die Aufwendungen werden in der Gewinn- und Verlustrechnung erfasst. Gemäß § 5 Abs. 1 Satz 1 EStG sind die handelsrechtlichen Bewertungen maßgeblich für die Steuerbilanz. So das auch im Steuerrecht ein Aktivierungsverbot besteht.

Das Steuerrecht, spezifiziert dies auch speziell in § 5 Abs. 2 EStG. Immaterielle Wirtschaftsgüter dürfen nur angesetzt werden, wenn sie entgeltlich erworben sind, sodass die Aufwendungen im Steuerrecht als Betriebsausgaben gem. § 4 Abs. 4 EStG zu erfassen sind.

Handels- und Steuerbilanz sind in diesem Fall identisch.

Sachverhalt 2

Das gekaufte Computerprogramm ist gem. § 246 Abs. 1 Satz 1 HGB als Vermögensgegenstand in der Bilanz anzusetzen. Die gilt gem. § 5 Abs. 1 Satz 1 EStG auch für die Steuerbilanz.

Die Software gehört zum Anlagevermögen des Unternehmens (§ 247 Abs. 2 HGB; R 6.1 Abs. 1 EStR). Der Bilanzausweis erfolgt unter der Position „2. Entgeltlich erworbene Konzessionen, ..." gem. § 266 Abs. 2 A. I. Nr. 2 HGB.

Die Zugangsbewertung erfolgt gem. § 253 Abs. 1 Satz 1 HGB; § 6 Abs. 1 Nr. 1 S. 1 EStG mit den Anschaffungskosten. Anschaffungskosten sind alle Aufwendungen um einen Vermögensgegenstand/Wirtschaftsgut zu erwerben und in einem betriebsbereiten Zustand zu versetzen, sofern sie einzeln zugeordnet werden können (§ 255 Abs. 1 HGB; H 6.2 EStH).

Die Gemeinkosten gehen nicht in die Anschaffungskosten ein, da sie nicht direkt zugeordnet werden können. Außerdem gehört die Umsatzsteuer gem. § 9b EStG nicht zu den Anschaffungskosten. Es ergeben sich somit folgende Anschaffungskosten:

	Anschaffungspreis	20.000,00 €
+	Lohnkosten	15.000,00 €
=	**Anschaffungskosten**	**35.000,00 €**

Das Computerprogramm gehört zu den abnutzbaren Vermögensgegenständen/Wirtschaftsgütern und muss deshalb gem. § 253 Abs. 3 Satz 1 und 2 HGB und § 7 Abs. 1 Satz 1 EStG über die Nutzungsdauer abgeschrieben werden. Das es erst am 01.09. einsatzbereit war, ist gem. § 7 Abs. 1 Satz 4 EStG im Jahr der Anschaffung eine zeitanteilige Abschreibung für vier Monate vorzunehmen. Es ergibt sich daraus folgende Abschreibung im Jahr 2014:

$$\text{Abschreibung 2014} = \frac{\text{Anschaffungskosten}}{\text{Nutzungsdauer}} \cdot \frac{4}{12}$$

$$\text{Abschreibung 2014} = \frac{35.000,00\ €}{5\ \text{Jahre}} \cdot \frac{4}{12}$$

$$\text{Abschreibung 2014} = \mathbf{2.233,33\ €}$$

Es ergibt sich somit ein Bilanzansatz nach Handels- und Steuerrecht zum 31.12.2014:

	Anschaffungskosten	35.000,00 €
-	Abschreibung	2.233,33 €
=	**Bilanzansatz (31.12.2014)**	**32.666,67 €**

Zwischen Handels- und Steuerrecht kommt es zu keinen Unterschieden.

Sachverhalt 3
Durch das Unternehmen ist ein Computerprogramm selbst erstellt worden, das über einen Zeitraum von fünf Jahren genutzt werden soll. Es handelt sich bei der Software um einen „selbst erstellten immateriellen Vermögensgegenstand des Anlagevermögen".

Im Handelsrecht besteht hierfür ein Bilanzierungswahlrecht (Ansatzwahlrecht) gem. § 248 Abs. 2 Satz 1 HGB. Das bedeutet, dass die Mayer AG die Software als Vermögensgegenstand ausweisen kann oder die gesamten Aufwendungen für die Erstellung der Software Gewinn mindernd in der Gewinn- und Verlustrechnung erfasst.

Da die Zielsetzung der Mayer AG ein möglichst hoher Handelsbilanzgewinn ist, wird sie das Aktivierungswahlrecht in Anspruch nehmen.

Der Vermögensgegenstand wird also gem. § 246 Abs. 1 Satz 1 i. V. m. § 248 Abs. Satz 2 HGB im Anlagevermögen (§ 247 Abs. 2 HGB) erfasst. Der Bilanzausweis erfolgt gem. § 266 Abs. 2 A. I. „1 ...“ HGB als „Selbst erstellte immaterielle Vermögensgegenstände des Anlagevermögens“.

Die Bewertung erfolgt gem. § 253 Abs. 1 Satz 1 HGB mit den fortgeführten Herstellungskosten gem. § 255 Abs. 2, Abs. 2a HGB.

Es ergeben sich folgende Herstellungskosten:

	Materialkosten	15.000,00 €
+	5 % Materialgemeinkosten	750,00 €
+	Fertigungskosten	400.000,00 €
+	80 % Fertigungsgemeinkosten	320.000,00 €
=	**Herstellungskosten**	**735.750,00 €**

Da die Nutzung zeitlich begrenzt ist (5 Jahre), handelt es sich um einen abnutzbaren Vermögensgegenstand, auf den gem. § 253 Abs. 3 Satz 1 und 2 HGB Abschreibungen vorzunehmen sind. Da das Programm erst ab 01.07. genutzt wird, dürfen im Herstellungsjahr nur sechs Monate abgeschrieben werden. Nachdem die Abschreibung vorgenommen wurde, ergibt sich der Bilanzansatz für die Handelsbilanz zum 31.12.2014.

=	Herstellungskosten	735.750,00 €
-	Abschreibung (Herstellungskosten : Nutzungsdauer • $^{6}/_{12}$)	73.575,00 €
=	**Bilanzansatz 31.12.2014** **(Handelsbilanz)**	**662.175,00 €**

Grundsätzlich würde die Inanspruchnahme des Aktivierungswahlrechtes gem. § 5 Abs. 1 Satz 1 EStG zu einem Aktivierungsgebot in der Steuerbilanz führen. Allerdings kommt es im vorliegenden Fall zu einer Durchbrechung der Maßgeblichkeit, denn gem. § 5 Abs. 6 EStG sind die steuerlichen Vorschriften zu befolgen und § 5 Abs. 2 EStG besagt, dass immaterielle Wirtschaftsgüter des Anlagevermögens entgeltlich erworben sein müssen, ansonsten besteht Bilanzierungsverbot.

Daraus ergibt sich, dass die Aufwendungen für die Erstellung der Software im Steuerrecht als Betriebsausgaben gem. § 4 Abs. 4 EStG Gewinn mindernd in 2014 behandelt werden, es kommt zu keinem Bilanzansatz in der Steuerbilanz.

Durch die unterschiedlichen Bewertungen, die sich in den folgenden Geschäftsjahren wieder ausgleichen (da der Vermögensgegenstand ja abgeschrieben wird) kommt es zu latenten Steuern, da es in zukünftigen Geschäftsjahren zu einem höheren steuerlichen Gewinn kommt, entstehen passive latente Steuern, die gem. § 274 Abs. 1 HGB bilanziert werden müssen.

Lösung zu Aufgabe 8: Berechnung Anschaffungskosten, Grundsatz des Bruttoausweises

a) Ermittlung Anschaffungskosten

Die Anschaffungskosten werden im Handelsrecht in § 255 Abs. 1 HGB und im Steuerrecht in R 6.2 EStR und H 6.2 EStH definiert. Sie sind im Handels- und Steuerrecht grundsätzlich identisch.

Sie umfassen alle Aufwendungen, die notwendig sind um den Vermögensgegenstand/das Wirtschaftsgut zu erwerben und in einen betriebsbereiten Zustand zu versetzen. Wichtig zu beachten, die Aufwendungen müssen einzeln zuordenbar sein. Die Umsatzsteuer gehört gem. § 9b EStG nicht zu den Anschaffungskosten, da sie als Vorsteuer rückvergütet wird.

Im vorliegenden Fall gehören also zu den Anschaffungskosten:

- der Netto-Anschaffungspreis der Maschine
- Der Rabatt und Skonto sind Anschaffungspreisminderungen.
- Das Fundament ist notwendig, um den Industrieroboter in einen betriebsbereiten Zustand zu versetzen, allerdings nur die direkt zurechenbaren Kosten (Einzelkosten), die Gemeinkosten zählen **nicht** zu den Anschaffungskosten.
- Der Starkstromanschluss ist notwendig, um den Industrieroboter in einen betriebsbereiten Zustand zu versetzen und geht somit in die Anschaffungskosten ein, allerdings ohne Umsatzsteuer.
- Die eigenen Finanzierungskosten gehören nicht zu den Anschaffungskosten.

Somit ergeben sich folgende Anschaffungskosten für die Handels- und Steuerbilanz:

	Anschaffungspreis, brutto			928.200,00 €
-	19 % Umsatzsteuer			148.200,00 €
=	Anschaffungspreis, netto			780.000,00 €
-	4 % Rabatt			31.200,00 €
				748.800,00 €
-	3 % Skonto			22.464,00 €
+	Fundament			
		Material	12.500,00 €	
		Löhne	4.500,00 €	17.000,00 €
+	Starkstromanschluss			3.000,00 €
=	**Anschaffungskosten**			**746.336,00 €**

b) Grundsatz des Bruttoausweises

Der Grundsatz des Bruttoausweises besagt, dass Vermögen und Schulden, Aufwendungen und Erträge nicht miteinander saldiert werden dürfen, sondern so im Jahresabschluss dargestellt werden müssen, wie sie jeweils entstanden sind.

Für den vorliegenden Fall bedeutet dies, auch wenn die Maschine zum Teil mit einem Darlehen finanziert worden ist, ist die Maschine als Vermögensgegenstand mit den Anschaffungskosten (§ 253 Abs. 1 Satz 1 HGB) auf der Aktiva der Bilanz und das Darlehen mit dem Erfüllungsbetrag (§ 253 Abs. 1 Satz 2 HGB) auf der Passiva der Bilanz auszuweisen. Jeder Vermögensgegenstand bzw. Schuldposten ist also getrennt auszuweisen.

Würde es den Grundsatz des Bruttoausweises (§ 246 Abs. 2 HGB) nicht geben, würde von den Anschaffungskosten der Darlehensbetrag subtrahiert und nur die Differenz ausgewiesen. Dies würde einem Außenstehenden Dritten allerdings keine Übersicht über die Vermögenslage des Kaufmanns geben.

Lösung zu Aufgabe 9: Ermittlung Anschaffungskosten, Zugangs- und Folgebewertung

a) Ermittlung Anschaffungskosten

Bei der Verpackungsanlage handelt es sich um einen Anschaffungsvorgang. Diese Abgrenzung zu einem Herstellungsvorgang ist deshalb entscheidend, da in die Anschaffungskosten nur Einzelkosten mit einbezogen werden dürfen. Die Umsatzsteuer gehört gem. § 9b EStG nicht mit zu den Anschaffungskosten.

Die Ermittlung der Anschaffungskosten sind nach Handels- und Steuerrecht identisch. § 255 Abs. 1 HGB; H 6.2 EStH

Im vorliegenden Fall gehört der Anschaffungspreis, netto zu den Anschaffungskosten. Außerdem sind die Kosten für den Lohnunternehmer Rudi Flink notwendig, um die Maschine in einen betriebsbereiten Zustand zu versetzen. Die Kosten für das Fundament sind ebenfalls notwendig, um die Maschine in einen betriebsbereiten Zustand zu versetzen. Allerdings dürfen nur die Einzelkosten, d. h. Fertigungsmaterial und Fertigungslöhne berücksichtigt werden, da die Gemeinkosten nicht direkt zurechenbar sind.

Bei den Modulen, die im August 2015 gekauft wurden, handelt es sich um nachträgliche Anschaffungskosten, da die Module direkt der Maschine zugeordnet werden können und für die Betriebsbereitschaft notwendig sind. Die Kosten für Rudi Flink für den Einbau sind notwendig, um einen betriebsbereiten Zustand sicherzustellen und gehören somit auch zu den Anschaffungskosten.

Es ergeben sich somit folgende Anschaffungskosten, nach Handels- und Steuerrecht:

	Anschaffungspreis			550.000,00 €
+	Transport, Montage (Flink)			30.000,00 €
-	2 % Skonto von 30.000 €			600,00 €
+	Fundament			
		Material	1.500,00 €	
		Löhne	500,00 €	2.000,00 €
+	5 Module abzgl. 5 % Skonto			
		5 Module	7.500,00 €	
		- 5 % Skonto	375,00 €	7.125,00 €
+	Einbau durch Rudi Flink, netto			2.000,00 €
-	abzgl. 3 % Skonto auf 2.000 €			60,00 €
=	**Anschaffungskosten**			**590.465,00 €**

b) Bilanzansatz zum 31.12.2015 in Handels- und Steuerbilanz

Da es sich bei der Verpackungsanlage um einen abnutzbaren Vermögensgegenstand/ Wirtschaftsgut handelt sind Abschreibungen vorzunehmen. (§ 253 Abs. 3 Satz 1 und 2 HGB; § 7 Abs. 1 Satz 1 EStG). Im Jahr der Anschaffung sind die Abschreibungen allerdings gem. § 7 Abs. 1 Satz 4 EStG zeitanteilig vorzunehmen. Im vorliegenden Fall wird die Maschine im Februar geliefert, so ist ab Februar eine Abschreibung vorzunehmen, vgl. R 7.4 Abs. 1 EStR. Dass die Maschine erst ab 01.03.2015 betriebsbereit war, ist im vorliegenden Fall nicht entscheidend, da dies durch einen Beauftragen (Flink) durchgeführt wurde. Die fünf Module wurden erst im August 2015 eingebaut. Aus Vereinfachungsgründen kann gem. R 7.4 Abs. 9 Satz 3 EStR für die Abschreibung unterstellt werden, das sie ab Februar schon vorhanden waren. Es ergibt sich somit für Handels- und Steuerbilanz folgender Bilanzansatz zum 31.12.2015:

=	**Anschaffungskosten**	**590.465,00 €**
-	Abschreibung 2015	36.083,97 €
=	**Bilanzansatz 31.12.2015**	**554.381,03 €**

Ermittlung der Abschreibung

$$\text{Abschreibung 2015} = \frac{\text{Anschaffungskosten}}{\text{Nutzungsdauer}} \cdot \frac{11}{12}$$

$$\text{Abschreibung 2015} = \frac{590.465,00\ €}{15\ \text{Jahre}} \cdot \frac{11}{12}$$

Abschreibung 2015 = **36.083,97 €**

Lösung zu Aufgabe 10: Geschäfts- oder Firmenwert

a) Möglichkeiten der Bilanzierung „selbst erstellter immaterieller Vermögensgegenstände des Anlagevermögens“

Handelsrecht

Im Handelsrecht besteht für selbst erstellte immaterielle Vermögensgegenstände des Anlagevermögens ein Aktivierungswahlrecht (Ansatzwahlrecht) gem. § 248 Abs. 2 Satz 1 HGB. Das bedeutet der Kaufmann kann die Herstellungsaufwendungen (Berechnung gem. § 255 Abs. 2, Abs. 2a HGB) hierfür aktivieren, er bildet diese also in der Bilanz als Vermögensgegenstand ab. Durch die Aktivierung werden die Herstellungsaufwendungen aus der Gewinn- und Verlustrechnung in die Bilanz „transportiert“, sodass der Gewinn zunimmt und auch die Bilanzsumme (das Gesamtvermögen) zunimmt. Durch die Aktivierung erreicht der Kaufmann einen höheren Handelsbilanzgewinn und stärkt nach außen grundsätzlich die Eigenkapitalquote. Es ist grundsätzlich ein abnutzbarer Vermögensgegenstand entstanden, der über die geplante Nutzungsdauer abgeschrieben wird.

Der Kaufmann kann allerdings auch die Aufwendungen für den selbst erstellten immateriellen Vermögensgegenstand in der Gewinn- und Verlustrechnung belassen, da es sich ja um ein Aktivierungswahlrecht handelt. In diesem Fall kommt es zu keiner Erhöhung des Gesamtvermögens und die Aufwendungen wirken voll Gewinn mindernd in dem Geschäftsjahr ihrer Entstehung.

Steuerrecht

Im Steuerrecht dürfen selbst erstellte immaterielle Wirtschaftsgüter des Anlagevermögens gem. § 5 Abs. 2 i. V. m. Abs. 6 EStG nicht bilanziert werden. (Bilanzierungsverbot).

Das bedeutet die gesamten Herstellungsaufwendungen des Geschäftsjahres hierfür werden sofort als Gewinn mindernde Betriebsausgaben (§ 4 Abs. 4 EStG) erfasst.

Falls der Kaufmann das Aktivierungswahlrecht gem. Handelsrecht in Anspruch nimmt, kommt es zwangsweise zu einem unterschiedlichen Vermögensausweis und daraus resultierend zu einem unterschiedlichen Gewinnausweis zwischen Handels- und Steuerbilanz, dies wird sich aufgrund der begrenzten Nutzungsdauer wieder ausgleichen. Hierdurch entstehen latente Steuern.

b) Originärer/derivativer Geschäfts- oder Firmenwert

Beim originären Geschäfts- oder Firmenwert handelt es sich um den selbst geschaffenen Geschäft- oder Firmenwert, den das Unternehmen bzw. der Unternehmer aufgrund eines sehr positiven Images, nachhaltiger Gewinne, gut ausgebildete innovative Mitarbeiter, guten Kundenstamm usw. geschaffen hat. Dieser wird oft auch als über die Bilanz hinausgehender Marktwert bezeichnet. Da er nicht eindeutig bewertbar ist, da er nicht gegen Entgelt erworben worden ist, besteht sowohl im Handels- und Steuerrecht ein Bilanzierungsverbot.

Beim derivativen (abgeleiteten) Geschäfts- oder Firmenwert handelt es sich um einen bezahlten Geschäfts- oder Firmenwert. Zahlt ein Unternehmen bei Übernahme eines anderen Unternehmens mehr als den Unterschiedsbetrag zwischen Wert der Vermögensgegenstände abzüglich Schulden, so zahlt das übernehmende Unternehmen einen Mehrbetrag, der als derivativer Geschäfts- oder Firmenwert bezeichnet wird.

Dieser gilt im Handelsrecht als abnutzbarer Vermögensgegenstand gem. § 246 Abs. 1 Satz 3 HGB und ist somit in die Bilanz des Kaufmanns gem. § 246 Abs. 1 Satz 1 HGB mit aufzunehmen (Bilanzierungsgebot). Dieses Bilanzierungsgebot gilt gem. Maßgeblichkeitsprinzip (§ 5 Abs. 1 Satz 1 EStG) auch für die Steuerbilanz.

c) Ermittlung Bilanzansatz des Geschäfts- oder Firmenwerts

Der Geschäfts- oder Firmenwert wird mit den fortgeführten Anschaffungskosten gem. § 253 Abs. 1 Satz 1 HGB; § 6 Abs. 1 Nr. 1 Satz 1 EStG bewertet. Die Anschaffungskosten sind geregelt in § 255 Abs. 1 HGB und H 6.2 EStH. Bei der Ermittlung der Anschaffungskosten werden die Schulden von dem Marktwert der Vermögensgegenstände subtrahiert. Von dem sich ergebenden Unterschiedsbetrag wird die tatsächliche Zahlung subtrahiert. Ist die Zahlung größer als der Unterschiedsbetrag, ergibt die Differenz die Anschaffungskosten des Geschäfts- oder Firmenwerts.

	Summe Vermögen zu Marktpreisen	4.645.000,00 €
-	Summe Fremdkapital	2.525.000,00 €
=	Unterschiedsbetrag	2.120.000,00 €
-	Zahlung	2.500.000,00 €
=	**Anschaffungskosten Geschäfts- oder Firmenwert**	**380.000,00 €**

Da es sich beim Geschäfts- oder Firmenwert, um einen abnutzbaren Vermögensgegenstand/Wirtschaftsgut handelt, ist eine planmäßige Abschreibung vorzunehmen. Die Nutzungsdauer beträgt im Handelsrecht 5 Jahre und im Steuerrecht gem. § 7 Abs. 1 Satz 3 EStG 15 Jahre, sodass es zu unterschiedlichen Bilanzansätzen in Handels- und Steuerbilanz kommt. Eine zeitanteilige Abschreibung ist nicht zu berücksichtigen, da die Anschaffung am 01.01.2015 erfolgt.

	Handelsbilanz			**Steuerbilanz**	
	Anschaffungskosten Geschäfts- oder Firmenwert	**380.000,00 €**		**Anschaffungskosten Geschäfts- oder Firmenwert**	**380.000,00 €**
-	Abschreibung (12 Monate : 60 Monate • AK)	76.000,00 €	-	Abschreibung (12 Monate : 180 Monate • AK)	25.333,33 €
=	**Bilanzansatz 31.12.2015**	**304.000,00 €**	=	**Bilanzansatz 31.12.2015**	**354.666,67 €**

Durch den unterschiedlichen Ansatz in der Handels- und Steuerbilanz, der sich in zukünftigen Jahren wieder ausgleicht, entstehen latente Steuern. Im vorliegenden Fall entstehen aktive latente Steuern, für die ein Aktivierungswahlrecht gem. § 274 Abs. 1 Satz 2 HGB besteht.

Lösung zu Aufgabe 11: Selbst erstellter immaterieller Vermögensgegenstand

a) Bewertung nach Handels- und Steuerrecht

Für selbst erstellte immaterielle Vermögensgegenstände des Anlagevermögens gilt im Handelsrecht gem. § 248 Abs. 2 Satz 1 HGB ein Aktivierungswahlrecht (Ansatzwahlrecht). Das bedeutet, der Kaufmann kann eine Aktivierung als Vermögensgegenstand vornehmen, oder die gesamten Entwicklungskosten Gewinn mindernd als Aufwand in der Gewinn- und Verlustrechnung erfassen.

Da die betriebliche Zielsetzung lautet einen möglichst hohen handelsrechtlichen Gewinn zu erzielen, wird das Unternehmen eine Aktivierung gem. § 246 Abs. 1 Satz 1 i. V. m. § 248 Abs. 2 Satz 1 HGB vornehmen. Durch die Aktivierung wird der Aufwand in der Gewinn- und Verlustrechnung neutralisiert und der handelsrechtliche Gewinn steigt.

Steuerrechtlich darf ein selbst erstelltes immaterielles Wirtschaftsgut des Anlagevermögens gem. § 5 Abs. 6 i. V. m. § 5 Abs. 2 EStG nicht aktiviert werden (Bilanzierungsverbot). Die Aufwendungen müssen gem. § 4 Abs. 4 EStG als Betriebsausgaben Gewinn mindernd erfasst werden. Es kommt aufgrund der betrieblichen Zielsetzung zwangsläufig zu einem unterschiedlichen Bilanzansatz zwischen Handels- und Steuerbilanz.

b) Entwicklung der Bilanzposition 2011 - 2014

Die Bilanzierung erfolgt ausschließlich in der Handelsbilanz. Die Bewertung erfolgt gem. § 253 Abs. 1 Satz 1 HGB mit den Herstellungskosten gem. § 255 Abs. 2a, Abs. 2 HGB. Ab Fertigstellung im Jahr 2014 wird der Vermögensgegenstand planmäßig über die Nutzungsdauer abgeschrieben, allerdings im Jahr 2014 zeitanteilig (§ 253 Abs. 3 Satz 1 und 2 HGB).

Grundsätzlich müssten in den Jahren 2011 - 2013 die Aufwendungen in einer Bilanzposition „Immaterielle Vermögensgegenstände im Bau" aktiviert werden, da die Fertigstellung erst im Jahr 2014 erfolgt. Da eine solche Position im Bilanzgliederungsschema gem. § 266 Abs. 2 HGB nicht vorhanden ist, wird die Bilanzposition § 266 Abs. 2 A. I. „1. Selbst erstellte immaterielle Vermögensgegenstände des Anlagevermögens" HGB gewählt. Allerdings muss im Anhang in den Geschäftsjahren 2011 - 2013 darauf hingewiesen werden, dass sich der Vermögensgegenstand in der Entwicklung befindet und im Jahr 2014 die Fertigstellung und die Folgebewertung dargestellt werden. Die Bilanzposition entwickelt sich wie folgt:

	Herstellungsaufwendungen 2011	300.000,00 €	
	Bilanzansatz 31.12.2011		**300.000,00 €**
	Herstellungsaufwendungen 2012	400.000,00 €	
	Bilanzansatz 31.12.2012		**700.000,00 €**
	Herstellungsaufwendungen 2013	600.000,00 €	
	Bilanzansatz 31.12.2013		**1.300.000,00 €**
	Herstellungsaufwendungen 2014	140.000,00 €	
	Herstellungskosten 30.09.2014		**1.440.000,00 €**
-	Abschreibungen 2014 (3 Monate : 96 Monate • Herstellungskosten)		45.000,00 €
=	**Bilanzansatz 31.12.2014**		**1.395.00,00 €**

Lösung zu Aufgabe 12: Bewertungsvereinfachungsverfahren, Zugangs- und Folgebewertung

a) Ermittlung Anschaffungskosten

Die Tischplatten (Vorprodukte) gehören zum Umlaufvermögen gem. § 247 Abs. 2 HGB im Umkehrschluss und R 6.1 Abs. 2 EStR.

Die Zugangsbewertung erfolgt zu den Anschaffungskosten, sind diese nicht eindeutig ermittelbar, können Bewertungsvereinfachungsverfahren angewendet werden. Die Ermittlung kann handelsrechtlich gem. § 240 Abs. 4 HGB nach der Durchschnittsmethode oder nach § 256 HGB nach dem Lifo- oder Fifo-Verfahren durchgeführt werden.

Steuerrechtlich können die Durchschnittsmethode (R 6.8 Abs. 4 EStR) und die Lifo-Methode (§ 6 Abs. 1 Nr. 2a EStG) angewendet werden.

Da Handels- und Steuerrecht übereinstimmen sollen, wir die Durchschnittsmethode und Lifo-Methode gewählt.

Es ergeben sich folgende Anschaffungskosten:

Durchschnittsmethode

Bei der Durchschnittsmethode ergeben sich die Anschaffungskosten, indem zuerst für den Anfangsbestand und alle Zugänge der entsprechende Gesamtwert ermittelt wird. Die Summe des Anfangsbestandes und der Zugänge wird dann durch den Gesamtbestand (Anfangsbestand + Zugänge) dividiert. Der Wert des Schlussbestandes ergibt sich, indem der Bestand (im vorliegenden Fall 500 Stück) mit dem Durchschnittswert multipliziert wird.

Datum	Bestand/ Veränderung	Stückzahl	Preis pro Einheit	Wert
01.01.2014	Anfangsbestand	400	90,00 €	36.000,00 €
20.03.2014	Zugang	50	100,00 €	5.000,00 €
30.06.2014	Zugang	56	115,00 €	6.440,00 €
17.09.2014	Zugang	140	120,00 €	16.800,00 €
07.11.2014	Zugang	80	135,00 €	10.800,00 €
Summe		**726**		**75.040,00 €**
Durchschnittswert pro Stück (Anschaffungskosten)				**103,36 €**
Bestand	**500 Stück**			**51.680,44 €**

Lifo-Methode
Bei der Lifo-Methode wird unterstellt, dass die zuletzt angeschafften Waren zuerst wieder entnommen werden. Daraus ergibt sich, dass sich der Schlussbestand aus dem Anfangsbestand und den ersten Zugängen zusammensetzt. Die Summe des Bestandes in € wird durch die Menge dividiert und man erhält die Anschaffungskosten je Stück.

Datum	Bestand/ Veränderung	Stückzahl	Preis pro Einheit	Wert
01.01.2014	Anfangsbestand	400	90,00 €	36.000,00 €
20.03.2014	Zugang	50	100,00 €	5.000,00 €
30.06.2014	Zugang	56	115,00 €	6.440,00 €
Summe		**726**		**46.750,00 €**
Wert pro Stück (Anschaffungskosten)				**93,50 €**

TIPP

Da keine Abgänge aufgezeichnet wurden, ist „nur" die periodische Durchschnittsbewertung bzw. Lifo-Methode anwendbar.

Wenn die Abgänge auch verzeichnet werden, ist auch die permanente Durchschnittsmethode oder Lifo-Methode anwendbar. D.h. nach jedem Zugang erfolgt die Berechnung des Durchschnittswerts, der für die nächste Entnahme maßgeblich ist und auch bei der Lifo-Methode wird bei jeder Entnahme gleich das Lifo-Verfahren angewendet.

Ansatz Handelsbilanz
In der Handelsbilanz soll ein hoher Gewinn realisiert werden. Das bedeutet, dass ein hoher Vermögensausweis notwendig ist. Deshalb wird hier die Durchschnittsmethode gewählt, weil es zu einem höheren Ausweis an Vermögen kommt.

Ansatz Steuerbilanz
In der Steuerbilanz soll ein möglichst niedriger Gewinn ausgewiesen werden, deshalb wird hier die Lifo-Methode gewählt, da hier der Vermögensausweis niedriger ist und somit auch der Gewinnausweis.

b) Folgebewertung

Handelsbilanz
Im Rahmen der Folgebewertung müssen die Anschaffungskosten mit dem Tageswert verglichen werden. Der niedrigere von beiden ist anzusetzen. Strenges Niederstwertprinzip im Umlaufvermögen gem. § 253 Abs. 4 HGB. Die Anschaffungskosten betragen 103,36 € der Tageswert beträgt 95 €. Es ist zwingend der niedrigere Wert anzusetzen, sodass der Bestand mit 95 € je Stück bewertet wird. Der Bilanzansatz zum 31.12.2014 in der Handelsbilanz beträgt somit:

500 Stück • 95 € = 47.500 €

Steuerbilanz
Die Anschaffungskosten betragen 93,50 €, der Tageswert beträgt 95 €. Da die Anschaffungskosten unter dem Tageswert liegen, sind diese anzusetzen, da die Anschaffungskosten gem. § 6 Abs. 1 Nr. 2 Satz 1 EStG die Bewertungsobergrenze darstellen. Somit ergibt sich ein Bilanzansatz zum 31.12.2014 in der Steuerbilanz:

500 Stück • 93,50 € = 46.750 €

TIPP

Wenn der Tageswert unter den Anschaffungskosten liegen würde, besteht ein Abwertungswahlrecht, wenn es sich um eine dauernde Wertminderung handelt (§ 6 Abs. 1 Nr. 2 Satz 2 EStG).

Lösung zu Aufgabe 13: Fallstudie Vorräte, Folgebewertung

Die Schubladen sind dem Umlaufvermögen gem. § 247 Abs. 2 HGB im Umkehrschluss und R 6.1 Abs. 2 EStR zuzuordnen.

Fallen die Gründe, die zu einer Abwertung der Vorräte geführt haben weg, so ist handels- als auch steuerrechtlich eine Zuschreibung vorzunehmen. Dies ist geregelt in § 253 Abs. 5 HGB und § 6 Abs. 1 Nr. 2 Satz 3 i. V. m. Abs. 1 Satz 4 EStG.

Die Zuschreibung darf allerdings maximal bis zu den historischen Anschaffungskosten gem. § 253 Abs. 1 Satz 1 HGB und § 6 Abs. 1 Nr. 2 Satz 1 EStG erfolgen.

Würde eine Zuschreibung über die historischen Anschaffungskosten erfolgen, würden nicht realisierte Gewinne ausgewiesen, hierfür besteht gem. § 252 Abs. 1 Nr. 4 HGB ein Verbot.

Für die im Lager befindlichen Schubladen besteht also ein Zuschreibungsgebot bis zu den Anschaffungskosten i. H. v. 25 € je Stück, sowohl in der Handelsbilanz, als auch in der Steuerbilanz. Es ergibt sich somit wertmäßig zum 31.12.2014:

300 Stück • 25 € = 7.500 € (Bilanzansatz 31.12.2014)

Lösung zu Aufgabe 14: Bilanzierung Vorräte – Verbrauchsfolgeverfahren

a) Allgemeine Bewertung von Vorräten nach Handelsrecht

Vorräte sind gem. § 247 Abs. 2 HGB im Umkehrschluss; R 6.1 Abs. 2 EStR dem Umlaufvermögen zuzuordnen. Die Vermögensgegenstände/ Wirtschaftsgüter werden gem. § 252 Abs. 2 Nr. 3 HGB einzeln bewertet. Die Zugangsbewertung erfolgt gem. § 253 Abs. 2 Satz 1 HGB; § 6 Abs. 1 Nr. 2 Satz 1 EStG mit den Anschaffungs- oder Herstellungskosten. Die Anschaffungskosten sind definiert in § 255 Abs. 1 HGB; R 6.2 EStR, H 6.2 EStH und die Herstellungskosten in § 255 Abs. 2 HGB; R 6.3 EStR, H 6.3 EStG.

Können die Anschaffungskosten nicht eindeutig für einen Bestand ermittelt werden, können Bewertungsvereinfachungsverfahren zur Ermittlung der Anschaffungskosten verwendet werden (§§ 240 Abs. 4; 256 HGB; R 6.8 EStR, H 6.8 EStH).

Im Rahmen der Folgebewertung ist im Handelsrecht das strenge Niederstwertprinzip gem. § 253 Abs. 4 HGB zu beachten. Das bedeutet, liegt der Tageswert am Bilanzstichtag unter den Anschaffungs- oder Herstellungskosten, ist zwingend auf diesen Wert abzuschreiben.

Im Steuerrecht herrscht im Rahmen der Folgebewertung ein Abwertungswahlrecht, allerdings nur wenn eine voraussichtlich dauernde Wertminderung vorliegt (§ 6 Abs. 1 Nr. 2 Satz 2 EStG).

b) Ermittlung Bilanzansatz nach Handels- und Steuerrecht

Das Unternehmen wendet das Lifo-Verfahren zur Ermittlung der Anschaffungskosten an. Dies ist handels- als auch steuerrechtlich gem. § 256 HGB; § 6 Abs. 1 Nr. 2a EStG möglich.

Bei der Lifo-Methode wird unterstellt, dass die zuletzt angeschafften Güter, zuerst verbraucht werden. Daraus ergibt sich, dass der Bestand am Jahresende, aus dem Anfangsbestand und den ersten Zugängen besteht. Es ergeben sich folgende Anschaffungskosten:

Der Bestand am 31.12. i. H. v. 4.000 Stück, setzt sich ausschließlich aus dem Anfangsbestand zusammen, daraus ergibt sich

Anschaffungskosten 4.000 Stück • 25 € je Stück = 100.000 €

Da der Wiederbeschaffungspreis am Bilanzstichtag 24 € beträgt, muss handelsrechtlich das strenge Niederstwertprinzip angewendet werden, sodass der Bestand mit 24 € je Stück bewertet werden muss. Steuerrechtlich besteht ein Abwertungswahlrecht, da der Preis dauerhaft bei 24 € liegt. Dieses Abwertungswahlrecht wird in Anspruch genommen, da der steuerliche Gewinn laut Aufgabenstellung so niedrig wie möglich sein soll.

Somit ergibt sich für die Handels- und Steuerbilanz einheitlich zum 31.12. ein Bilanzansatz:

4.000 Stück • 24 € je Stück = 96.000 €

c) Ermittlung Bestandsveränderung

Der vorläufige Bestand beträgt 150.000 €, der Schlussbestand 96.000 €. Somit ergibt sich eine Bestandsveränderung in Form einer Bestandsminderung i. H. v. 54.000 €.

Lösung zu Aufgabe 15: Zugangs- und Folgebewertung Vorräte

a) Ermittlung der Herstellungskosten

Die Herstellungskosten ergeben sich im Handelsrecht aus § 255 Abs. 2 HGB und im Steuerrecht aus R 6.3 EStR, H 6.3 EStH.

In die Herstellungskosten müssen im Handels- als auch im Steuerrecht die Material- und Fertigungseinzelkosten, sowie die Sonderkosten der Fertigung mit einbezogen werden. Außerdem müssen angemessene Teile der Material- und Fertigungsgemeinkosten einbezogen werden.

Bei den allgemeinen Verwaltungskosten gibt es im Handelsrecht ein Aktivierungswahlrecht im Steuerrecht ein Aktivierungsgebot. Da eine Einheitsbilanz gewünscht ist, wird das Aktivierungswahlrecht in Anspruch genommen. Für Vertriebskosten gilt sowohl im Handels- als auch im Steuerrecht ein Aktivierungsverbot.

Es ergeben sich somit folgende Herstellungskosten für die Handels- und Steuerbilanz:

	Fertigungsmaterial	30.000,00 €
+	Materialgemeinkosten	6.600,00 €
+	Fertigungslöhne	12.000,00 €
+	Fertigungsgemeinkosten	18.000,00 €
+	Entwurfskosten „Komplett-Schlafzimmereinrichtung“	8.100,00 €
+	Kosten der Verwaltung	5.100,00 €
=	**Herstellungskosten nach Handels- und Steuerrecht**	**79.800,00 €**

b) Folgebewertung

Die halbfertigen „Komplett-Schlafzimmereinrichtungen" gehören gem. § 247 Abs. 2 HGB im Umkehrschluss und R 6.1 Abs. 2 EStR zum Umlaufvermögen. Handelsrechtlich ist zu prüfen, ob ein niedrigerer beizulegender Wert (strenges Niederstwertprinzip) gem. § 253 Abs. 4 HGB anzusetzen ist. Steuerrechtlich kann bei einer voraussichtlich dauernden Wertminderung der niedrigere Teilwert gem. § 6 Abs. 1 Nr. 2 Satz 2 EStG angesetzt werden. Es ist also der beizulegende Wert und der Teilwert zu ermitteln, um die Folgebewertung durchzuführen.

Der beizulegende Wert ermittelt sich, indem vom voraussichtlichen Verkaufserlös, die Gesamtkosten, die nach dem Abschlussstichtag anfallen, subtrahiert werden.

	Nettoverkaufspreis		**99.000,00 €**
	abzüglich Kosten, die nach dem Bilanzstichtag entstehen:		
	Fertigungsmaterial	6.300,00 €	
	Materialgemeinkosten	1.500,00 €	
	Fertigungslöhne	11.400,00 €	
	Fertigungsgemeinkosten	12.150,00 €	
	Verwaltungsgemeinkosten	4.800,00 €	
	Vertriebskosten	8.100,00 €	
	Kosten, die nach dem Bilanzstichtag entstehen:		**44.250,00 €**
=	**beizulegender Wert**		**54.750,00 €**

Der Teilwert ergibt sich, indem vom voraussichtlichen Verkaufserlös die Gesamtkosten nach dem Abschlussstichtag und der durchschnittliche Unternehmergewinn subtrahiert werden.

	Nettoverkaufspreis	99.000,00 €
-	Kosten, die nach dem Bilanzstichtag entstehen	44.250,00 €
-	durchschnittlicher Unternehmergewinn	4.950,00 €
	5 % v. 99.000 €	
=	**Teilwert**	**49.800,00 €**

Handelsrechtlich muss zwingend (strenges Niederstwertprinzip) gem. § 253 Abs. 4 HGB der niedrigere beizulegende Wert angesetzt werden. Somit erfolgt in der **Handelsbilanz** der Ansatz zum **31.12.2014** i. H. v. **54.750 €**.

In der Steuerbilanz kann bei einer voraussichtlichen dauernden Wertminderung der niedrigere Teilwert angesetzt werden (§ 6 Abs. 1 Nr. 2 Satz 2 EStG). Der Teilwert ist niedriger als die Herstellungskosten und es handelt sich laut Aufgabenstellung um eine voraussichtlich dauernde Wertminderung. Es besteht also ein Abwertungswahlrecht. Das Wahlrecht der Teilwertabschreibung wird in Anspruch genommen, da der steuerliche Gewinn so niedrig wie möglich ausfallen soll.

Der Bilanzansatz in der **Steuerbilanz** zum **31.12.2014** beträgt **49.800 €**.

Lösung zu Aufgabe 16: Bewertung Forderungen

a) Zugangs- und Folgebewertung von Forderungen

Forderungen werden im Rahmen der Zugangsbewertung im Handels- und Steuerrecht mit den Anschaffungskosten gem. § 253 Abs. 1 Satz 1 HGB; § 6 Abs. 1 Nr. 2 Satz 1 EStG bewertet. Die Anschaffungskosten entsprechen dem Nennbetrag der Forderungen (i. d. R. dem Bruttorechnungsbetrag)

Im Rahmen der Folgebewertung ist im Handelsrecht das strenge Niederstwertprinzip (§ 253 Abs. 4 HGB) zu beachten und anzuwenden, da Forderungen zum Umlaufvermögen gehören (§ 247 Abs. 2 HGB im Umkehrschluss). Es ist also im Rahmen der Erstellung des Jahresabschlusses die Werthaltigkeit der Forderungen zu prüfen. Die Forderungen lassen sich hierbei einteilen in

- einwandfreie Forderungen
- zweifelhafte Forderungen und
- uneinbringbare Forderungen.

Bei einwandfreien Forderungen werden grundsätzlich keine Wertberichtigungen direkt vorgenommen. Bei zweifelhaften Forderungen, muss auf Basis des strengen Niederstwertprinzips eine Einzelwertberichtigung vorgenommen werden. Bei uneinbringlichen Forderungen muss eine außerplanmäßige Abschreibung vorgenommen werden.

Bei Forderungen, die nicht direkt wertberichtigt wurden, können Pauschalwertberichtigungen vorgenommen werden, um das Ausfallrisiko darzustellen.

Im Steuerrecht besteht für voraussichtlich dauernde Wertminderungen ein Wahlrecht zur Abschreibung auf den niedrigeren Teilwert gem. § 6 Abs. 1 Nr. 2 Satz 2 EStG. Anders als im Handelsrecht muss der Steuerpflichtige nachweisen, dass eine voraussichtliche dauernde Wertminderung besteht und nur dann hat er ein Wahlrecht zur Teilwertabschreibung.

Gerade im Bereich der Forderungen sei noch auf wertaufhellende und wertbeeinflussende Tatsachen hingewiesen § 252 Abs. 1 Nr. 4 HGB.

Wertaufhellende Tatsachen sind Tatsachen, die vor dem Abschlussstichtag wirtschaftlich verursacht worden sind, allerdings erst zwischen Bilanzstichtag und Tag der Bilanzaufstellung bekannt geworden sind. Diese Tatsachen müssen im Jahresabschluss berücksichtigt werden.

Ein Kunde meldet am 29.12.2014 Insolvenz an, diese Informationen erhalten wir erst am 20.01.2015. Diese Tatsache muss im Jahresabschluss bei der Bewertung der Forderungen berücksichtigt werden.

Wertbeeinflussende Tatsachen, sind Tatsachen, die wirtschaftlich nach dem Bilanzstichtag entstehen und vor dem Tag der Bilanzaufstellung bekannt werden. Diese Tatsachen dürfen im Rahmen des Jahresabschlusses nicht berücksichtigt werden.

Ein Kunde meldet am 02.01.2015 Insolvenz an, dies wird uns am 10.01.2015 bekannt. Da die Insolvenz erst im Januar 2015 erfolgt, gilt die Forderung zum 31.12.2014 als werthaltig und darf nicht korrigiert werden.

b) Bewertung Sachverhalt 1

Die Forderungen gehören gem. § 247 Abs. 2 HGB im Umkehrschluss; R 6.1 Abs. 2 EStR zum Umlaufvermögen der BauMa GmbH. Sie sind gem. § 253 Abs. 1 Satz 1 HGB; § 6 Abs. 1 Nr. 2 Satz 1 EStG mit den Anschaffungskosten erstmalig zu bewerten. Gemäß § 244 HGB ist die Forderung in Euro anzusetzen. Es wird die Forderung zum 13.12.2014 in Euro umgerechnet und angesetzt.

Zugangsbewertung (Handelsrecht = Steuerrecht)

$$\text{Anschaffungskosten (Nennbetrag) der Forderung} = \frac{750.000 \text{ CHF}}{1{,}62 \text{ CHF}} = \mathbf{462.962{,}96\ €}$$

Folgebewertung
Handelsrecht
Die Forderungen gehören dem Umlaufvermögen an. Gemäß § 252 Abs. 1 Nr. 4 i. V. m. § 253 Abs. 4 HGB ist am Bilanzstichtag der niedrigere Wert aus Anschaffungskosten und Tageswert anzusetzen (Strenges Niederstwertprinzip).

Bei Fremdwährungsforderungen mit einer Restlaufzeit unter einem Jahr gibt es allerdings die Besonderheit des § 256a HGB. Demnach müssen Fremdwährungsforderungen zwangsweise mit dem Devisenkassamittelkurs am Bilanzstichtag angesetzt werden, egal ob sich hierdurch ein Währungsgewinn oder -verlust ergibt. § 252 Abs. 1 Nr. 4 HGB wird hierdurch ausgehebelt.

Daraus ergibt sich für die **Handelsbilanz** zum 31.12.2014 folgender Bilanzansatz:

$$\frac{750.000 \text{ CHF}}{1{,}65 \text{ CHF}} = \mathbf{454.545{,}45\ €}$$

Hieraus ergibt sich für den handelsrechtlichen Jahresabschluss ein Währungsverlust.

13.12.2014

$$\frac{750.000 \text{ CHF}}{1{,}62 \text{ CHF}} = \mathbf{462.962{,}96\ €}$$

31.12.2014

$$\frac{750.000 \text{ CHF}}{1{,}65 \text{ CHF}} = \mathbf{454.545{,}45\ €}$$

Währungsverlust   8.417,51 €

Steuerrecht
In der Steuerbilanz kann gem. § 6 Abs. 1 Nr. 2 Satz 2 EStG bei einer voraussichtlich dauernden Wertminderung der niedrigere Teilwert angesetzt werden. D.h. dieses Abwertungswahlrecht (Teilwertabschreibung) ist allerdings nur gegeben, wenn es sich um eine dauernde Wertminderung handelt. Laut Sachverhalt erholt sich der Kurs bis zur Zahlung durch den Kunden allerdings wieder, sodass keine dauernde Wertminderung vorliegt. So das in der Steuerbilanz für den vorliegenden Sachverhalt kein Abwertungswahlrecht besteht, die Forderung ist mit dem Wert der Zugangsbewertung zum 31.12.2014 anzusetzen.

Bilanzansatz zum 31.12.2014 (**Steuerbilanz**)

$$\frac{750.000\ \text{CHF}}{1{,}62\ \text{CHF}} = \mathbf{462.962{,}96\ €}$$

Es ergibt sich somit in der Steuerbilanz durch die Folgebewertung keine Gewinnauswirkung.

c) Sachverhalt 2

Forderungen sind gem. § 247 Abs. 2 HGB Umkehrschluss; R 6.1 Abs. 2 EStR dem Umlaufvermögen zuzuordnen. Forderungen sind gem. § 252 Abs. 2 Nr. 3 HGB einzeln zu bewerten, von diesem Grundsatz kann aber gem. § 252 Abs. 2 HGB abgewichen werden, so das auch das Pauschalrisiko, welches in den Forderungen besteht in Form von Pauschalwertberichtungen dargestellt werden kann. Dies gilt gem. § 5 Abs. 1 Satz 1 EStG auch für die steuerliche Bewertung.

Das Ausfall- und das Skontorisiko sind vom Netto-Forderungsbestand zu berechnen, da die Umsatzsteuer bei Nichteingang einer Forderung gegenüber dem Finanzamt wieder geltend gemacht werden kann.

Der Zinsverlust wird allerdings von dem entsprechenden Brutto-Forderungsbestand berechnet, da diese Kosten von den Forderungen inkl. Umsatzsteuer verursacht werden.

Die Wertobergrenze für die Pauschalwertberichtigung sind allerdings die am Tag der Bilanzaufstellung noch offenen, pauschal bewerteten Netto-Forderungen, da hierüber hinaus kein Risiko besteht.

Die Pauschalwertberichtigung errechnet sich wie folgt:

	Brutto-Forderungen		3.570.000,00 €	
-	19 % Umsatzsteuer		570.000,00 €	
=	Netto-Forderungen		3.000.000,00 €	
	2 % Ausfallrisiko	60.000,00 €		
	aber maximal offene Netto-Forderung am Tag der Bilanzaufstellung			**50.000,00 €**
	2 % Skontorisiko	60.000,00 €		
	aber maximal			**24.000,00 €**
	Skonto-Brutto	28.560,00 €		
-	19 % Umsatzsteuer	4.560,00 €		
=	Netto-Skonto	24.000,00 €		
	Zinsrisiko			
	8 % von Bruttoforderung für 10 Tage			**7.933,33 €**
	Inkassorisiko			**700,00 €**
	Wert Pauschalwertberichtigung 31.12.2014			**82.633,33 €**
	Bestand Pauschalwertberichtigung 31.12.2014			**45.000,00 €**
=	**Erhöhung Bestand Pauschalwertberichtigung**			**37.633,33 €**

Der Bilanzansatz (31.12.2014) der Pauschalwertberichtigung beträgt somit 82.633 €.

Lösung zu Aufgabe 17: Definition und Anwendung latenter Steuern

a) Begriff „Latente Steuern"

Latente Steuern entstehen, wenn durch die handels- und steuerliche Bewertung von Vermögen und Schulden sich unterschiedliche Bilanzansätze ergeben, die sich allerdings in zukünftigen Geschäftsjahren wieder ausgleichen.

Eine daraus sich ergebende zukünftige Steuerbelastung ist in der Handelsbilanz als passive latente Steuer zu passivieren, eine sich ergebende zukünftige steuerliche Entlastung kann in der Handelsbilanz als aktive latente Steuer aktiviert werden.

Latente Steuern sind notwendig, da in der Handelsbilanz der ausschüttbare Gewinn ermittelt wird, die Position „Steuern vom Einkommen und Ertrag" bezieht sich allerdings nicht auf den Gewinn, der nach Handelsrecht ermittelt wurde, sondern auf den steuerlichen Gewinn, der aufgrund der ungleichen Bewertung zwischen Handels- und Steuerbilanz sich unterscheiden kann.

Latente Steuern dienen also dazu die zukünftige Steuerbelastung bzw. Entlastung im handelsrechtlichen Abschluss darzustellen.

b) Anwendungsfälle für latente Steuern

- **Aktivierung eines selbst geschaffenen immateriellen Vermögensgegenstands in der Handelsbilanz**
  Der Steuerpflichtige kann gem. § 248 Abs. 2 Satz 1 HGB in der Handelsbilanz einen selbst erstellten immateriellen Vermögensgegenstand aktivieren (Aktivierungswahlrecht). In der Steuerbilanz besteht hierfür ein Aktivierungsverbot gem. § 5 Abs. 2, Abs. 6 EStG. Sodass in der Handelsbilanz ein abnutzbarer Vermögensgegenstand entsteht, der über die Nutzung abgeschrieben wird. In der Steuerbilanz sind die Aufwendungen für die Erstellung des immateriellen Wirtschaftsgutes gleich Betriebsausgaben gem. § 4 Abs. 6 EStG. Dadurch, dass der Vermögensgegenstand abgeschrieben wird, sind nach der Nutzungsdauer Handels- und Steuerbilanz wieder identisch.

  Da der handelsrechtliche Vermögensausweis größer ist als der steuerliche Ausweis, entstehen zukünftige Steuerbelastungen, für die gem. § 274 Abs. 1 HGB passive latente Steuern anzusetzen sind.

- **Inanspruchnahme eines steuerlichen Wahlrechts**
  Wenn der Steuerpflichtige Vermögensgegenstände/Wirtschaftsgüter (z. B. ein Gebäude) über Buchwert verkauft, werden stille Reserven aufgedeckt. Diese führen zu einem Ertrag in der Handels- und Steuerbilanz. In der Handelsbilanz besteht keine Möglichkeit diesen Ertrag zu neutralisieren. In der Steuerbilanz besteht, wenn die Voraussetzungen erfüllt sind, die Möglichkeit die stille Reserve auf ein anderes Wirtschaftsgut zu übertragen bzw. eine steuerfreie Rücklage gem. § 6b EStG zu bilden und somit den Ertrag zu neutralisieren.

  Wenn ein neuer Vermögensgegenstand z. B ein Gebäude dann neu angeschafft wird, muss dieses in der Handelsbilanz mit den Anschaffungs- bzw. den Herstellungskosten aktiviert werden. In der Steuerbilanz wird die übertragene stille Reserve von den Anschaffungs- bzw. Herstellungskosten subtrahiert. Dadurch mindert sich die Bemessungsgrundlage für die Abschreibung. Es erfolgte also eine unterschiedliche Bewertung zwischen Handels- und Steuerbilanz, die sich nach Ablauf der Nutzungsdauer allerdings wieder ausgleicht. Es entstehen durch diesen Sachverhalt passive latente Steuern, die in der Handelsbilanz gem. § 274 Abs. 1 HGB angesetzt werden müssen.

- **Unterschiedliche Bewertung von Vorräten**
  Im Umlaufvermögen herrscht im Handelsrecht das strenge Niederstwertprinzip (§ 254 Abs. 3 HGB). Im Steuerrecht darf eine Abschreibung auf den niedrigeren Teilwert gem. § 6 Abs. 1 Nr. 2 Satz 2 EStG nur vorgenommen werden, wenn es sich um eine voraussichtlich dauernde Wertminderung handelt.

  Wenn ein Vorrat zum Bilanzstichtag einen niedrigeren Tageswert hat und sich im kommenden Geschäftsjahr wieder erholt, muss handelsrechtlich zwingend der niedrigere Wert angesetzt werden, steuerrechtlich darf keine Abwertung erfolgen. Dadurch kommt es zu einer unterschiedlichen Bewertung, die sich allerdings in den folgenden Jahren (durch den Verbrauch) wieder ausgleicht. In diesem Fall kann eine aktive latente Steuer gem. § 274 Abs. 1 HGB angesetzt werden.

Lösung zu Aufgabe 18: Darstellung des Eigenkapitals einer Kapitalgesellschaft

a) Begriffsdefinitionen

Gezeichnetes Kapital
Das gezeichnete Kapital zeigt das Haftungskapital der Gesellschaft gegenüber den Gläubigern an. Es wird bei einer Gesellschaft mit beschränkter Haftung (GmbH) und einer Unternehmergesellschaft (UG) auch als Stammkapital bezeichnet, bei einer Aktiengesellschaft (AG) als Grundkapital. Bei der GmbH beträgt es mindestens 25.000 € bei einer Unternehmergesellschaft (Mini-GmbH) 1 € und bei einer AG 50.000 €.

Kapitalrücklage
Die Kapitalrücklage beinhaltet Zuzahlungen, die der Gesellschafter in das Eigenkapital leistet, ohne dass es sich um gezeichnetes Kapital handelt. Das HGB regelt die Kapitalrücklage in § 272 Abs. 2 HGB. Von großer Bedeutung hierbei ist die Ausgabe von Aktien über den Nennwert. Werden z. B. Aktien zum Nennwert von 10 € für 12 € an die Aktionäre ausgegeben, gehen 10 € (der Nennwert) in das gezeichnete Kapital ein und 2 € (die Zuzahlung) in die Kapitalrücklage.

Bilanzgewinn
Der Bilanzgewinn ergibt sich, wenn vom Jahresüberschuss auf gesetzlicher, satzungsmäßiger oder freiwilliger Vorgaben schon Teile des Jahresüberschuss verwendet, d. h. in Rücklagen eingestellt wurden. Die Differenz aus Jahresüberschuss und Zuführung zu den Rücklagen ergibt den Bilanzgewinn.

b) Erwerb eigener Anteile

Bei Erwerb eigener Anteile kauft ein Unternehmen letztlich seine eigene Haftungsbasis (Aktien). Dies ist nur in „engen Grenzen“ gestattet. Dieser Vorgang muss für Außenstehende im Eigenkapital ersichtlich sein. Der Erwerb eigener Anteile wird in § 272 Abs. 1a HGB geregelt.

Der Nennwert der erworbenen Aktien ist in der Vorspalte des gezeichnetes Kapitals offen abzusetzen. Der Differenzbetrag zwischen dem Nennwert und den Anschaffungskosten ist mit den frei verfügbaren Rücklagen zu verrechnen. Etwaige Anschaffungsnebenkosten sind als Aufwand zu erfassen.

Für den vorliegenden Fall bedeutet dies:

- Vom gezeichneten Kapital sind 180.000 € (18.000 Aktien • 10 € Nennwert) offen abzusetzen.
- Die Differenz zwischen Nennwert und Anschaffungskosten i. H. v. 126.000 € (18.000 Aktien7 €) ist mit der Gewinnrücklage zu verrechnen.
- Die Anschaffungsnebenkosten i. H. v. 9.000 € (0,50 € je Aktie • 18.000 Stück) werden als Aufwand in der Gewinn- und Verlustrechnung erfasst.

Es ergibt sich somit folgende neue Struktur des Eigenkapitals:

A.	**Eigenkapital**		
I.	gezeichnetes Kapital		14.000.000,00 €
	- eigene Anteile	- 180.000,00 €	
II.	Kapitalrücklage		1.000.000,00 €
III.	Gewinnrücklagen		
	1. gesetzliche Rücklage		200.000,00 €
	2. andere Gewinnrücklagen		400.000,00 €
IV.	Bilanzgewinn (davon Gewinnvortrag: 20.000 €)		2.000.000,00 €
			17.600.000,00 €

c) Gesetzliche Rücklage einer Aktiengesellschaft

Die gesetzliche Rücklage einer Aktiengesellschaft dient dazu gegenüber den Gläubigern der AG eine höhere Haftungsbasis zu schaffen. Die Aktiengesellschaft soll nicht jeweils den gesamten Gewinn an die Aktionäre ausschütten, sondern bis zu einer gewissen Höhe des gezeichneten Kapitals diesen im Unternehmen „behalten". Dieser Anteil wird in der gesetzlichen Rücklage ausgewiesen. Die gesetzliche Regelung ergibt sich aus dem § 150 AktG. Gemäß § 150 Abs. 2 AktG sind 5 % des Jahresüberschuss, gemindert um den Verlustvortrag des Vorjahres, in die gesetzliche Rücklage einzustellen, bis die Kaptalrücklage und gesetzliche Rücklage zusammen 10 % des Grundkapitals (gezeichneten Kapitals) oder einen durch die Satzung höheren Anteils erreichen.

Im vorliegenden Fall beträgt das Grundkapital (gezeichnetes Kapital) 14.000.000 €. Die Kapitalrücklage und die gesetzliche Rücklage ergeben zusammen 1.200.000 € (1.000.000 € Kapitalrücklage + 200.000 € gesetzliche Rücklage). Dies entspricht rund 8,6 %.

Es müssen also 5 % des Jahresüberschusses in die gesetzliche Rücklage eingestellt werden bis Kapitalrücklage und gesetzliche Rücklage 1.400.000 € betragen.

5 % vom Jahresüberschuss ergibt 250.000 € (5 % von 5.000.000 €). Diese müssen nicht voll eingestellt werden, da nur noch 200.000 € benötigt werden.

Es müssen also vom Jahresüberschuss 200.000 € in die gesetzliche Rücklage eingestellt werden, damit ist die gesetzliche Vorgabe erfüllt. Zur weiteren Verwendung stehen damit 4.800.000 € aus dem Jahresüberschuss zur Verfügung.

TIPP

Da vom Jahresüberschuss durch die Zuführung zur gesetzlichen Rücklage schon Teile verwendet worden sind, werden die 4.800.000 € als Bilanzgewinn bezeichnet.

Lösung zu Aufgabe 19: Rücklagen und Rückstellungen

a) Abgrenzung Rücklagen/ Rückstellungen

Rücklagen sind Bestandteile des Eigenkapitals eines Unternehmens. Sie entstehen z. B. dadurch, dass Gewinne nicht ausgeschüttet werden, sondern im Unternehmen verbleiben sollen. Diese Gewinne werden dann den Gewinnrücklagen zugeführt. Diese Rücklagen werden grundsätzlich freiwillig gebildet, sind ggf. allerdings auch auf Basis gesetzlicher Bestimmungen zu bilden.

Rücklagen können allerdings auch durch Zuzahlungen der Gesellschafter (Kapitalrücklage) auf das Eigenkapital entstehen, wenn die Zuzahlung nicht ins gezeichnete Kapital geleistet wird.

Rückstellungen sind Fremdkapital, sie sind im Handels- und Steuerrecht zu bilden für ungewisse Verbindlichkeiten und speziell im Handelsrecht zusätzlich für drohende Verluste aus schwebenden Geschäften.

Bei Rückstellungen muss am Bilanzstichtag eine Außenverpflichtung bestehen mit deren Inanspruchnahme ernsthaft zu rechnen ist, die wirtschaftlich vor dem Bilanzstichtag entstanden ist, die in ihrer Höhe und dem Zeitpunkt der Zahlung ungewiss ist.

Bei den Rückstellungen lassen sich unterscheiden:

- Pensionsrückstellungen
- Steuerrückstellungen
- sonstige Rückstellungen.

b) Rücklagen einer großen Kapitalgesellschaft

Bei einer großen Kapitalgesellschaft können u. a. folgende Rücklagen vorhanden sein

- **Kapitalrücklage**
- **Gewinnrücklagen**
  - gesetzliche Gewinnrücklage
  - Satzungsmäßige Gewinnrücklagen
  - andere Gewinnrücklagen.

Die Kapitalrücklage dient der zusätzlichen Haftungsbasis des Unternehmens. Es werden Zuzahlungen der Aktionäre/Gesellschafter in die Kapitalrücklage zugeführt, die keine Zahlungen in das gezeichnete Kapital sind. Gesetzliche Grundlage für die Kapitalrücklage ist der § 272 Abs. 2 HGB.

Gewinnrücklagen werden grundsätzlich aus nicht ausgeschütteten Gewinnen des Unternehmens gebildet.

Bei einer Aktiengesellschaft besteht die Besonderheit, dass gem. § 150 AktG eine gesetzliche Gewinnrücklage bis zu einer bestimmten Höhe gebildet werden muss. Das Unternehmen muss jährlich 5 % des Jahresüberschusses, gemindert um den Verlustvortrag, in die gesetzliche Rücklage zuführen, bis die Kapitalrücklage und gesetzliche Rücklage 10 % des gezeichneten Kapitals (Grundkapitals) erreichen.

In die satzungsmäßige Rücklage werden Gewinne eingestellt, wenn dies in der Satzung der AG bestimmt ist. Ein gesetzlicher Zwang besteht nicht. Die Aktionäre bestimmen vielmehr hierdurch, dass entweder immer ein bestimmter Betrag/Anteil vom Gewinn im Unternehmen verbleibt oder die Rücklage bis zu einer bestimmten Höhe zu bilden ist.

Die anderen Gewinnrücklagen können grundsätzlich frei bestimmt werden. Hier können die nicht ausgeschütteten Gewinne unregelmäßig ohne gesetzlichen oder gesellschaftsrechtlichen Zwang zugeführt werden. Meist wird dies genutzt für zukünftige Investitionen oder um die Eigenkapitalbasis des Unternehmens zu stärken.

c) Ansatzvorschriften für Rückstellungen nach Handels- und Steuerrecht

Im Handelsrecht ergeben sich die Ansatzvorschriften für Rückstellungen aus dem § 249 HGB. Gemäß Abs. 1 Satz 1 sind Rückstellungen zu bilden für ungewisse Verbindlichkeiten und drohende Verlust aus schwebenden Geschäften (Gebot). Außerdem sind (Gebot) Rückstellungen anzusetzen gem. Absatz 2 für Instandhaltungsmaßnahmen, die innerhalb der ersten drei Monate des neuen Geschäftsjahres ausgeführt werden, Abraumbeseitigungen, die im folgenden Geschäftsjahr nachgeholt werden und Gewährleistungen, die ohne rechtliche Verpflichtungen erfüllt werden. Weitere Möglichkeiten von Rückstellungen sieht das Handelsrecht nicht vor.

Müssen in der Handelsbilanz Rückstellungen angesetzt werden, gilt dies gem. § 5 Abs. 1 Satz 1 EStG auch für die Steuerbilanz (Maßgeblichkeitsprinzip). Allerdings ist in der Steuerbilanz zu prüfen, ob steuerliche Vorschriften dem entgegenstehen. Der Ansatz von Rückstellungen wird grundsätzlich in R 5.7 Abs. 1 EStR beschrieben. Die Voraussetzungen für die Bildung von Rückstellungen in der Steuerbilanz werden in R 5.7 Abs. 2, 3 EStR erläutert. In der Steuerbilanz gibt es bestimmte Passivierungsverbote für Rückstellungen u. a. für Rückstellungen für drohende Verluste aus schwebenden Geschäften. Die Einschränkungen und Verbote für Rückstellungen sind hauptsächlich geregelt im § 5 Abs. 2a - 4b EStG.

d) Bewertung von Rückstellungen in der Handels- und Steuerbilanz

Im Handelsrecht werden Rückstellungen gem. § 253 Abs. 1 Satz 2 HGB mit dem nach vernünftiger kaufmännischer Beurteilung notwendigen Erfüllungsbetrag bewertet. Hierbei werden mögliche Kostensteigerungen in den Jahren bis zur Erfüllung berücksichtigt. Werden die Verpflichtungen durch den laufenden Geschäftsbetrieb ursächlich veranlasst, ist die Rückstellung über die Jahre anzusammeln. Es gilt der Grundsatz der Periodenabgrenzung.

Beispiel

Ein Unternehmen baut im Jahr 2014 auf gepachtetem Grundstück eine Lagerhalle und verpflichtet sich bei Ablauf des Pachtvertrages zum 31.12.2025 die Halle abzureißen. Zum 31.12.2014 ist dann ein elftel des Erfüllungsbetrages als Rückstellung anzusetzen.

Haben die Rückstellungen eine Restlaufzeit von mehr als einem Jahr sind Rückstellungen gem. § 253 Abs. 2 HGB mit dem durchschnittlichen Marktzinssatz der vergangenen sieben Jahre abzuzinsen.

Im Steuerrecht werden die Rückstellungen bewertet gem. § 6 Abs. 1 Nr. 3a EStG. Die Rückstellungen sind mit dem Rückzahlungsbetrag anzusetzen, d. h. es gelten die Wertverhältnisse am Bilanzstichtag, mögliche Kostensteigerungen dürfen nicht berücksichtigt werden. Auch im Steuerrecht gilt, wenn die Rückstellungen durch den laufenden Geschäftsbetrieb verursacht werden, müssen diese in Jahresraten angesammelt werden. Ist die Restlaufzeit der Rückstellung größer als ein Jahr ist im Steuerrecht die Rückstellung mit einem festen Zinssatz von 5,5 % (Ausnahme Pensionsrückstellungen 6 %) abzuzinsen.

Bei den Rückstellungen kommt es zwischen Handels- und Steuerbilanz zwangsläufig zu unterschiedlichen Bilanzansätzen, da im Handelsrecht der Erfüllungsbetrag (inkl. Kostensteigerungen), im Steuerrecht der Rückzahlungsbetrag (ohne Kostensteigerungen) angesetzt wird und mit unterschiedlichen Zinssätzen abgezinst wird.

Lösung zu Aufgabe 20: Rückstellungen nach Handels- und Steuerrecht

a) Voraussetzungen für Rückstellungen nach Handels- und Steuerrecht

Im Handelsrecht müssen Rückstellungen gem. § 249 HGB für ungewisse Verbindlichkeiten und drohende Verluste aus schwebenden Geschäften gebildet werden. Grundsätzlich gilt das Maßgeblichkeitsprinzip für die Steuerbilanz gem. § 5 Abs. 1 Satz 1 EStG. Zu beachten sind hierbei die Einschränkungen bzw. Verbote in der Steuerbilanz. Die Voraussetzungen zur Bildung von Rückstellungen, können abgeleitet werden aus R 5.7 Abs. 2 EStR (kann als Voraussetzung für Handels- und Steuerbilanz genutzt werden), diese sind:

- Es muss sich um eine Verbindlichkeit (Außenverpflichtung) gegenüber einem anderen oder eine öffentlich-rechtliche Verpflichtung handeln.
- Die Verpflichtung muss vor dem Bilanzstichtag wirtschaftlich verursacht worden sein.
- Mit einer Inanspruchnahme aus einer nach ihrer Entstehung oder Höhe ungewissen Verbindlichkeit muss ernsthaft zu rechnen sein.
- Die Aufwendungen dürfen in zukünftigen Geschäftsjahren nicht zu Anschaffungs- oder Herstellungskosten eines Vermögensgegenstandes bzw. Wirtschaftsgutes führen.

b) Bewertung Sachverhalt

Für die Gewährleistungsansprüche der Kunden sind Rückstellungen zu bilden gem. § 249 Abs. 1 Satz 1 HGB, da eine rechtliche Verpflichtung am Bilanzstichtag vorliegt, die wirtschaftlich im abgelaufenen Geschäftsjahr entstanden ist.

Für die Kulanzleistungen besteht keine rechtliche Verpflichtung, allerdings besteht gem. § 249 Abs. 1 Satz 2 Nr. 2 HGB ein Passivierungsgebot für Gewährleistungen ohne rechtliche Verpflichtung.

Die handelsrechtlichen Bewertungen sind gem. § 5 Abs. 1 Satz 1 EStG maßgeblich für die Steuerbilanz, es ist allerdings zu prüfen, ob das Steuerrecht etwas anderes aussagt.

Gemäß R 5.7 Abs. 1, 2 sind die Voraussetzungen für die Rückstellung für Gewährleistungen im Steuerrecht erfüllt, für die Kulanzleistungen werden in der Steuerbilanz Rückstellungen angesetzt gem. R 5.7 Abs. 12 EStR.

Der Ausweis der Rückstellung erfolgt gem. § 266 Abs. 3 B „3. Sonstige Rückstellungen" HGB.

Die Bewertung erfolgt im Handelsrecht gem. § 253 Abs. 1 Satz 2 HGB mit dem notwendigen Erfüllungsbetrag und im Steuerrecht gem. § 6 Abs. 1 Nr. 3a Buchstabe f mit dem Wert, der sich nach den Wertverhältnissen am Bilanzstichtag ergibt.

Eine Abzinsung ist nicht vorzunehmen, da die Leistungen komplett im kommenden Jahr abgearbeitet werden und somit die Restlaufzeit unter einem Jahr liegt.

Somit ergibt sich zum 31.12.2014 für Handels- und Steuerbilanz folgender Bilanzansatz:

	Rückstellungen für Gewährleistungsansprüche 4 % von 25.000.000 €	1.000.000,00 €
+	Rückstellungen für Kulanzleistungen 2 % von 25.000.000 €	500.000,00 €
=	**Bilanzansatz Rückstellungen 31.12.2014** **(Handelsbilanz = Steuerbilanz)**	**1.500.000,00 €**

c) Beispiel Drohverlustrückstellung

Ein Unternehmen schließt mit einem Autohaus am 10.11.2014 einen Vertrag über den Kauf eines PKW zum Preis von 35.000 € netto ab. Die Lieferung soll im Februar 2015 erfolgen.

Aufgrund der starken Konkurrenzsituation auf dem Automobilmarkt sinkt der Wiederbeschaffungswert des PKW zum Bilanzstichtag 31.12.2014 nachhaltig auf 30.000 €.

Da der PKW am Bilanzstichtag noch nicht geliefert wurde, kann dieser auch nicht von dem Unternehmer bilanziert werden. (vgl. § 246 Abs. 1 Satz 1 HGB).

Allerdings droht dem Unternehmer aus dem Kaufvertrag ein Verlust i. H. v. 5.000 €, da er den Vermögensgegenstand für 35.000 € kauft allerdings als Gegenleistung nur einen Wert von 30.000 € erhält. Dieser drohende Verlust muss in der Handelsbilanz gem. § 249 Abs. 1 Satz 1 HGB angesetzt werden (Passivierungsgebot). In der Steuerbilanz besteht gem. § 5 Abs. 4a i. V. m. Abs. 6 EStG ein Passivierungsverbot.

Lösung zu Aufgabe 21: Bewertung von Rückstellungen

Sachverhalt 1

Der in 2015 neu anzuschaffende Fettabscheider stellt einen Vermögensgegenstand dar, der in 2015 gem. § 246 Abs. 1 Satz 1 aktiviert werden muss. In der Handelsbilanz können für zukünftige Anschaffungsvorgänge keine Rückstellungen gem. § 249 Abs. 1 Satz 1 HGB gebildet werden, dies gilt gem. § 5 Abs. 1 Satz 1 EStG auch für die Steuerbilanz. Das Steuerrecht konkretisiert dies auch in § 5 Abs. 4b EStG.

Sachverhalt 2

Bei dem Mietverhältnis handelt es sich um ein Dauerschuldverhältnis, welches nicht vorzeitig beendet werden kann. Die Mietzahlungen ab 2015 stellen ein schwebendes Geschäft dar, da die Miete laut Vertrag vereinbart wurde und somit monatlich bis Ende 2016 gezahlt werden muss. Aus diesem schwebenden Geschäft ergeben sich Verluste, da zukünftig eine Miete gezahlt wird, obwohl feststeht, dass die Räumlichkeiten durch die Hansen AG nicht genutzt werden.

Für dieses schwebende Geschäft ist in der Handelsbilanz gem. § 249 Abs. 1 Satz 1 HGB eine Rückstellung für drohende Verluste aus schwebenden Geschäften zu bilden. Hierbei sind die Untervermietungen jeweils für die Lager- und Büroräume zu berücksichtigen. Diese Erträge mindern den drohenden Verlust.

Für drohende Verluste aus schwebenden Geschäften darf in der Steuerbilanz keine Rückstellung gebildet werden (Passivierungsverbot) gem. § 5 Abs. 6 i. V. m. Abs. 4a EStG.

Somit ergibt sich zum 31.12.2014 folgender Bilanzansatz in der Handelsbilanz:

	Zu zahlende Miete Januar 2015 - Dezember 2016 (24 Monate • 5.000 €)	120.000,00 €
-	Untervermietung Lagerräume März 2015 - Dezember 2016 (22 Monate • 1.700 €)	37.400,00 €
-	Untervermietung Büroräume August 2015 - Dezember 2016 (17 Monate • 1.400 €)	23.800,00 €
	Bilanzansatz 31.12.2014 (Handelsbilanz)	**58.800,00 €**

Sachverhalt 3
Für die Jubiläumsaufwendungen im Jahr 2016 ist zum 31.12.2014 zu prüfen, ob eine Rückstellung für ungewisse Verbindlichkeiten gem. § 249 Abs. 1 Satz 1 HGB zu bilden ist. Eine solche Rückstellung setzt allerdings eine Außenverpflichtung gegenüber einem Dritten voraus. An dieser Außenverpflichtung mangelt es, da die Hansen AG niemanden rechtlich zur Erstellung einer Chronik bzw. einer Festveranstaltung verpflichtet ist. Reine Imagezwecke reichen hier nicht aus.

Somit besteht nach Handelsrecht ein Passivierungsverbot da gem. § 249 Abs. 2 Satz 1 HGB für andere als in Absatz 1 genannten Gründe, keine Rückstellungen gebildet werden dürfen. Dies gilt gem. § 5 Abs. 1 Satz 1 EStG (Maßgeblichkeitsprinzip) auch für die Steuerbilanz.

Lösung zu Aufgabe 22: Rückstellungen für drohende Verluste, Bewertung der Vorräte

a) Bewertung des Sachverhalts Einkauf und Verkauf erfolgen im Jahr 2015

Die SpieSa AG hat im Jahr 2014 einen Verkaufsvertrag mit der Spiele-GmbH geschlossen und einen Einkaufsvertrag mit der KidAustria-AG. Beide Verträge sollen erst im kommenden Jahr (2015) erfüllt werden. Es handelt sich in beiden Fällen um ein schwebendes Geschäft. Der Einkaufsvertrag hat allerdings negative Auswirkungen auf das Verkaufsgeschäft, da durch die erhöhten Einkaufspreise, für das Verkaufsgeschäft ein Verlust droht.

Sowohl für die entstehende Forderung gegenüber der Spiele-GmbH, als auch die Waren die von der KidAustria-AG erworben werden, dürfen Aktivposten gem. § 246 Abs. 1 Satz 1 HGB zum 31.12.2014 nicht gebildet werden, da beide Verträge zum 31.12.2014 nicht erfüllt sind.

Allerdings ist für den drohenden Verlust aus dem Verkaufsgeschäft, eine Rückstellung für drohende Verluste aus schwebenden Geschäften gem. § 249 Abs. 1 Satz 1 HGB zu bilden. In der Steuerbilanz besteht hierfür ein Passivierungsverbot gem. § 5 Abs. 4a i. V. m. Abs. 6 EStG.

Der drohende Verlust aus schwebenden Geschäften in der Handelsbilanz ermittelt sich wie folgt:

	Verkaufspreis an die Spiele-GmbH	40.000,00 €
-	Einkaufspreis von der KidAustria-AG	47.000,00 €
=	**drohender Verlust**	**7.000,00 €**
=	Bilanzansatz 31.12.2014 (Handelsbilanz)	

b) Bewertung Sachverhalt, wenn KidAustria-AG im Jahr 2014 liefert

Wenn die KidAustria-AG noch im abgelaufenen Geschäftsjahr 2014 liefert, ist die Ware gem. § 246 Abs. 1 Satz 1 HGB in der Bilanz zu aktivieren. Beim Verkaufsgeschäft mit der

Spiele-GmbH handelt es sich um ein schwebendes Geschäft, da der Vertrag in 2014 geschlossen wurde, allerdings erst im Jahr 2015 erfüllt wird.

Die Waren werden im Rahmen der Zugangsbewertung gem. § 253 Abs. 1 Satz 1 HGB; § 6 Abs. 1 Nr. 2 Satz 1 EStG mit den Anschaffungskosten gem. § 255 Abs. 1 HGB; H 6.2 EStH bewertet. Eine Vorsteuer gehört gem. § 9b EStG nicht zu den Anschaffungskosten.

Die Anschaffungskosten betragen 47.000 €.

Im Rahmen der Folgebewertung ist in der Handelsbilanz gem. § 253 Abs. 4 HGB auf den niedrigeren beizulegenden Wert abzuschreiben (strenges Niederstwertprinzip). Steuerrechtlich kann der niedrigere Teilwert bei einer voraussichtlichen dauernden Wertminderung gem. § 6 Abs. 1 Nr. 2 Satz 2 EStG angesetzt werden.

Um dies zu entscheiden, müssen also der beizulegende Wert und der Teilwert ermittelt werden.

Der beizulegende Wert ermittelt sich, indem vom Verkaufspreis die Gesamtkosten, die nach dem Bilanzstichtag anfallen, subtrahiert werden:

	Verkaufspreis an die Spiele-GmbH	40.000,00 €
-	Verwaltungs- und Vertriebskosten 2015	700,00 €
=	**beizulegender Wert**	**39.300,00 €**

Der Teilwert ermittelt sich gem. R 6.8 Abs. 2 Satz 3 EStR, indem vom Verkaufspreis die Kosten, die nach dem Bilanzstichtag anfallen und der durchschnittliche Unternehmergewinn subtrahiert werden:

	Verkaufspreis an die Spiele-GmbH	40.000,00 €
-	Verwaltungs- und Vertriebskosten 2015	700,00 €
-	durchschnittlicher Unternehmergewinn (5 % von 40.000 €)	2.000,00 €
=	**Teilwert**	**37.300,00 €**

In der Handelsbilanz ist zwingend der niedrigere Wert aus Anschaffungskosten und beizulegenden Wert gem. § 253 Abs. 4 HGB (Strenges Niederstwertprinzip) anzusetzen. Das bedeutet die Waren werden in der Handelsbilanz zum 31.12.2014 mit einem Wert von 39.300 € angesetzt.

In der Steuerbilanz kann gem. § 6 Abs. 1 Nr. 2 Satz 2 EStG bei einer voraussichtlich dauernden Wertminderung der niedrigere Teilwert angesetzt werden. Da der Verkaufspreis fest ist und die Waren zu einem festen Preis geliefert wurden, kann von einer voraussichtlich dauernden Wertminderung ausgegangen werden, sodass das Wahlrecht zur Abwertung besteht.

Das Wahlrecht zur Teilwertabschreibung wird auch ausgeübt, da eine betriebliche Zielstellung grundsätzlich ein niedriger steuerlicher Gewinn ist. Der Bilanzansatz in der Steuerbilanz zum 31.12.2014 beträgt somit 37.300 €.

Eine Rückstellung für drohende Verluste aus schwebenden Geschäften scheidet aus, da vorrangig die Abwertung der für das Verkaufsgeschäft aktivierten Ware zu erfolgen hat und der Verlust bei der Bewertung berücksichtigt wurde.

Lösung zu Aufgabe 23: Darstellung eines endfälligen und kurzfristigen Darlehens in der Bilanz

a) Bilanzansatz für das endfällige Darlehen

Bilanzposition „Verbindlichkeiten gegenüber Kreditinstituten" § 266 Abs. 3 C „2. ..." HGB
Die Mayer AG hat in der Handelsbilanz gem. § 246 Abs. 1 Satz 1 HGB die Schulden (Darlehen) anzusetzen, dies gilt über § 5 Abs. 1 Satz 1 EStG auch für die Steuerbilanz.

Das Darlehen ist mit dem Erfüllungsbetrag gem. § 253 Abs. 1 Satz 2 HGB in der Handelsbilanz und mit dem Rückzahlungsbetrag in der Steuerbilanz gem. § 6 Abs. 1 Nr. 3 i. V m. Abs. 2 EStG anzusetzen. Der Erfüllungsbetrag und Rückzahlungsbetrag ist identisch i. H. v. 1.000.000 €. Da keine Tilgung im Jahr 2014 vorgenommen wird, ist dies auch der Bilanzansatz zum 31.12.2014:

Bilanzansatz 31.12.2014 (Handels- und Steuerbilanz) 1.000.000 €

Bilanzposition „Aktiver Rechnungsabgrenzungsposten" gem. § 266 Abs. 2 C HGB
Für das Disagio (50.000 € = 5 % von 1.000.000 €) besteht im Handelsrecht ein Aktivierungswahlrecht gem. § 250 Abs. 3 HGB. Das Unternehmen kann das Disagio aktivieren und über die Laufzeit auflösen oder sofort als Aufwand buchen.

In der Steuerbilanz besteht gem. § 5 Abs. 5 EStG ein Aktivierungsgebot für das Disagio.

Da das Unternehmen eine Einheitsbilanz anstrebt wird das Disagio sowohl in der Handelsbilanz, als auch in der Steuerbilanz aktiviert. Die Auflösung des Disagio erfolgt linear über die Laufzeit (H 5.6 EStH). Im ersten Jahr zeitanteilig von Oktober bis Dezember drei Monate.

	Zugang Disagio 01.10.2014	50.000,00 €
-	Anteil Oktober - Dezember 2014 (= 3 von 120 Monaten • 50.000 €)	1.250,00 €
=	**Bilanzansatz 31.12.2014** **(Handelsbilanz = Steuerbilanz)**	**48.750,00 €**

Bilanzposition „Sonstige Verbindlichkeiten" gem. § 266 Abs. 3 C "8. ...",HGB
Dadurch das die erste Zinszahlung erst am 31.03.2015 erfolgt, müssen für die Zinsen des abgelaufenen Geschäftsjahres gem. dem Grundsatz der Periodenabgrenzung

(§ 252 Abs. 1 Nr. 5; R 5.6 Abs. 3 Satz 2 EStR) als Verbindlichkeit in der Bilanz ausgewiesen werden. Dies erfolgt unter der Position „ Sonstige Verbindlichkeiten" (§ 266 Abs. 3 C „8. ..." HGB).

Es ergeben sich Zinsen i. H. v. 8.750 € (1.000.000 € • 3,5 % • $^{3}/_{12}$).

Bilanzansatz 31.12.2014 (Handels- und Steuerbilanz) 8.750 €

b) Bilanzansatz kurzfristiger Kredit in der Handelsbilanz

Verbindlichkeiten werden in der Handelsbilanz gem. § 253 Abs. 1 Satz 2 HGB mit dem Erfüllungsbetrag in Euro (§ 244 HGB) angesetzt. Am Bilanzstichtag sind Risiken und Verluste die bis zum Bilanzstichtag eingetreten sind gem. § 252 Abs. 2 Nr. 4 HGB (Vorsichtsprinzip) zu berücksichtigen. Es ist für die Verbindlichkeiten das Höchstwertprinzip anzuwenden. Eine Ausnahme bilden die Fremdwährungsverbindlichkeiten mit einer Restlaufzeit unter einem Jahr.

Hier ist zwangsweise gem. § 256a HGB die Verbindlichkeit zum Devisenkassamittelkurs am Bilanzstichtag umzurechnen und anzusetzen, unabhängig, ob sich hierbei ein Währungsgewinn oder -verlust ergibt.

Für den kurzfristigen Kredit gegenüber der Rübli Bank bedeutet dies, dass die 50.000 Schweizer Franken zum Kurswert 31.12.2014 umgerechnet werden:

Bilanzansatz 31.12.2014 (Handelsbilanz): 37.500 €

Im vorliegenden Fall ergibt sich zur Zugangsbewertung (50.000 Schweizer Franken = 40.000 €) ein Ertrag aus Kursänderungen i. H. v. 2.500 €.

Lösung zu Aufgabe 24: Begriffe im Bereich Beteiligung, steuerliche Standortwahl

a) Begriffe

Beteiligung

Beteiligungen sind gem. § 271 Abs. 1 HGB Anteile an anderen Unternehmen, um eine langfristige geschäftliche Bindung zu erreichen. In Zweifelsfällen, ob es sich um Beteiligungen oder Wertpapiere des Anlagevermögens handelt, gelten die gehaltenen Anteile als Beteiligung, wenn mehr als 20 % am Nennkapital gehalten werden. Allerdings können auch Anteile mit geringerem prozentualem Anteil am Nennkapital, Beteiligungen sein, wenn die langfristige geschäftliche Bindung ausgeprägt ist.

Verbundene Unternehmen
Anteile an anderen Unternehmen müssen als „Anteile an verbundenen Unternehmen“ ausgewiesen werden, wenn mehr als 50 % der Anteile am Nennkapital gehalten werden und somit ein Mutter-Tochterverhältnis besteht (§ 271 Abs. 2 HGB).

Assoziierte Unternehmen
Um ein assoziiertes Unternehmen handelt es sich, wenn ein Unternehmen über ein anderes Unternehmen die geschäftliche und finanzielle Situation wesentlich mit beherrscht. Es kann davon ausgegangen werden, dass wenn mehr als 20 % der Anteile an einem anderen Unternehmen gehalten werden, es sich um assoziiertes Unternehmen handelt. Diese Einteilung ist wichtig für den Konzernabschluss, da das assoziierte Unternehmen nicht mit im Konzernabschluss konsolidiert wird, dieses allerdings dargestellt werden muss (§ 311 HGB).

Konzern
Ein Konzern liegt vor, wenn zwischen Unternehmen ein Mutter-Tochterverhältnis besteht. Hält ein Unternehmen mehr als 50 % der Anteile an einem anderen Unternehmen, liegt ein Konzern (Mutter-Tochterverhältnis) vor. Das Mutterunternehmen muss dann einen Konzernabschluss erstellen, indem alle Unternehmen bei denen eine Beteiligung von mehr als 50 % am Nennkapital besteht, mit einbezogen werden müssen.

b) Steuerliche Aspekte für die Standortwahl

Ein wesentlicher Aspekt im Inland ist die Gewerbesteuerbelastung. Hebeberechtigt sind die Kommunen, diese legen in ihrer jährlichen Haushaltssatzung den Hebesatz für die Gewerbesteuer fest. Unternehmen siedeln sich in den Kommunen an, in denen der Hebesatz der Gewerbesteuer gering ist.

Ein weiterer Aspekt könnten die unterschiedlichen Körperschaftsteuersätze in den einzelnen Staaten sein. Eine Aktiengesellschaft könnte z. B. eine 100 %ige Vertriebs-GmbH in einem ausländischen Staat gründen, in dem der Körperschaftsteuersatz niedriger ist als in Deutschland.

Ein weiterer inländischer Aspekt ist die Grundsteuer, diese wird durch die jeweilige Kommune festgesetzt. Wenn ein Unternehmen zum Aufbau eines Standortes Grund und Boden erwirbt, sind die Grundsteuern laufende Kosten, deren Höhe vom jeweiligen Standort abhängt.

Lösung zu Aufgabe 25: Ermittlung/Unterscheidung Handels- und Steuerbilanzgewinn

a)

Vorläufiger Gewinn (Handelsrecht = Steuerrecht) 500.000 €				
Sach-verhalt	Handelsrecht		Steuerrecht	
	Rechtsgrundlage	Gewinn-auswirkung	Rechtsgrundlage	Gewinnaus-wirkung
1.	Aktivierungswahlrecht, welches in Anspruch genommen wird; § 248 Abs. 2 Satz 1 HGB abzüglich anteiliger Abschreibung; § 253 Abs. 3 Satz 1 und 2 HGB $^{5}/_{60}$ v. 60.000 €	+ 60.000,00 € - 5.000,00 €	Aktivierungsverbot § 5 Abs. 2 i. V. m. Abs. 6 EStG	0,00 €
2.	Es sind zeitanteilige Abschreibungen vorzunehmen. § 253 Abs. 3 Satz 1 und 2 HGB $^{3}/_{84}$ v. 21.000 €	- 750,00 €	Es sind zeitanteilige Abschreibungen vorzunehmen. § 7 Abs. 1 Satz 1 und 4 EStG $^{3}/_{84}$ v. 21.000 €	- 750,00 €
3.	Abwertungsgebot (strenges Niederstwertprinzip) § 253 Abs. 4 HGB (200 € - 180 €) • 30 St.	- 600,00 €	Abwertungsverbot, da keine voraussichtlich dauernde Wertminderung § 6 Abs. 1 Nr. 2 Satz 2 EStG	0,00 €
4.	Es ist eine außerplanmäßige Abschreibung der Nettoforderung vorzunehmen, § 253 Abs. 4 HGB, die USt wird durch die Finanzbehörde rückvergütet.	- 15.000,00 €	Es ist eine Teilwertabschreibung der Nettoforderung vorzunehmen, § 6 Abs. 1 Nr. 2 Satz 2 EStG, die USt wird durch die Finanzbehörde rückvergütet.	- 15.000,00 €
5.	Die Gewerbesteuer ist als Steuer vom Einkommen und Ertrag Gewinn mindernd zu erfassen.	- 70.000,00 €	Die Gewerbesteuer stellt im Steuerrecht eine nicht abziehbare Betriebsausgabe dar; § 4 Abs. 5b EStG.	0,00 €
6.	Die Körperschaftsteuer ist als Steuer vom Einkommen und Ertrag Gewinn mindernd zu erfassen.	- 65.000,00 €	Die Körperschaftsteuer stellt im Steuerrecht eine nicht abziehbare Betriebsausgabe dar § 12 Nr. 3 EStG.	0,00 €

Vorläufiger Gewinn (Handelsrecht = Steuerrecht) 500.000 €				
Sach-verhalt	**Handelsrecht**		**Steuerrecht**	
	Rechtsgrundlage	**Gewinn-auswirkung**	**Rechtsgrundlage**	**Gewinnaus-wirkung**
7.	Das Geschenk ist betrieblich veranlasst und wird somit in voller Höhe als Aufwand Gewinn mindernd erfasst, die Vorsteuer kann gem. § 15 Abs. 1a UStG nicht vom Finanzamt zurückgefordert werden, deshalb muss der Aufwand mit dem Bruttobetrag Gewinn mindernd erfasst werden.	- 595,00 €	Gemäß § 4 Abs. 5 Nr. 1 EStG dürfen Geschenke über 35 € netto nicht als Betriebsausgaben angesetzt werden, die Vorsteuer kann gem. § 15 Abs. 1a UStG nicht vom Finanzamt zurückgefordert werden.	0,00 €
Gewinn		**403.055,00 €**		**484.250,00 €**

b) Ermittlung Körperschaftsteuer, Gewerbesteuer

Grundlage für die Berechnung der Körperschaftsteuer ist das zu versteuernde Einkommen. Dies entspricht im vorliegenden Fall dem steuerlichen Gewinn.

Der Solidaritätszuschlag bemisst sich auf die Körperschaftsteuer.

Es ergibt sich folgende Belastung für die Körperschaftsteuer und den Solidaritätszuschlag:

	steuerlicher Gewinn = zu versteuerndes Einkommen	484.250,00 €
	15 % Körperschaftsteuersatz (§ 23 Abs. 1 KStG)	
=	**Körperschaftsteuer**	**72.638,00 €**
•	5,5 % Solidaritätszuschlag (§ 4 SolZG)	
=	**Solidaritätszuschlag**	**3.995,00 €**

Ausgangsbasis für die Berechnung der Gewerbesteuer ist der Gewerbeertrag. Dieser wird dann um Hinzurechnungen und Kürzungen korrigiert. Es ergibt sich der maßgebende Gewerbeertrag der zum Steuermessbetrag weiterberechnet wird und mit dem Hebesatz der Kommune multipliziert wird.

Für die Müller Bau GmbH ergibt sich folgende Gewerbesteuerbelastung:

	Gewerbeertrag = steuerlicher Gewinn (§ 7 GewStG)	484.250,00 €
+	Hinzurechnungen (§ 8 GewStG)	0,00 €
-	Kürzungen (§ 9 GewStG)	0,00 €
=	maßgebender Gewerbeertrag (§ 10 GewStG)	484.250,00 €
	abrunden auf volle 100 € gem. § 11 Abs. 1 Satz 3 GewStG	484.200,00 €
•	Steuermesszahl 3,5 % gem. § 11 Abs. 2 GewStG	
=	Gewerbesteuermessbetrag	16.947,00 €
•	Hebesatz der Kommune 450 %	
=	**Gewerbesteuer**	**76.261,50 €**

Lösung zu Aufgabe 26: Steuerliche Wahlrechte, Rücklage gem. R 6.5 EStR

a) Buchführungspflicht nach Handels- und Steuerrecht

Goldstein ist als Kaufmann im Handelsregister eingetragen. Selbst wenn er keinen eingerichteten Geschäftsbetrieb hat, ist er gem. § 5 HGB durch die Eintragung Kaufmann im Sinne des HGB. Dadurch ist Goldstein auch nach Handelsrecht buchführungspflichtig gem. § 238 Abs. 1 Satz 1 HGB. Steuerlich ist er gem. § 140 AO derivativ buchführungspflichtig, d. h. er ist automatisch nach Steuerrecht buchführungspflichtig, wenn er nach Handelsrecht buchführungspflichtig ist.

b) Beurteilung Sachverhalt

2014

Im Jahr 2014 erfolgt noch keine Anschaffung eines neuen Vermögensgegenstandes/ Wirtschaftsgutes, somit ist keine Aktivierung gem. § 246 Abs. 1 Satz 1 HGB i. V. m. § 5 Abs. 1 Satz 1 EStG in der Handels- bzw. Steuerbilanz vorzunehmen.

Der Zuschuss den Goldstein im Dezember 2014 von der Versicherung erhält ist in der Handels- und Steuerbilanz grundsätzlich als Ertrag Gewinn erhöhend zu erfassen.

In der Handelsbilanz besteht hierfür keine andere Möglichkeit, der Zuschuss muss als Ertrag erfasst und somit ein Gewinn ausgewiesen werden (§ 252 Abs. 1 Nr. 4 HGB).

In der Steuerbilanz besteht ein Wahlrecht. Entweder wird der Zuschuss als Ertrag erfasst und erhöht somit den steuerpflichtigen Gewinn oder er wird erfolgsneutral behandelt.

Erfolgsneutral bedeutet, dass der Zuschuss von den Anschaffungs- oder Herstellungskosten des neuen Wirtschaftsgutes abgezogen wird. Da die unternehmerische Zielsetzung ist, einen niedrigen steuerlichen Gewinn auszuweisen, wird Goldstein die erfolgsneutrale Variante wählen. Problem hierbei ist, dass im Jahr 2014 keine Anschaffung stattfindet, der Zuschuss allerdings gezahlt wird. Hierfür hat der Gesetzgeber die Möglichkeit geschaffen den Zuschuss in eine Rücklage einzustellen und somit ins Jahr 2015 zu „transportieren".

In der Steuerbilanz wird der Zuschuss in eine steuerfreie Rücklage gem. R 6.5 Abs. 4 EStR (Zuschussrücklage) zugeführt, somit erfolgt in der Steuerbilanz 2014 keine Gewinnerhöhung.

2015
Im Jahr 2015 erfolgt die Anschaffung des Vermögensgegenstandes/ Wirtschaftsgutes. Die Alarmanlage ist gem. § 246 Abs. 1 Satz 1 HGB i. V. m. § 5 Abs. 1 Satz 1 EStG zu aktivieren. Die Alarmanlage ist ein abnutzbarer Vermögensgegenstand /Wirtschaftsgut das dem Anlagevermögen gem. § 247 Abs. 2 HGB; R 6.1 Abs. 1 EStR zugewiesen wird.

Die Bewertung erfolgt in der Handelsbilanz gem. § 253 Abs. 1 Satz 1 HGB mit den Anschaffungskosten (§ 255 Abs. 1 HGB) abzüglich Abschreibungen gem. § 253 Abs. 3 Satz 1 und 2 HGB. Im Jahr der Anschaffung allerdings zeitanteilig für 11 Monate, da die Anschaffung im Februar 2015 erfolgt.

In der Steuerbilanz erfolgt die Bewertung gem. § 6 Abs. 1 Nr. 1 Satz 1 EStG mit den Anschaffungskosten (H 6.2 EStH) allerdings abzüglich des Zuschusses. Die steuerfreie Rücklage wird aufgelöst. Die Folgebewertung erfolgt dann gem. § 7 Abs. 1 Satz 1 und 4 EStG, es sind Abschreibungen vorzunehmen allerdings im Jahr 2015 zeitanteilig für 11 Monate, da die Anschaffung im Februar erfolgte.

Die Bemessungsgrundlage für die Abschreibungen in der Steuerbilanz sind die um den Zuschuss geminderten Anschaffungskosten.

Die Vorsteuer gehört gem. § 9b EStG in der Handels- und Steuerbilanz nicht zu den Anschaffungskosten. Es ergibt sich somit in der Handels- und Steuerbilanz folgende Wertentwicklung im Jahr 2015:

	Handelsbilanz			**Steuerbilanz**	
	Anschaffungskosten	50.000,00 €		Anschaffungskosten	50.000,00 €
-	Abschreibung Februar - Dezember ($^{11}/_{120}$ von Anschaffungskosten)	4.583,33 €	-	Zuschuss	10.000,00 €
			=	aktivierte Anschaffungskosten	40.000,00 €
			-	Abscheibung $^{11}/_{120}$ von 40.000 €	3.666,67 €
=	**Bilanzansatz 31.12.2015**	**45.416,67 €**	=	**Bilanzansatz 31.12.2015**	**36.333,33 €**

Durch die unterschiedliche Bewertung in der Handels- und Steuerbilanz, die sich in zukünftigen Geschäftsjahren allerding wieder ausgleichen (nach der Nutzungsdauer ist in Handels- und Steuerbilanz die Alarmanlage abgeschrieben) entstehen latente Steuern.

Lösung zu Aufgabe 27: Steuerliche Wahlrechte, Investitionsabzug, Geringwertige Wirtschaftsgüter

Sachverhalt 1

Das gekaufte Regal und die dazu gehörenden Einlegebögen gehören wirtschaftlich zusammen, da sie erst gemeinsam ein Vermögensgegenstand bzw. Wirtschaftsgut ergeben. Das dies zu unterschiedlichen Zeitpunkten geschieht, ist unerheblich. Somit ist gem. § 246 Abs. 1 Satz 1 HGB der Schrank inkl. Einlegebögen zu aktivieren. Dies gilt gem. § 5 Abs. 1 Satz 1 EStG auch für die Steuerbilanz. Steuerrechtlich gibt es die Besonderheit das gem. § 6 Abs. 2a EStG bei Wirtschaftsgüter mit Anschaffungskosten zwischen 150 € bis 1.000 € ein Sammelposten GWG gebildet werden kann, der dann über fünf Jahre, unabhängig von der tatsächlichen Nutzungsdauer, aufgelöst wird.

Da die tatsächliche Nutzungsdauer acht Jahre ist, nimmt der Steuerpflichtige das Wahlrecht des Sammelposten-GWG in Anspruch, da die Anschaffungskosten auf fünf Jahre verteilt werden und somit eine größere Gewinnminderung eintritt, welche die betriebliche Zielsetzung ist. Dieses Wahlrecht kann auch in der Handelsbilanz durchgeführt werden.

Der komplette Büroschrank wird in der Handels- und Steuerbilanz mit den Anschaffungskosten im Sammelposten GWG aktiviert, der dann über fünf Jahre aufgelöst wird.

Im Jahr der Anschaffung wird nicht berücksichtigt, dass der Kauf erst im November getätigt wurde. Es wird trotzdem im Jahr 2014 der Sammelposten zu $\frac{1}{5}$ aufgelöst.

Gesetzliche Grundlagen: § 253 Abs. 1 Satz 1 HGB; § 255 Abs. 1 HGB; § 6 Abs. 1 Nr. 1 Satz 1 EStG; § 6 Abs. 2a EStG; § 9b EStG

Es ergibt sich im Jahr 2014 und 2015 folgende Wertentwicklung für die Handels- und Steuerbilanz:

	Büroschrank	300,00 €
-	2 % Skonto	6,00 €
+	Einlegeböden	200,00 €
=	**Zugang Sammelposten GWG**	**494,00 €**
-	Auflösung 2014 ($\frac{1}{5}$ von 494 €)	98,80 €
=	**Bilanzansatz 31.12.2014** (Handelsbilanz = Steuerbilanz)	**395,20 €**
-	Auflösung 2015 ($\frac{1}{5}$ von 494 €)	98,80 €
=	**Bilanzansatz 31.12.2015** (Handelsbilanz= Steuerbilanz)	**296,40 €**

Sachverhalt 2

2014

Aus handelsrechtlicher Sicht kann im Jahresabschluss 2014 nichts gemacht werden, da die Investition erst im Jahr 2015 durchgeführt wird und erst dann erfolgsneutral aktiviert wird.

Dies gilt gem. § 5 Abs. 1 Satz 1 EStG grundsätzlich auch für die Steuerbilanz. Allerdings kann Hans Holz gem. § 7g EStG außerhalb der Bilanz einen so genannten Investitionsabzug in Anspruch nehmen, d. h. er kann bis zu 40 % der zukünftigen Anschaffungs- oder Herstellungskosten Gewinn mindernd in der Steuererklärung ansetzen.

Da er die Voraussetzungen erfüllt und die Zielsetzung in einer möglichst niedrigen steuerlichen Belastung liegt, nimmt er das Wahlrecht in Anspruch.

Somit wird außerhalb der Bilanz der Gewinn um 40 % der geplanten Anschaffungskosten gemindert. D.h. i. H. v. 20.000 € (40 % von 50.000 €) fällt der steuerliche Gewinn in 2014 kleiner aus, als der handelsrechtliche Gewinn.

2015

Im März 2015 erfolgt die Anschaffung des neuen Transportes. In der Handelsbilanz ist der neue Transporter zu aktivieren gem. § 246 Abs. 1 Satz 1 HGB. Die Zugangsbewertung erfolgt mit den Anschaffungskosten gem. § 253 Abs. 1 Satz 1 HGB i. V. m. § 255 Abs. 1 HGB. Da der Transporter ein abnutzbarer Vermögensgegenstand ist sind planmäßige Abschreibungen gem. § 253 Abs. 3 Satz 1 und 2 HGB vorzunehmen, im Jahr der Anschaffung allerding zeitanteilig von März bis Dezember (zehn Monate). Es ergibt sich in der Handelsbilanz folgende Wertentwicklung im Jahr 2015:

Handelsbilanz

	Anschaffungskosten	50.000,00 €
-	Abschreibung März - Dezember ($^{10}/_{72}$ von den Anschaffungskosten)	6.944,44 €
=	**Bilanzansatz 31.12.2015**	**43.055,56 €**

In der Steuerbilanz ist gem. § 5 Abs. 1 Satz 1 EStG der Transporter ebenfalls zu aktivieren. Die Zugangsbewertung erfolgt gem. § 6 Abs. 1 Nr. 1 Satz 1 EStG mit den Anschaffungskosten, allerdings müssen diese gemindert werden, um den gebildeten Investitionsabzug. Die Abschreibung erfolgt gem. § 7 Abs. 1 Satz 1 und 4 EStG linear über die Nutzungsdauer, im Jahr der Anschaffung allerdings zeitanteilig von März bis Dezember (zehn Monate).

Neben der linearen Abschreibung kann der Unternehmer auch noch eine Sonderabschreibung gem. § 7g Abs. 5 EStG von maximal 20 % in Anspruch nehmen. Da die Zielsetzung lautet den steuerlichen Gewinn so niedrig wie möglich zu halten, wird das Wahlrecht der Sonderabschreibung in Anspruch genommen.

Es ergibt sich für die Steuerbilanz für das Jahr 2015 folgende Wertentwicklung:

Steuerbilanz

	Anschaffungspreis	50.000,00 €
-	Investitionsabzug	20.000,00 €
=	Anschaffungskosten	30.000,00 €
-	Abschreibung § 7 Abs. 1 Satz 1 EStG ($\frac{10}{72}$ von 30.000 €)	4.166,67 €
-	Sonderabschreibung § 7g Abs. 5 EStG (20 % von 30.000 €)	6.000,00 €
=	**Bilanzansatz 31.12.2015**	**19.833,33 €**

Es ergibt sich durch das steuerliche Wahlrecht ein Unterschied zwischen Handels- und Steuerbilanz. Durch den niedrigeren Wertansatz in der Steuerbilanz konnte der steuerliche Gewinn um ein Größeres gemindert werden, als in der Handelsbilanz.

Lösung zu Aufgabe 28: Einzel- und Konzernabschluss, Bilanzierungsanwendung

a) Buchführungspflicht für den Einzel- und Konzernabschluss

Die BüMö AG ist gem. § 238 Abs. 1 Satz 1 HGB buchführungspflichtig und muss einen Jahresabschluss (Einzelabschluss) aufstellen. Sie gilt gem. § 267 HGB als große Kapitalgesellschaft.

Die Bestandteile des Jahresabschlusses sind:

- Bilanz gem. § 266 HGB
- Gewinn- und Verlustrechnung gem. § 275 HGB
- Anhang gem. § 284 ff. HGB
- Lagebericht gem. § 289 HGB.

Da die BüMö AG an einer anderen Gesellschaft zu mehr als 50 % beteiligt ist, ist die BüMö AG auch verpflichtet einen Konzernabschluss gem. § 290 Abs. 1 HGB i. v. m § 271 Abs. 2 HGB aufzustellen.

Die Bestandteile des Konzernabschlusses sind gem. §§ 290 Abs. 1, 297 Abs. 1 HGB:

- Konzernbilanz
- Konzerngewinn- und -verlustrechnung
- Konzernanhang
- Kapitalflussrechnung
- Eigenkapitalspiegel
- Konzernlagebericht
- Segmentbericht (freiwillig).

b) Entwicklung der Wertansätze durch das aufgenommene Darlehen

Bilanzposition „Verbindlichkeiten gegenüber Kreditinstituten" § 266 Abs. 3 C „2. ..." HGB
Die BüMö AG hat in der Handelsbilanz gem. § 246 Abs. 1 Satz 1 HGB die Schulden (Darlehen) anzusetzen, dies gilt über § 5 Abs. 1 Satz 1 EStG auch für die Steuerbilanz.

Das Darlehen ist mit dem Erfüllungsbetrag gem. § 253 Abs. Satz 2 HGB in der Handelsbilanz und mit dem Rückzahlungsbetrag in der Steuerbilanz gem. § 6 Abs. 1 Nr. 3 i. V m. Abs. 2 EStG anzusetzen. Der Erfüllungsbetrag und Rückzahlungsbetrag ist identisch i. H. v. 5.000.000 €. Da keine Tilgung im Jahr 2014 vorgenommen wird, ist dies auch der Bilanzansatz zum 31.12.2014:

Bilanzansatz 31.12.2014 (Handels- und Steuerbilanz) 5.000.000 €

Bilanzposition „Aktiver Rechnungsabgrenzungsposten" gem. § 266 Abs. 2 C HGB
Für das Disagio (200.000 € = 4 % von 5.000.000 €) besteht im Handelsrecht ein Aktivierungswahlrecht gem. § 250 Abs. 3 HGB. Das Unternehmen kann das Disagio aktivieren und über die Laufzeit auflösen oder sofort als Aufwand buchen.

In der Steuerbilanz besteht gem. § 5 Abs. 5 EStG ein Aktivierungsgebot für das Disagio.

Da das Unternehmen eine Einheitsbilanz anstrebt wird das Disagio sowohl in der Handelsbilanz, als auch in der Steuerbilanz aktiviert. Die Auflösung des Disagio erfolgt linear über die Laufzeit (H 5.6 EStH). Im ersten Jahr zeitanteilig von Oktober bis Dezember drei Monate.

	Zugang Disagio 01.10.2014	200.000,00 €
-	Anteil Oktober - Dezember 2014 (= 3 von 120 Monaten • 50.000 €)	5.000,00 €
=	**Bilanzansatz 31.12.2014** (Handelsbilanz = Steuerbilanz)	**195.000,00 €**

Bilanzposition „Sonstige Verbindlichkeiten" gem. § 266 Abs. 3 C „8. ..." HGB
Da die erste Zinszahlung erst am 31.03.2015 erfolgt, müssen die Zinsen des abgelaufenen Geschäftsjahres gemäß dem Grundsatz der Periodenabgrenzung (§ 252 Abs. 1 Nr. 5; R 5.6 Abs. 3 Satz 2 EStR) als Verbindlichkeit in der Bilanz ausgewiesen werden. Dies erfolgt unter der Position „ Sonstige Verbindlichkeiten" § 266 Abs. 2 C „8. ..."HGB.

Es ergeben sich Zinsen i. H. v. 40.625 € (5.000.000 € • 3,25 % • $^{3}/_{12}$).

Bilanzansatz 31.12.2014 (Handels- und Steuerbilanz) 40.625 €

c) Darstellung der Forderungen gegenüber der BüMö-Vertriebs-GmbH

Darstellung im Einzelabschluss
Die Bümö-Vertriebs-GmbH ist eine 100%ige Tochtergesellschaft der BüMö AG. Es handelt sich hierbei also um ein verbundenes Unternehmen gem. § 271 Abs. 2 HGB. Die

Forderungen sind demzufolge unter der Position „Forderungen gegen verbundene Unternehmen" gem. § 266 Abs. 2 B II „2. ..." HGB zu erfassen.

Darstellung im Konzernabschluss
Da die BüMö AG die Mehrheit der Anteile an der BüMö-Vertriebs-GmbH hält, ist sie gem. § 290 Abs. 1 HGB verpflichtet einen Konzernabschluss zu erstellen. In diesen ist die Tochtergesellschaft mit einzubeziehen.

Der Jahresabschluss der Tochtergesellschaft wird konsolidiert. D. h. Die Vermögensgegenstände und Schulden der Tochter werden mit dem Mutterunternehmen zusammengerechnet. Beim Mutterunternehmen (BüMö AG) handelte es sich um „Forderungen gegen verbundene Unternehmen" bei Tochterunternehmen (BüMö-Vertriebs-GmbH) handelt es sich um „Verbindlichkeiten gegenüber verbundenen Unternehmen". Bei der Konsolidierung werden die Positionen eliminiert. Da der Konzern keine Forderungen nach außen hat, werden die Verbindlichkeiten und Forderungen aufgerechnet, sodass im Konzernabschluss die Forderung nicht auftaucht.

d) Darstellung der Verbindlichkeiten gegenüber der Holz AG

Darstellung im Einzelabschluss
Die 30 % Anteile gegenüber der Holz AG werden zur langfristigen Bindung gehalten. Es handelt sich hierbei eindeutig gem. § 271 Abs. 1 HGB um „Beteiligungen". Demzufolge sind die Verbindlichkeiten gegenüber der Holz AG als „Verbindlichkeiten gegenüber Unternehmen mit denen ein Beteiligungsverhältnis besteht" auszuweisen, § 266 Abs. 3 C. „7. ..." HGB.

Darstellung im Konzernabschluss
Die BüMö AG hält nicht mehr als 50 % der Anteile am Nennkapital der Holz AG, somit ist die Holz AG gem. § 290 Abs. 1 HGB **nicht** in den Konzernabschluss der BüMö AG zu konsolidieren.

Da 30 % der Anteile gehalten werden und eine langfristige Bindung zur Holz AG gehalten wird, gilt die Holz AG aus Sicht der BüMö AG als assoziiertes Unternehmen. Die Beteiligung muss gem. § 311 Abs. 1 HGB als besonderer Posten in der Konzernbilanz dargestellt werden.

Lösung zu Aufgabe 29: Gewinn- und Verlustrechnung nach Umsatz- und Gesamtkostenverfahren

a) Abgrenzung Gesamtkostenverfahren, Umsatzkostenverfahren

Die Gewinn- und Verlustrechnung stellt die Erträge und Aufwendungen gegenüber. Der Aufbau ist in § 275 HGB geregelt. Es gibt zwei mögliche Darstellungen, das Gesamtkostenverfahren und das Umsatzkostenverfahren. Das Ergebnis beider Verfahren ist allerdings identisch.

Beim Gesamtkostenverfahren (§ 275 Abs. 2 HGB) werden die Erlöse sachlich geordnet (Umsatzerlöse, Bestandsmehrung, aktivierte Eigenleistungen usw.) dargestellt, hiervon werden die Aufwendungen dann abgezogen, die Aufwendungen sind ebenfalls nach sachlichen Kriterien strukturiert (Material, Löhne und Gehälter usw.).

Beim Umsatzkostenverfahren (§ 275 Abs. 3 HGB) werden den Umsatzerlösen, die umsatzbezogenen Kosten gegenübergestellt. Bestandsveränderungen, aktivierte Eigenleistungen usw. auf der Ertragsseite werden nicht dargestellt, ebenfalls die dazugehörenden Aufwendungen werden ebenfalls nicht dargestellt.

Der erwirtschaftete Jahresüberschuss bzw. -fehlbetrag muss natürlich identisch sein, es ist eine reine unterschiedliche Darstellungsform.

b) Grund für den Wechsel zum Umsatzkostenverfahren

Unternehmen, die nach internationalen Rechnungslegungsvorschriften z. B. IFRS bilanzieren, wenden meist aufgrund der Segmentberichterstattung das Umsatzkostenverfahren bei der Darstellung der Gewinn- und Verlustrechnung an. Möchte sich ein deutsches Unternehmen nun vergleichen, ist es notwendig, um fundierte Erkenntnisse zur erhalten, die eigene Gewinn- und Verlustrechnung auch nach dem Umsatzkostenverfahren darzustellen.

c) Begriffe aus der Gewinn- und Verlustrechnung

Ergebnis aus der gewöhnlichen Geschäftstätigkeit
Das Ergebnis aus der gewöhnlichen Geschäftstätigkeit, stellt den Gewinn oder Verlust dar, der durch die Aktivitäten des Unternehmens im Rahmen des normalen/ typischen Geschäftsverlaufes erwirtschaftet wird.

Finanzergebnis
Das Finanzergebnis stellt den erwirtschafteten Gewinn oder Verlust aus den finanziellen Anlagen des Unternehmens dar. Im Gesamtkostenverfahren beinhaltet das Finanzergebnis die Positionen 9 - 13, im Umsatzkostenverfahren die Positionen 8 - 12.

Außerordentliches Ergebnis
Das außerordentliche Ergebnis stellt den Gewinn oder Verlust dar, der nicht durch die gewöhnliche typische Geschäftstätigkeit erwirtschaftet wurde, sondern einmalig bzw. untypisch für den Geschäftsverlauf ist.

Bilanzgewinn/-verlust
Der Bilanzgewinn bzw. -verlust ergibt sich dann, wenn der Jahresüberschuss bzw. -fehlbetrag schon teilweise verwendet bzw. zugeordnet wurde. Wird vom Jahresüberschuss z. B. ein Teil in die Gewinnrücklagen zugeführt, so nennt man den verbleibenden noch verwendbaren Jahresüberschuss Bilanzgewinn.

Lösung zu Aufgabe 30: Darstellung von EBIT, Finanzergebnis, EBT sowie außerordentliches Ergebnis in der Gewinn- und Verlustrechnung

Bei der Aufstellung der Gewinn- und Verlustrechnung nach dem Gesamtkostenverfahren werden die Erträge und Aufwendungen jeweils sachlich geordnet. Aus dem § 275 Abs. 2 HGB kann das Schema des Gesamtkostenverfahrens übernommen werden, die Begriffe EBT, EBIT gibt es allerdings in diesem Schema nicht, diese sind einzufügen. Es ergibt sich folgende Erfolgsrechnung:

	Gewinn- und Verlustrechnung Holzgroßhandel oHG 01.01. - 31.12.20..		
Nr.	**Posten**	**in €**	**in €**
1.	Umsatzerlöse		7.900.000,00
2.	sonstige betriebliche Erträge		709.000,00
3.	Aufwendungen für Waren		3.750.000,00
4.	Personalaufwand		
	a) Löhne und Gehälter	1.500.000,00	
	b) soziale Abgaben	320.000,00	1.820.000,00
5.	Abschreibungen auf Sachanlagen		850.000,00
6.	sonstige betriebliche Aufwendungen		1.160.000,00
	EBIT (Betriebsergebnis)		**1.029.000,00**
7.	Zinsen und ähnliche Aufwendungen		15.000,00
	Finanzergebnis		**- 15.000,00**
8.	**EBT (Ergebnis der gewöhnlichen Geschäftstätigkeit)**		**1.014.000,00**
9.	außerordentliche Erträge		500.000,00
10.	außerordentliche Aufwendungen		400.000,00
11.	**außerordentliches Ergebnis**		**100.000,00**
12.	Steuern vom Einkommen und vom Ertrag		85.000,00
13.	sonstige Steuern		250.000,00
14.	**Jahresüberschuss/Jahresfehlbetrag**		**779.000,00**

Posten 2	periodenfremde Erträge	109.000,00 €
	Mieterträge	600.000,00 €
		709.000,00 €
Posten 6	periodenfremde Aufwendungen	30.000,00 €
	Grundstücksaufwendungen	300.000,00 €
	Forderungsverluste	35.000,00 €
	Raumkosten	325.000,00 €
	Versicherungen	400.000,00 €
	Porto	25.000,00 €
	Telefon	45.000,00 €
		1.160.000,00 €

3. Zielorientierter Einsatz der Instrumente der Bilanzanalyse

Lösung zu Aufgabe 1: Grundlagen Kennzahlen, Kennzahlensysteme (I)

a) Bestandteile des Jahresabschlusses einer großen Kapitalgesellschaft

Der Jahresabschluss einer großen Kapitalgesellschaft besteht gem. § 264 Abs. 1 HGB aus:

- der Bilanz gem. § 266 HGB
- der Gewinn- und Verlustrechnung gem. § 275 HGB
- aus dem Anhang gem. § 284 f. HGB und
- aus dem Lagebericht gem. § 289 HGB.

b) Kennzahlen zur Jahresabschlussanalyse

Typische Kennzahlen der Jahresabschlussanalyse können sein:

- **Eigenkapitalquote**
  Die Eigenkapitalquote stellt das Verhältnis zwischen dem Eigenkapital und dem Gesamtkapital dar. Es können z. B. Aussagen getroffen werden über die Abhängigkeit zu Gläubigern. Ist die Eigenkapitalquote gering besteht eine hohe Abhängigkeit zu Gläubigern, bei einer hohen Eigenkapitalquote, kann das Unternehmen unabhängiger agieren. Die Eigenkapitalquote kann aber auch als Indikator für die Liquiditätsbelastung des Unternehmens herangezogen werden. Bei einer niedrigen Quote muss das Unternehmen zu bestimmten Terminen Liquidität vorhalten, um den Zins- und Tilgungsverpflichtungen nachzukommen. Aus Rentabilitätssicht kann allerdings eine niedrige Eigenkapitalquote auch rentabilitätssteigernd sein (Leverage-Effekt).
- **Statischer Verschuldungsgrad**
  Der statische Verschuldungsgrad betrachtet, wie auch die Eigenkapitalquote die Finanzierungsseite des Unternehmens. Es wird das Fremdkapital und das Eigenkapital miteinander ins Verhältnis gesetzt. Mit dem statischen Verschuldungsgrad können die vertikalen Finanzierungsregeln überprüft werden.
- **Deckungsgrad II bzw. Anlagendeckungsgrad B**
  Der Deckungsgrad II, dient der Überprüfung der horizontalen Finanzierungsregel. Es wird das langfristige Kapital ins Verhältnis gesetzt zum langfristigen Vermögen. Es soll durch die Kennzahl überprüft werden, ob das Vermögen, welches dem Unternehmen langfristig dient, auch langfristig finanziert ist(Fristenkongruenz).
- **Liquidität 2. Grades**
  Die Liquidität 2. Grades ist eine statische Liquiditätskennzahl. Es werden die flüssigen Mittel und kurzfristigen Forderungen, ins Verhältnis gesetzt zum kurzfristigen Fremdkapital. Es soll überprüft werden, ob die Mittel, die in einem bestimmten Zeitraum zur Verfügung stehen (Flüssige Mittel + Forderungen) ausreichen, um die im gleichen Zeitraum fälligen Verbindlichkeiten zu decken. Auch hier wird wieder die Fristenkongruenz überprüft.

- **Eigenkapitalrentabilität**
  Durch die Eigenkapitalrentabilität soll die Verzinsung des Eigenkapitals gemessen werden. Es wird der Gewinn ins Verhältnis gesetzt zum Eigenkapital. Die Eigenkapitalgeber messen über die Kennzahl, wie erfolgreich ihr Kapital gearbeitet hat und ob ihre Renditeziele erreicht wurden.

c) Kennzahlensysteme

Kennzahlensysteme kombinieren Einzelkennzahlen, umso bessere Ursachen-Wirkungen-Zusammenhänge durch bzw. für betriebswirtschaftliche Entscheidungen im Unternehmen zu erkennen. Kennzahlensysteme werden meist im Bereich der Liquiditäts- oder Rentabilitätsanalyse und Planung eingesetzt. Zu den bekanntesten Kennzahlensystemen gehören u. a.:

- das DuPont-Kennzahlen-System und
- das ZVEI-Kennzahlensystem.

Lösung zu Aufgabe 2: Grundlagen Kennzahlen, Kennzahlensysteme (II)

a) Unterschied Strukturbilanz, Handelsbilanz

Zur Aufstellung der Handelsbilanz ist der Kaufmann gesetzlich verpflichtet, wenn er gem. § 238 Abs. 1 HGB buchführungspflichtig ist. Die Handelsbilanz soll gem. § 264 Abs. 2 HGB eine tatsächliche Darstellung der Vermögens-, Finanz- und Ertragslage des Unternehmens sicherstellen. Die Aufstellung und Bewertung erfolgt auf Basis gesetzlicher Normen und dient dem Gläubigerschutz. Die Handelsbilanz muss, soweit keine Befreiungsvorschriften greifen, im elektronischen Bundesanzeiger veröffentlicht werden.

Die Strukturbilanz ist eine interne Bilanz, die für die Jahresabschlussanalyse aufgestellt wird, sie unterliegt keinen gesetzlichen Normen. In der Strukturbilanz werden Umrechnungen und Umstrukturierungen vorgenommen, da im Rahmen der internen Bilanzanalyse das Unternehmen aus tatsächlicher betriebswirtschaftlicher Sicht analysiert werden soll. Die Strukturbilanz basiert auf dem handelsrechtlichen Jahresabschluss und berücksichtigt noch weitere Informationen, wie z. B. stille Reserven usw. Zur externen Analyse kann zwar auch eine Strukturbilanz aufgestellt werden, in dieser werden allerdings meist nur Umstrukturierungen vorgenommen.

b) Abgrenzung Bilanzpolitik, Jahresabschlussanalyse

Die Bilanzpolitik beinhaltet die Gestaltung des Jahresabschluss im Sinne der Zielsetzungen des Unternehmens. Der Jahresabschluss ist die Darstellung der wirtschaftlichen Verhältnisse des Unternehmens. Die Bilanzpolitik versucht dieses Abbild mit zeitlichen, materiellen und formalen Mitteln zu gestalten, um so z. B. Ausschüttungsziele oder Bonitätsziele besser erreichen zu können. Bilanzpolitik wird möglich, weil der Gesetzgeber z. B. bestimmte Wahlrechte, Ermessensspielräume, Befreiungsmöglichkeiten in den gesetzlichen Normen vorsieht.

Die Jahresabschlussanalyse basiert auf einem fertigen Jahresabschluss. Die Analyse soll dem Bilanzleser dazu dienen Informationen, Entscheidungsgrundlagen von dem Unternehmen zu erhalten. Die Jahresabschlussanalyse wird grundsätzlich mit Kennzahlen oder Kennzahlensystemen durchgeführt. Maßnahmen der Bilanzpolitik sollen so weit wie möglich eliminiert werden, da man ein reales Bild des Unternehmens analysieren möchte.

c) Kennzahlen, Kennzahlensysteme

Kennzahlen verdichten bestimmte Sachverhalte bzw. Zusammenhänge um z. B. einem Entscheidungsträger mit Informationen zu versorgen.

Kennzahlensysteme kombinieren zusammengehörende Einzelkennzahlen um Sachverhalte noch umfassender zu untersuchen und um Ursachen-Wirkungs-Zusammenhänge darzustellen.

d) Arten von Kennzahlen

Gliederungskennzahl

Eine Gliederungskennzahl stellt eine Teilmenge ins Verhältnis zur Gesamtmenge. Klassische Gliederungskennzahlen sind z. B.

- Eigenkapitalquote
- Anlagenintensität
- Forderungsquote.

Beziehungskennzahlen

Beziehungskennzahlen setzen zwei Wertgrößen in Beziehung, um Relationen bzw. Zusammenhänge darzustellen, wichtige Beziehungskennzahlen sind z. B.

- die Rentabilitätskennzahlen, z. B. die Eigenkapitalrentabilität, die die Verzinsung des Eigenkapitals darstellt oder
- die Deckungsgrade (horizontale Finanzierungsregeln), z. B. der Deckungsgrad II, der die Fristenkongruenz zwischen dem langfristigen Vermögen und dem langfristigen Kapital überprüft.

Indexkennzahlen

Indexkennzahlen dienen dazu die Wertentwicklung von Kennzahlen zu einer bestimmten Basisgröße bzw. zu einem bestimmten Basisjahr darzustellen. Dies könnte z. B. der Preisindex zur Berechnung der Wiederbeschaffungswerte sein oder die Umsatzentwicklung bezogen auf ein Basisjahr.

e) DuPont-Kennzahlensystem

Das DuPont-Kennzahlensystem mit der Spitzenkennzahl Return on Investment möchte die Verzinsung des investierten Kapitals messen. Darüber hinaus soll auch dargestellt werden, wie sich einzelne betriebswirtschaftliche monetäre Entscheidungen, z. B. Erhöhung der Verkaufspreise, Kostensenkung, Investitionen auf die Spitzenkennzahl auswirken.

Um diese Ursachen-Wirkungs-Zusammenhänge darzustellen, wurde die Spitzenkennzahl aufgesplittet in Einzelkennzahlen, dem so genannten Kennzahlenbaum. Durch die einzelnen betrieblichen Entscheidungen verändern sich die Einzelkennzahlen und somit die Spitzenkennzahl. Hierdurch kann im Unternehmen sofort erkannt werden, wie die einzelne Entscheidung den Return on Investment beeinflusst.

Ein klassischer Nachteil des DuPont-Kennzahlensystem ist, dass es nur monetäre Größen einbezieht und nur eine Einperiodenbetrachtung zulässt.

Lösung zu Aufgabe 3: Jahresabschlussadressaten

a) Shareholder, Stakeholder

Shareholder bezeichnen die Eigenkapitalgeber des Unternehmens. Es handelt sich um die Gesellschafter bzw. Aktionäre bei Kapitalgesellschaften bzw. um die Eigentümer bzw. Gesellschafter bei Personenunternehmen.

Stakeholder bezeichnen die verschiedenen Anspruchs- bzw. Interessengruppen, die Ansprüche bzw. Zielsetzungen mit dem Unternehmen verbinden. Dies sind zum einen die Eigentümer des Unternehmens, allerdings auch weitere interne und externe Personen bzw. Gruppen.

Die Unterscheidung nach Shareholdern bzw. Stakeholdern ist wichtig, da durch die einzelnen Interessen- bzw. Anspruchsgruppen verschiedene betriebliche Ziele verfolgt werden, die in einem Zielsystem gebündelt werden müssen.

b) Stakeholder der mitteldeutschen Büromöbelwerke AG

Stakeholder sind u. a.:

- die Aktionäre
- der Vorstand
- die Mitarbeiter
- die Kunden
- die Lieferanten
- der Staat
- usw.

c) Zielsetzungen der Stakeholder

Die **Aktionäre** verfolgen klar das Ziel der nachhaltigen Gewinnmaximierung. Sie haben Kapital in Form von Aktien investiert und möchten eine ihrer Zielsetzung entsprechende Dividende.

Der **Vorstand** ist ebenfalls an einem erfolgreichen Geschäftsverlauf interessiert. Zum einen ist der betriebliche Erfolg der Beweis ihrer richtigen betriebswirtschaftlichen Entscheidungen, andererseits erhält der Vorstand meist eine erfolgsabhängige Vergütung.

Die **Mitarbeiter** haben als klassische Zielsetzung eine gerechte Entlohnung und gute Arbeitsbedingungen. Die Mitarbeiter verbringen einen großen Teil ihrer Lebenszeit im Unternehmen, dafür möchten sie eine adäquate Entlohnung. Genauso wichtig ist es allerdings für die Mitarbeiter, dass sie in einem Umfeld arbeiten, in dem sie sich „wohlfühlen" und effektiv arbeiten können.

Die **Kunden** des Unternehmens möchten gute Qualität der Erzeugnisse bzw. Leistungen zu einem adäquaten Preis. Außerdem möchten Kunden, dass das Unternehmen innovativ ist und die Kunden hierdurch am technischen Fortschritt beteiligt sind.

Lieferanten verfolgen mit dem Unternehmen eine langfristige erfolgreiche Zusammenarbeit. Die Lieferanten möchten ein möglichst großes Absatzvolumen, zu guten Konditionen und pünktliche Zahlung durch die mitteldeutsche Büromöbelwerke AG.

Der **Staat** ist daran interessiert, dass das Unternehmen erfolgreich am Markt agiert und somit Arbeitsplätze schafft. Außerdem ist der Staat auf der Einnahmenseite an einem hohen Steueraufkommen in den einzelnen Steuerarten interessiert.

Lösung zu Aufgabe 4: Due Diligence

a) Wesen und Aufgabe von Due Diligence

Bei Due Diligence handelt es sich um Prüfungen, Analysen und Bewertung von Investitionsobjekten, die vor dem Kauf durch den Käufer oder deren Beauftragten durchgeführt werden. Der Käufer soll so weit wie möglich über die Risiken, die mit der Investition entstehen können informiert werden. Due Diligence wird hauptsächlich eingesetzt im Bereich von Unternehmenskäufen. Hierbei werden Wirtschaftsprüfer, Anwälte und andere Experten eingesetzt, um für den Käufer das Kaufobjekt zu analysieren und speziell die Risiken, Stärken und Schwächen herauszufinden und darzustellen.

Um ein Due Diligence effektiv durchführen zu können, ist es natürlich notwendig, dass Käufer und Verkäufer einig sind eine solche Analyse durchzuführen, da nur so alle Informationen transparent werden.

Der Ursprung von Due Diligence liegt im Bereich des Kapitalmarktes, wo zukünftige Anteilseigner/Aktionäre durch solche Unternehmensanalysen Transparenz über das Unternehmen erhalten sollten, um die Anleger zu schützen.

b) Bereiche, in denen Due Diligence durchgeführt werden kann

Due Diligence kann das gesamte Unternehmen betreffen, allerdings kann sich das Due Diligence auch auf bestimmte Funktionen beschränken, diese sind z. B.:

- **Tax Due Diligence**
  Hier ist das Ziel die steuerliche Perspektive bzw. die steuerlichen Einflussfaktoren zu analysieren.
- **Stratetic Due Diligence**
  Hierbei wird die strategische Entwicklung, Wachstum, Innovation analysiert.

- **Financial Due Diligence**
  Hierbei wird die derzeitige Situation und die zukünftige Entwicklung Vermögens-, Finanz- und Ertragslage analysiert und bewertet. Schwerpunkt hierbei ist die Liquidität, Cashflow, Rentabilität, Finanzierungen usw.

Lösung zu Aufgabe 5: Rating, Due Diligence

a) Ziele und Aufgaben Rating, Due Diligence

Beim Rating soll aus Sicht der zukünftigen Kreditgeber das Kreditausfallrisiko (Bonität) eingeschätzt werden. Bei Due Diligence soll der zukünftige Anteilseigner bzw. Käufer von Unternehmen größtmögliche Transparenz in Form von Informationen über Risiken, Chancen, Stärken und Schwächen von Unternehmen gegeben werden.

Beide Verfahren unterscheiden sich grundsätzlich dadurch, für wen die Informationen bereitgestellt werden, ob für zukünftige Eigenkapital- oder für zukünftige Fremdkapitalgeber. In beiden Verfahren werden allerdings monetäre und nicht monetäre Analysen durchgeführt, um eine möglichst große Transparenz für die Empfänger der Informationen herzustellen.

b) Kriterien, Bereiche von Rating, Due Diligence

Im Rahmen des Rating wird eine Unterscheidung in monetäre (hard facts) und nicht monetäre (soft skills) Kriterien vorgenommen.

Zu den monetären Größen gehören u. a.:

- der Jahresabschluss
- Sicherheiten
- betriebswirtschaftliche Auswertungen
- usw.

Zu den nicht monetären Größen gehören u. a.:

- Unternehmensnachfolge
- Marktstellung
- Marketing
- Personalentwicklung
- Produktinnovation
- usw.

Die Due Diligence Prüfungen können sich auf das gesamte Unternehmen beziehen oder wie meist auch durchgeführt auf funktionale Bestandteile beziehen, z. B.

- auf die finanzwirtschaftliche Analyse im Financial Due Diligence
- auf die Analyse der strategischen Ausrichtung des Unternehmens im Strategic Due Diligence

- auf die Analyse der technischen Substanz des Unternehmens im Technical Due Diligence
- usw.

c) Durchführung von Ratings, Due Diligence

Ratings werden durch den Kreditgeber selber durchgeführt oder durch Ratingagenturen, dies sind Unternehmen, die sich auf die Leistungsbewertung von Unternehmen spezialisiert haben.

Due Diligence wird meist durch Anwälte, Wirtschaftsprüfer oder andere Expertengruppen durchgeführt, die sich auf Unternehmensanalysen und Unternehmensbewertungen spezialisiert haben.

Lösung zu Aufgabe 6: Grundlagen Rating

a) Grundlagen Rating

Durch ein Rating wird das Unternehmen einer Leistungsbewertung durch den Kreditgeber oder einem Beauftragen unterzogen. Ziel ist es die Bonität, d. h. also das zukünftige Kreditausfallrisiko des Kreditnehmers einzuschätzen. Die ermittelte Bonität hat Einfluss darauf, ob der Kreditnehmer überhaupt einen Kredit bekommt und wenn ja, zu welchen Konditionen.

Durch die hohe Anzahl von Unternehmensinsolvenzen, hatten Banken hohe Ausfälle, die an die „Substanz" der Banken gingen.

Der Baseler Bankenausschuss hat im Jahr 2004 neue Eigenkapitalvorschriften für Banken erlassen, die unter dem Begriff „Basel II" bekannt wurden. Diese Eigenkapitalvorschriften sollten dazu führen, dass die Banken die im Kreditgeschäft Aktivitäten entfalten, diese Kreditgeschäfte mit einem bestimmten Eigenkapital zu unterlegen. Basel II basiert grundsätzlich auf drei Säulen, die dazu führen sollen, dass es eher unwahrscheinlich wird, dass Banken so genannte „faule Kredite" im Bestand haben. Die drei Säulen von Basel II sind

- Mindestkapitalanforderungen,
- bankaufsichtlicher Kontrollprozess und
- erweiterte Offenlegungspflichten.

Die Anforderung von Basel II an die Banken hatte auch gleichzeitig die Wirkung, dass das Rating in Bezug auf die Kreditnehmer eine neue Qualität erlebte.

Durch die weltweite Finanz- und Wirtschaftskrise wurde das Regelwerk, welches auf Basel II basiert erweitert.

Im Jahr 2010 veröffentlichte der Baseler Banken Ausschuss ein neues Regelwerk, welches als „Basel III" bezeichnet wird und als Erweiterung von Basel II und nicht als neues eigenständiges Regelwerk anzusehen ist.

Das Regelwerk setzt noch höhere Anforderungen an die Kapitalbasis der Banken und verschärft die Liquiditätsvorschriften. Es soll mehr Transparenz auf die Kapital- und Finanzbasis der Banken erreicht werden.

Außerdem sollen unter anderem mehr systemische Risiken bei den Banken aufgedeckt werden, was neue Anforderungen an das Risikomanagement mit sich bringt. Ein weiterer wichtiger Aspekt ist, dass es für die Banken eine Verschuldungsgrenze gibt.

b) Quantitative und qualitative Faktoren im Rating

Quantitative Faktoren sind zumeist monetäre Größen, diese sind z. B.

- Jahresabschlüsse
- Businesspläne
- mögliche Kreditsicherheiten
- betriebswirtschaftliche Auswertungen.

Qualitative Faktoren sind nicht monetäre Größen. Hierzu zählen z. B.:

- Aufbau- und Ablauforganisation
- Konkurrenzsituation
- Zusammensetzung des Kundenstammes
- Personalentwicklung
- eventuelle Regelungen zur Unternehmensnachfolge.

c) Aktivitäten zur Verbesserung der Bonität

Im Bereich der monetären Größen, könnte die Mayer AG z. B. auf eine Ausschüttung der Gewinne im laufenden Geschäftsjahr verzichten. Dies würde dazu führen, dass das Eigenkapital substanziell erhalten bleibt und die vertikalen Finanzierungsregeln sich nicht verschlechtern.

Außerdem könnten geplante Umstrukturierung/Investitionen in Form von Businessplänen dargestellt werden. Somit hat das Unternehmen zum einen eine eigene Überprüfung der Wirtschaftlichkeit bzw. Effektivität von geplanten Investitionen oder Umstrukturierungen, außerdem hat sie auch gleichzeitig ein „Drehbuch" für die Durchführung. Andererseits kann der Businessplan als Nachweis gegenüber Gläubigern dienen.

Durch genaue Prozessbeschreibungen, klare Dienstanweisungen und deren jeweiligen Dokumentationen kann die Ablauforganisation z. B. transparenter dargestellt werden.

Die Personalabteilung kann für die einzelnen Mitarbeiter geplante Personalentwicklungsmaßnahmen dokumentieren und deren Durchführung mit Soll-Ist-Vergleich begleiten.

Falls der Vorstand ein gewisses Alter erreicht hat, wird dies durch die Gläubiger meist negativ bezüglich der Bonität bewertet. Dem kann man entgegentreten, indem das Unternehmen, einen Nachfolger aufbaut bzw. es dokumentiert ist, wie die Nachfolge geregelt ist bzw. ablaufen soll.

Lösung zu Aufgabe 7: Ratingprozess

a) Rating, Bonität

Unter **Rating** wird der Leistungsbewertungsprozess verstanden, der durch die Kreditgeber bzw. deren Beauftragten durchgeführt wird, um die Bonität des Kreditnehmers festzustellen.

Die **Bonität** stellt das zukünftige Kreditausfallrisiko des Kreditnehmers dar. Die Bonität ist entscheidend dafür, ob ein Kredit an einen Kreditnehmer ausgereicht wird und wenn ja zu welchen Konditionen.

b) Quantitative, qualitative Faktoren im Ratingprozess

Quantitative Faktoren können sein:

- Jahresabschlüsse der Unternehmen
- Zahlungsverhalten der Kreditnehmer bei bereits bestehenden Krediten
- Ausnutzung der Kontokorrentkredite
- Sicherheiten.

Qualitative Faktoren können sein:

- Marktposition
- Marketingaktivitäten
- Innovationsmanagement
- Informationsmanagement
- Konkurrenzsituation.

c) Liquidität 2. Grades

1. Ermittlung und Wertung

Die Liquidität 2. Grades ermittelt sich, indem die liquiden Mittel plus kurzfristigen Forderungen ins Verhältnis zum kurzfristigen Fremdkapital gesetzt werden.

$$\text{Liquidität 2. Grades} = \frac{(\text{liquide Mittel} + \text{Forderungen}) \cdot 100}{\text{kurzfristiges Fremdkapital}}$$

$$\text{Liquidität 2. Grades (2014)} = \frac{(3.900\ \text{T€} + 4.500\text{T€}) \cdot 100}{10.500\ \text{T€}} = \mathbf{80\ \%}$$

$$\text{Liquidität 2. Grades (2013)} = \frac{(4.500\ \text{T€} + 6.000\ \text{T€}) \cdot 100}{6.000\ \text{T€}} = \mathbf{175\ \%}$$

Die Liquidität 2. Grades hat sich vom Jahr 2013 zum Jahr 2014 sehr stark verschlechtert. Die Liquidität 2. Grades stellt grundsätzlich die Fristenkongruenz zwischen den verfügbaren Zahlungsmitteln eines Zeitraums (Liquide Mittel + Forderungen) zu den zu zahlenden Verbindlichkeiten des gleichen Zeitraums (kurzfristiges Fremdkapital) dar.

Die Kennzahl sollte mindestens 100 % betragen, sodass alle finanziellen Verpflichtungen termingerecht beglichen werden können. Im Jahr 2013 ist die Kennzahl als sehr positiv zu werten im Jahr 2014 als negativ.

Da es sich um eine stichtagsbezogene Kennzahl handelt, kann sie sich täglich ändern, so dass aus praktischer Sicht grundsätzlich sie zur Feststellung struktureller finanzieller Defizite herangezogen werden kann. Außerdem stimmen die Laufzeiten zwischen Zähler und Nenner in den meisten Fällen nicht überein.

2. Maßnahmen zur Verbesserung

Eine mögliche Maßnahme ist im Rahmen der Eigen-Außenfinanzierung, dass die Gesellschafter ihren Eigenkapitalanteil aufstocken, indem sie z. B. liquide Mittel einzahlen. So wird die Kennzahl sofort verbessert.

Eine weitere Möglichkeit ist die Finanzierung aus Kapitalumschichtung. Das Unternehmen könnte mit den Gläubigern verhandeln, die kurzfristigen Kredite (Verbindlichkeiten) in ihrer Laufzeit zu verlängern. Dadurch kann aus kurzfristigem Fremdkapital, mittel- oder langfristiges Fremdkapital werden, so verbessert sich die Kennzahl ebenfalls.

Lösung zu Aufgabe 8: Grundlagen Strukturbilanz, Erfolgsspaltung

a) Strukturbilanz

Eine Strukturbilanz dient der Jahresabschlussanalyse des Unternehmens. Sie ist nicht an gesetzliche Grundlagen gebunden, sondern soll eine betriebswirtschaftliche Darstellung des Zahlenwerkes des Unternehmens vornehmen.

Ausgangsbasis für die Strukturbilanz, ist die Handelsbilanz. erstellte Handelsbilanz des Unternehmens.

Diese wird dann verdichtet und es werden notwendige betriebswirtschaftliche Umrechnungen vorgenommen, da die Strukturbilanz aus betriebswirtschaftlicher Sicht das tatsächliche Abbild des Unternehmens darstellen soll.

b) Operationen in der Strukturbilanz

Die Strukturbilanz nimmt Umrechnungen (Operationen) von der Handelsbilanz vor, da die Strukturbilanz ein tatsächliches Bild der Marktlage des Unternehmens darstellen soll, solche Operationen können u. a. sein:

Eliminierung des Geschäfts- oder Firmenwerts aus dem immateriellen Vermögen
Aus betriebswirtschaftlicher Sicht ist der Geschäfts- oder Firmenwert kein Vermögensgegenstand, da es an der Verkehrsfähigkeit (Verkaufsfähigkeit) mangelt. Er ist kraft Gesetz in den Rang eines Vermögensgegenstandes gehoben worden und wurde deshalb aktiviert.

Hinzurechnung der stillen Reserven
In der Handelsbilanz gelten die Anschaffungs- oder Herstellungskosten als Wertobergrenze für die Vermögensgegenstände. Wenn die tatsächlichen Marktwerte z. B. von Grund und Boden oder Gebäuden über den Anschaffungs- bzw. Herstellungskosten liegen und diese nachweislich werthaltig sind, ist aus betriebswirtschaftlicher Sicht das Vermögen mit dem tatsächlichen Marktwerten anzusetzen, sodass in der Strukturbilanz die stillen Reserven mit berücksichtigt werden.

Disagio
Für das Disagio besteht in der Handelsbilanz ein Aktivierungswahlrecht. Das Disagio stellt allerdings aus betriebswirtschaftlicher Sicht keinen Vermögensgegenstand dar und muss deshalb eliminiert werden.

c) Erfolgsspaltung

Die Erfolgsspaltung ist die Ergebnisanalyse des Jahresabschlusses. Es soll der Jahresüberschuss vor Steuern in seine einzelnen Teilelemente aufgesplittet werden. Ziel ist es, das ordentliche Betriebsergebnis zu ermitteln, welches den Erfolg (Gewinn oder Verlust) aus der eigentlichen betrieblichen Tätigkeit, dem Kerngeschäft, darstellt. Das Betriebsergebnis beinhaltet alle Aufwendungen und Erträge, die durch die regelmäßige betriebliche Tätigkeit erwirtschaftet werden und auch so zukünftig erwirtschaftet werden können.

Der Jahresüberschuss vor Steuern wird im Rahmen der Erfolgsspaltung aufgeteilt in:

- Betriebsergebnis
  Es wird der Gewinn oder Verlust aus dem Kerngeschäft, der betrieblichen Tätigkeit, dargestellt.
- Finanzergebnis
  Es ist der Gewinn oder Verlust, der sich aus Zinsen und ähnlichen Aufwendungen/ Erträgen sowie die Aufwendungen/ Erträgen aus Wertpapieren und Beteiligungen darstellt.
- außerordentliches Ergebnis
  Es wird der Gewinn oder Verlust ermittelt, der sich aus den Aufwendungen und Erträgen ergibt, die außerhalb der gewöhnlichen Geschäftstätigkeit entstehen.

Lösung zu Aufgabe 9: Erstellung Strukturbilanz

a) Strukturbilanz

Aus der vorliegenden Handelsbilanz und den weiteren Informationen, ergeben sich für die Bilanzpositionen folgende Umrechnungen:

Erläuterung zur Erstellung der Strukturbilanz

Position Handelsbilanz		Umrechnungen	Position Strukturbilanz	Erläuterung
		in T€		
Anlagevermögen			**Anlagevermögen**	
immaterielle VG	310		310	keine Umrechnung notwendig
Sachanlagen	17.500	+ 2.500	20.000	Stille Reserven werden komplett den Sachanlagen zugerechnet.
Finanzanlagen	850		850	keine Umrechnung notwendig
			21.160	
Umlaufvermögen			**Umlaufvermögen**	
Vorräte	205	+ 25	230	Stille Reserven werden komplett den Vorräten zugerechnet.
Forderungen	970	+ 110	1.080	Anteil der Wertpapiere mit 2 Monaten Kündigungsfrist werden den Forderungen zugeordnet.
liquide Mittel + WP	600	- 110	490	110 T€ mit 2 Monaten Kündigungsfrist sind den Forderungen zuzuordnen.
RAP	10		0	Disagio wird mit EK saldiert, da er einen Aufwand darstellt.
	20.445		1.800	
Eigenkapital			**Eigenkapital**	
Summe EK	6.700		6.700	EK lt. Handelsbilanz
			- 450	Ausschüttung wird dem kurzfristigen FK zugeordnet
			1.750	70 % stille Reserve AV
			17,5	70 % stille Reserve UV
			- 10	Disagio
			8.007,5	
Rückstellungen				
Pensionsrückstellungen	185			
Steuerrückstellungen	120			
sonstige Rückstellungen	45			

Position Handelsbilanz		Umrech-nungen	Position Strukturbilanz	Erläuterung
	in T€			
Verbindlichkeiten				
Summe	13.395	Umgruppierungen zu langfr./kurzfr. FK gem. Erläuterungen zur Handelsbilanz		
	20.445			
			langfristiges FK	
			750	stille Reserve AV, 30 % Anteil Steuern
			185	Pensionsrückstellungen
			12.300	Verb. ggü. Kreditinst.
			13.235	
			kurzfristiges FK	
			120	Steuerrückstellungen
			45	sonst. Rückstellungen
			185	sonst. Verb.
			910	Verb. aus LL
			7,5	stille Reserve UV, 30 % Anteil Steuern
			450	Ausschüttung
			1.717,5	

Hieraus lässt sich dann folgende Strukturbilanz erstellen:

AKTIVA	**Strukturbilanz**		**PASSIVA**
	TEuro		TEuro
Anlagevermögen	21.160	**Eigenkapital**	8.007,5
Umlaufvermögen		**Fremdkapital**	
Vorräte	230	langfristig	13.235
Forderungen	1.080	kurzfristig	1.717,5
Liquide Mittel	490		
	22.960		22.960

b) Ermittlung Eigenkapitalquote

Die Eigenkapitalquote ermittelt sich, indem das Eigenkapital ins Verhältnis zum Gesamtkapital gesetzt wird:

$$\text{Eigenkapitalquote} = \frac{\text{Eigenkapital} \cdot 100}{\text{Gesamtkapital}}$$

$$\text{Eigenkapitalquote} = \frac{8.007{,}5\ \text{T€} \cdot 100}{22.960\ \text{T€}} = \mathbf{34{,}9\ \%}$$

Lösung zu Aufgabe 10: Jahresabschlussanalyse, Kennzahlen allgemein

a) Ziele Gesellschafter, Geschäftsführer, Mitarbeiter

Gesellschafter

Die Gesellschafter als Eigentümer bzw. Miteigentümer verfolgen strategisch das Ziel des Unternehmensfortbestandes und des Unternehmenswachstums. Außerdem ist die nachhaltige Gewinnmaximierung ein wesentliches Ziel der Gesellschafter. Die Jahresabschlussanalyse dient ihnen zum einen um zu erkennen in wieweit das Unternehmen wächst, ob strukturelle Entscheidungen für die Zukunft wirken und im Mehrjahresvergleich ist die Unternehmensentwicklung ableitbar. Zudem wird im Rahmen der Rentabilitätsanalyse die Verzinsung des eingesetzten Kapitals analysiert.

Geschäftsführung/ Vorstand

Die Geschäftsführung bzw. der Vorstand nutzt die Jahresabschlussanalyse einerseits um Informationen über die wirtschaftliche Lage des Unternehmens zu erhalten. Andererseits sollen im Rahmen der Kontrolle die Wirkungsweise von betrieblichen Entscheidungen aus der Vergangenheit überprüft werden. Die Jahresabschlussanalyse dient also sowohl der Unternehmensplanung als auch der Kontrolle.

Meist erhalten Vorstand bzw. Geschäftsführung erfolgsabhängige Vergütungen, sodass die Erfolgsanalyse des Jahresabschlusses ebenfalls eine wichtige Zielsetzung ist.

Mitarbeiter

Die Mitarbeiter verfolgen als klassische Ziele, eine gerechte Entlohnung, gute Arbeitsbedingungen und einen sicheren Arbeitsplatz. Nun werden die Mitarbeiter nicht zu den klassischen Bilanzanalysten, allerdings informieren sich die Mitarbeiter auch im Rahmen der Jahresabschlussanalyse über das Unternehmenswachstum, über die Liquidität des Unternehmens und die Rentabilität. Somit wollen sie Informationen inwieweit ist der Arbeitsplatz gesichert und könnte es zu Lohnerhöhungen kommen. Die Jahresabschlussanalyse der Mitarbeiter basiert meist auf den veröffentlichten Jahresabschlüssen.

b) Analysefelder des Jahresabschlusses

Finanzierung

Eine wichtige Kennzahl auf dem Analysefeld Finanzierung ist die Eigenkapitalquote. Sie wird ermittelt, indem das Eigenkapital ins Verhältnis gesetzt wird zum Gesamtkapital.

$$\text{Eigenkapitalquote} = \frac{\text{Eigenkapital} \cdot 100}{\text{Gesamtkapital}}$$

Die Eigenkapitalquote zeigt an, wie viel Vermögen im Unternehmen durch die Eigentümer finanziert worden ist. Sie ist weiterhin u. a. ein Indikator für die Liquidität und Unabhängigkeit des Unternehmens.

Ist die Eigenkapitalquote relativ gering, bedeutet dies, dass die Liquidität des Unternehmens angespannt sein kann. Da im Umkehrschluss ein relativ hoher Anteil Fremdkapital im Unternehmen vorhanden ist, muss dieser termingerecht getilgt werden, es sind außerdem Zinszahlungen zu leisten. Bei einer geringen Eigenkapitalquote ist die Abhängigkeit zu Gläubigern ebenfalls größer.

Allerdings kann aus Sicht der Rentabilität eine geringe Eigenkapitalquote rentabilitätssteigernd sein (Leverage-Effekt).

Liquidität

Im Bereich der Liquidität ist eine wichtige Kennzahl der Cashflow. Es stellt den erwirtschafteten Geldüberschuss einer Abrechnungsperiode dar. Er kann über die direkte bzw. indirekte Methode ermittelt werden. Die Berechnungen können vereinfachend wie folgt aussehen:

direkte Methode

	Einzahlungen
-	Auszahlungen
=	Cashflow

indirekte Methode

	Jahresüberschuss/-fehlbetrag
+	nicht auszahlungsbedingte Aufwendungen
-	nicht einzahlungsbedingte Erträge
=	Cashflow

Es gibt keine absolute Wertgröße, ab wann der Cashflow positiv oder negativ ist. Dies muss individuell im Unternehmen geprüft werden, der Cashflow sollte folgende Funktionen erfüllen, um als positiv zu gelten:

- Er muss für die Gewinnausschüttung an die Gesellschafter ausreichen.
- Er muss für die Tilgung des Fremdkapitals ausreichen.
- Es sollten nötige Investitionen durchgeführt bzw. teilweise eigenfinanziert werden können.
- Nach Möglichkeit sollten Rücklagen gebildet werden können.

Vermögenskonstitution
Im Bereich der Vermögenskonstitution ist die Anlagenintensität eine häufig verwendete Kennzahl. Sie wird ermittelt, indem das Anlagevermögen ins Verhältnis gesetzt wird zum Gesamtvermögen.

$$\text{Anlageintensität} = \frac{\text{Anlagevermögen} \cdot 100}{\text{Gesamtvermögen}}$$

Eine grundsätzliche Wertgrenze, ab wann eine Anlagenintensität als positiv oder negativ zu werten ist, gibt es nicht. Die Unternehmen unterscheiden sich zum einen durch verschiedene Branchen und zum anderen müssen Vermögensgegenstände nicht erworben worden sein, sondern können z. B. über Leasing finanziert worden sein.

Industrielle Unternehmen haben traditionell eine höhere Anlagenintensität, durch die hohen Sachanlagen, als Handels- oder Dienstleistungsunternehmen.

Aus der Anlagenintensität kann man allerdings u. a. ableiten, dass im Fall einer hohen Anlageintensität, das Unternehmen einen hohen Fixkostenblock hat (Abschreibung auf Sachanlagen). Das bedeutet, das Unternehmen muss die Fixkostendegression ausnutzen und immer relativ hohe und möglichst gleichmäßige Kapazitätsauslastungen haben.

Rentabilität
Im Analysefeld der Rentabilität ist aus Sicht der Eigentümer die Eigenkapitalrentabilität eine wichtige Kennzahl. Sie errechnet sich, indem der Jahresüberschuss ins Verhältnis gesetzt wird zum eingesetzten Kapital.

$$\text{Eigenkapitalrentabilität} = \frac{\text{Jahresüberschuss/-fehlbetrag} \cdot 100}{\text{Eigenkapital}}$$

Die Eigenkapitalrentabilität stellt die Verzinsung des Eigenkapitals dar. Die Eigentümer messen hierüber, ob es vorteilhaft war in das Unternehmen zu investieren oder nicht.

Ob die Höhe der Eigenkapitalrentabilität als positiv zu werten ist, muss grundsätzlich der Eigentümer einschätzen. Allerdings sollten zumindest zwei Komponenten bei der Messung der Eigenkapitalrentabilität berücksichtigt werden. Der Marktzinssatz für langfristige sichere Finanzanlagen und der persönliche Risikozinssatz des Unternehmers. Übersteigt die Eigenkapitalrendite beide Werte, gilt sie grundsätzlich als positiv.

Lösung zu Aufgabe 11: Vorgehensweise Jahresabschlussanalyse

Bei der Durchführung der Jahresabschlussanalyse sollte das Unternehmen strukturiert vorgehen, hierzu ist es zweckmäßig, dass die Durchführung festgeschrieben ist.

Eine mögliche Vorgehensweise ist:

1. **Beschaffung und Aufbereitung des Jahresabschlusses und des zusätzlichen Datenmaterials**
   In einem ersten Schritt werden die notwendigen Daten und Informationen beschafft. Hierzu zählt hauptsächlich der handelsrechtliche Jahresabschluss und wenn die Analyse intern durchgeführt wird, werden weitere Informationen zu den einzelnen Vermögensgegenständen bzw. Schulden, wie z. B. Marktwerte der Vermögensgegenstände, Verbindlichkeitsspiegel usw. beschafft. Aus den beschafften Daten wird dann eine Strukturbilanz erstellt. In der Strukturbilanz werden notwendige Umrechnungen, Umstrukturierungen und Verdichtungen vorgenommen.
2. **Kennzahlenauswahl, Kennzahlenbildung, Kennzahlengewichtung und Kennzahlenvergleich**
   Im nächsten Schritt werden die Kennzahlen ausgewählt, die für die Analyse des Jahresabschlusses auf Basis der jeweiligen Zielstellungen von Bedeutung sind. Die ausgewählten Kennzahlen werden danach berechnet und auch gewichtet, d. h. es wird festgelegt, welche Bedeutung, welche Kennzahlen im Rahmen der Interpretation erhalten. Außerdem werden auch Kennzahlenvergleiche, z. B. mit Vorjahren, bzw. auch Branchenvergleiche durchgeführt.
3. **Interpretation der Analyseergebnisse und Gewinnung eines Gesamturteiles**
   Die ermittelten Kennzahlen werden dann interpretiert. Es werden Informationen bzw. Erkenntnisse aus den Kennzahlen gezogen. Zuerst soll im Rahmen der Interpretation die aktuelle Situation des Unternehmens analysiert werden. Weiterhin dient die Interpretation der Kennzahlen der Kontrolle von betrieblichen Entscheidungen aus der Vergangenheit, als auch der Planung für zukünftige Entscheidungen.

Lösung zu Aufgabe 12: Begriffe Finanz- und Liquiditätsanalyse

Absolute Liquidität

Unter absoluter Liquidität versteht man, inwieweit Vermögensgegenstände in liquide Mittel umgewandelt werden können. Die Bilanz wird aus Liquiditätssicht betrachtet, der Bilanzwert der einzelnen Vermögensgegenstände gilt als möglicher Zufluss von liquiden Mitteln, wenn diese veräußert würden. Ein direkter Zugriff ist allerdings nur auf die flüssigen Mittel, die in der Bilanz dargestellt werden möglich.

Statische Liquidität

Unter statischer Liquidität wird die stichtagsbezogene Liquidität verstanden. D. h. es wird zu einem bestimmten Stichtag, meist zum Bilanzstichtag, die Liquidität in Form von Kennzahlen gemessen. Häufig verwendete Kennzahlen sind die Liquiditätsgrade I - III. Die statische Liquidität wird oftmals dazu verwendet, um die Liquidität strukturell zu analysieren.

Dynamische Liquidität

Die dynamische Liquidität bezeichnet die zeitraumbezogene Liquidität. D. h. es soll gemessen werden, wie viel Liquidität in einem bestimmten Zeitraum erwirtschaftet worden ist. Die klassische Kennzahl zur Messung der dynamischen Liquidität ist der Cashflow, der den erwirtschafteten Geldüberschuss einer Abrechnungsperiode ermittelt.

Horizontale Finanzierungsregeln
Bei den horizontalen Finanzierungsregeln werden strukturelle Zusammenhänge zwischen bestimmten Positionen der Aktiva zu bestimmten Positionen der Passiva untersucht.

Hauptsächlich wird in diesem Zusammenhang die Anlagendeckung untersucht. Hierbei wird geprüft inwieweit das Anlagevermögen durch Eigenkapital gedeckt ist (horizontale Finanzierungsregel im engeren Sinne) bzw. inwieweit das Anlagevermögen durch langfristiges Kapital gedeckt ist (horizontale Finanzierungsregel im weiteren Sinne).

Aus praktischer Sicht ist die Erfüllung der horizontalen Finanzierungsregel im weiteren Sinne von großer Bedeutung, da geprüft wird ob das Vermögen was dem Unternehmen langfristig dienen soll, auch langfristig finanziert ist.

Vertikale Finanzierungsregeln
Die vertikalen Finanzierungsregeln analysieren die Struktur der Passiva der Bilanz. Es wird das Verhältnis zwischen dem Eigenkapital und dem Fremdkapital untersucht. Die klassische Kennzahl hierfür ist der statische Verschuldungsgrad. Dieser zeigt an wie viele Anteile Fremdkapital auf einen Anteil Eigenkapital entfallen. Hieraus lassen sich die 1:1-Regel; 1:2-Regel bzw. 1:3-Regel überprüfen.

Lösung zu Aufgabe 13: Analyse der Finanzierungs- und Kapitalstruktur (I)

a) Ermittlung statischer Verschuldungsgrad

Der statische Verschuldungsgrad ermittelt sich, indem das Fremdkapital ins Verhältnis zum Eigenkapital gesetzt wird:

$$\text{statischer Verschuldungsgrad} = \frac{\text{Fremdkapital}}{\text{Eigenkapital}}$$

Das Eigen- und Fremdkapital ist laut Ausgangssituation inEuro nicht gegeben. Diese Werte müssen aus den gegebenen Informationen abgeleitet werden. Laut Situation sind die Eigenkapitalquote und die Bilanzsumme für die jeweiligen Geschäftsjahre gegeben, somit lässt sich jeweils das Eigenkapital für die Geschäftsjahre ermitteln. Die Differenz zwischen der Bilanzsumme (Gesamtkapital) und dem Eigenkapital ergibt das Fremdkapital.

Diese Werte können dann in die o. g. Formel eingesetzt werden. Es ergibt sich folgende Berechnung:

	2012	2013	2014
Eigenkapitalquote (in %)	25	30	33
Bilanzsumme (in T€)	20.000	22.500	25.000
Eigenkapital (in T€)	5.000	6.750	8.250
Fremdkapital (in T€)	15.000	15.750	16.750
statischer Verschuldungsgrad	**3,0**	**2,3**	**2,0**

Der statische Verschuldungsgrad hat sich im Laufe der Geschäftsjahre verbessert. Während im Jahr 2012 auf einen Anteil Eigenkapital drei Anteile Fremdkapital kamen, kommen im Geschäftsjahr 2014 auf einen Anteil Eigenkapital zwei Anteile Fremdkapital.

Im Jahr 2012 und 2013 ist im Rahmen der vertikalen Finanzierungsregeln die 1: 3-Regel erfüllt, dies gilt aus Sicht der Banken als noch akzeptabel. Im Geschäftsjahr 2014 wird die 1:2-Regel erfüllt, dies gilt aus Sicht der Banken als gut.

b) Ermittlung Deckungsgrad II

Der Deckungsgrad II ermittelt inwieweit das Anlagevermögen durch langfristiges Kapital (Eigenkapital und langfristiges Fremdkapital) gedeckt ist.

$$\text{Deckungsgrad II} = \frac{\text{langfristiges Kapital}}{\text{Anlagevermögen}}$$

Die entsprechenden Daten, um den Deckungsgrad II berechnen zu können, müssen zuerst berechnet werden. Das langfristige Kapital setzt sich aus dem Eigen- und langfristigen Fremdkapital zusammen. Das Eigenkapital wurde in Teilaufgabe a) schon berechnet. Um das langfristige Fremdkapital zu ermitteln, muss der prozentuale Anteil des kurzfristigen Fremdkapitals von der jeweiligen Bilanzsumme ermittelt werden, dieser wertmäßige Anteil wird dann vom Fremdkapital (siehe Teilaufgabe a) subtrahiert, es ergibt sich das langfristige Fremdkapital.

Das Anlagevermögen ergibt sich, indem man für die jeweiligen Geschäftsjahre die Anlagenintensität, die den Anteil des Anlagevermögens am Gesamtvermögen darstellt, auf die Bilanzsumme anwendet.

Die ermittelten Werte werden dann in die o. g. Formel eingesetzt. Es ergibt sich folgende Berechnung:

	2012	2013	2014
Eigenkapital (in T€)	**5.000**	**6.750**	**8.250**
Bilanzsumme (in T€)	20.000	22.500	25.000
Fremdkapital gesamt (in T€)	15.000	15.750	16.750
Anteil kurzfristiges Fremdkapital (in %)	30	35	37
kurzfristiges Fremdkapital (in T€)	6.000	7.875	9.250
langfristiges Fremdkapital (in T€)	**9.000**	**7.875**	**7.500**
Anlageintensität (in %)	50	55	55
Anlagevermögen (in T€)	**10.000**	**12.375**	**13.750**
Deckungsgrad II (in %)	**140**	**118,2**	**114,5**

Der Deckungsgrad II sollte mindestens 100 % betragen, somit ist gewährleistet, dass das langfristige Vermögen (Anlagevermögen) auch durch langfristiges Kapital finanziert wurde (Fristenkongruenz). Dies ist in allen drei Jahren gewährleistet. Allerdings ist festzustellen, dass der Deckungsgrad II sich in den Jahren verschlechtert hat. Hier ist zu überprüfen, ob die Finanzierungsregel „Was langfristig genutzt wird, muss auch langfristig finanziert sein“, eingehalten wurde.

c) Ermittlung der Liquidität 2. Grades

Der Liquiditätsgrad II ermittelt sich, indem die liquiden Mittel plus Forderungen ins Verhältnis gesetzt werden zum kurzfristigen Fremdkapital.

$$\text{Liquidität 2. Grades} = \frac{(\text{liquide Mittel} + \text{Forderungen}) \cdot 100}{\text{kurzfristiges Fremdkapital}}$$

Das kurzfristige Fremdkapital wurde in Teilaufgabe b) schon berechnet. Die liquiden Mittel und Forderungen können ermittelt werden, indem die jeweiligen prozentualen Anteile auf die Bilanzsumme angewendet werden.

Die gewonnen Daten werden dann in die o. g. Formel eingesetzt. Es ergibt sich folgende Berechnung:

	2012	2013	2014
kurzfristiges Fremdkapital (in T€)	**6.000**	**7.875**	**9.250**
Bilanzsumme (in T€)	20.000	22.500	25.000
Anteil Forderung (in %)	15,0	20,0	20,0
Anteil Forderungen (in T€)	**3.000**	**4.500**	**5.000**
Anteil liquide Mittel (in %)	20	15	10
Anteil liquide Mittel (in T€)	**4.000**	**3.375**	**2.500**
Liquidität 2. Grades (in %)	**116,7**	**100,0**	**81,1**

Die Liquidität 2. Grades misst, ob am Bilanzstichtag die Fristenkongruenz zwischen den Mitteln, die in einem Zeitraum zur Verfügung stehen (liquide Mittel plus Forderungen) zu den Verbindlichkeiten, die im gleichen Zeitraum fällig werden, übereinstimmt.

Die Liquidität 2. Grades sollte mindestens 100 % betragen, sodass aus Sicht des Bilanzstichtages, alle Verbindlichkeiten termingerecht bezahlt werden können. Allerdings ist festzuhalten, dass es sich um eine stichtagsbezogene Kennzahl handelt, die sich täglich ändern kann.

Die Liquidität 2. Grades hat sich im Laufe der Geschäftsjahre verschlechtert. Im Jahr 2012 kann sie noch als positiv eingeschätzt werden. Im Jahr 2013 ist sie mit 100 % zwar noch an der Grenze, allerdings muss ein gewisses Risiko beim Einzug der Forderungen berücksichtigt werden. Im Jahr 2014 ist die Liquidität 2. Grades zu niedrig. Aus Sicht des Bilanzstichtages können nicht alle Verbindlichkeiten termingerecht beglichen werden.

Lösung zu Aufgabe 14: Analyse der Finanzierungs- und Kapitalstruktur (II)

a) Aussage der Eigenkapitalquote

Die Eigenkapitalquote stellt den prozentualen Anteil des Eigenkapitals am Gesamtkapital dar. Sie ist Indikator u. a. über die Liquiditätslage des Unternehmens bzw. über die Abhängigkeit bzw. Unabhängigkeit von Gläubigern.

b) Berechnung der Eigenkapitalquote und Bewertung

Die Eigenkapitalquote berechnet sich nach folgender Formel:

$$\text{Eigenkapitalquote} = \frac{\text{Eigenkapital} \cdot 100}{\text{Gesamtkapital}}$$

Das Eigenkapital setzt sich aus den Positionen

- gezeichnetes Kapital,
- Gewinnrücklage,
- Gewinnvortrag und
- Jahresüberschuss

zusammen.

Das Gesamtkapital entspricht der Bilanzsumme. Nachdem das Eigenkapital ermittelt wurde, können die Werte in die obige Formel eingetragen werden, es ergibt sich für die Geschäftsjahre 2013, 2014 folgende Berechnung:

	2014	2013
A. Eigenkapital		
I. gezeichnetes Kapital (in T€)	1.500	1.500
III. Gewinnrücklage (in T€)	468	460
IV. Gewinnvortrag (in T€)	500	375
V. Jahresüberschuss (in T€)	242	125
Summe Eigenkapital (in T€)	**2.710**	**2.460**
Gesamtkapital (in T€)	**16.430**	**15.750**
Eigenkapitalquote (in %)	**16,5**	**15,6**

Die Eigenkapitalquote hat sich in 2014 leicht verbessert. Sie ist allerdings als sehr niedrig zu bewerten. Das Unternehmen hat eine hohe Abhängigkeit zu den Gläubigern, auch die Liquiditätssituation des Unternehmens kann sehr angespannt sein.

Aus Sicht der vertikalen Finanzierungsregeln, sollte zusätzlich der statische Verschuldungsgrad ermittelt werden. Hierfür muss das Fremdkapital ermittelt werden.

Dieses wird dann ins Verhältnis gesetzt zum Eigenkapital. Es ergibt sich folgender statischer Verschuldungsgrad für beide Geschäftsjahre:

	2014	2013
Eigenkapital (in T€)	2.710	2.460
Fremdkapital (in T€)	13.720	13.290
statischer Verschuldungsgrad	**5,1**	**5,4**

Aus Sicht der vertikalen Finanzierungsregeln ist keine erfüllt, da der statische Verschuldungsgrad über 5 liegt. Aus Sicht der Banken ist dies nicht akzeptabel, der statische Verschuldungsgrad sollte höchstens bei drei liegen.

c) Maßnahmen zur Verbesserung der Kapitalstruktur

Die Kapitalstruktur könnte u. a. durch folgende Maßnahmen verbessert werden:

- Zukünftige Gewinne der Trekking GmbH könnten im Unternehmen verbleiben und werden nicht ausgeschüttet. Dadurch würde sich das Eigenkapital erhöhen und die Eigenkapitalquote würde sich verbessern.
- Eine weitere Möglichkeit wäre, dass die bestehenden Gesellschafter ihre Kapitalanteile erhöhen bzw. es werden neue Gesellschafter aufgenommen. Auch hierdurch würde das Eigenkapital sich erhöhen und die Eigenkapitalquote sich verbessern.
- Außerdem könnte nicht benötigtes Vermögen verkauft werden, um die daraus resultierenden Einzahlungen zur Schuldentilgung einzusetzen. Hierdurch würde das Fremdkapital sinken, bei gleichbleibendem Eigenkapital würde sich die Eigenkapitalquote ebenfalls verbessern.

d) Gründe für eine weitere Verschuldung

Eine weitere Verschuldung aus Sicht der Geschäftsführung, könnte in der Ausnutzung des Leverage-Effekts liegen. Wenn die Gesamtkapitalrentabilität größer ist als der Fremdkapitalzinssatz sollte aus Sicht der Rentabilitätssteigerung, Fremdkapital aufgenommen werden, um die Eigenkapitalrentabilität zu steigern.

Das könnte für die Geschäftsführung ein Grund sein. Eine weitere Verschuldung kann allerdings eine noch höhere Belastung der Liquidität bedeuten.

e) Ermittlung und Bewertung der Abschreibungsquote

Die Abschreibungsquote ermittelt sich, indem die planmäßigen Abschreibungen auf Sachanlagen ins Verhältnis gesetzt werden, zum Endbestand an Sachanlagen zu AK/HK des Geschäftsjahres.

$$\text{Abschreibungsquote} = \frac{\text{planmäßige Abschreibungen auf Sachanlagen (Gj.)} \cdot 100}{\text{Sachanlagen zu AK/HK am Ende des Gj.}}$$

Die Abschreibungsquote stellt die durchschnittliche Nutzungsdauer der Vermögensgegenstände in Prozent dar. Dividiert man 100 durch die Abschreibungsquote, bekommt man die durchschnittliche Nutzungsdauer in Jahren.

Diese Kennzahl kann im Branchenvergleich aufzeigen, ob das Unternehmen im Branchendurchschnitt liegt. Allerdings ist anzumerken, dass durch die Anwendung von Abschreibungswahlrechten die Kennzahl verschleiert werden kann.

Umso höher die Abschreibungsquote, desto schneller müssen in den jeweiligen Unternehmen Ersatzinvestitionen vorgenommen werden. Für die Trecking GmbH ergeben sich folgende Abschreibungsquoten:

	2014	**2013**
Abschreibungen auf Sachanlagen (in T€)	1.350	1.553
Endbestand Sachanlagen (in T€)	8.230	7.750
Abschreibungsquote (in %)	**16,4**	**20**
durchschnittliche Nutzungsdauer (in Jahren)	6,1	5,0

Die Abschreibungsquote der Trecking GmbH ist gesunken, dies zeigt an, dass die Nutzungsdauer der Sachanlagen sich verlängert. Daraus lässt sich schließen, dass die Investitionsintervalle für die Treckking GmbH sich verlängern. Die Trecking GmbH muss laut der Abschreibungsquote 2014 durchschnittlich alle 6 Jahre mit Ersatzinvestitionen rechnen, d. h. zu diesen Zeitpunkten müssen jeweils die finanziellen Mittel bereitgestellt werden.

Die Kennzahl müsste durch die Trecking GmbH mit anderen Unternehmen der Branche verglichen werden. Sind die Abschreibungsquoten der anderen Unternehmen höher, würde dies bedeuten, dass die Unternehmen kürzere Investitionsintervalle haben und somit eventuell wettbewerbsfähiger, durch Innovationsvorsprung, sind. Ist die Abschreibungsquote der anderen Branchenunternehmen geringer, könnte dies auf einen Wettbewerbsvorteil für die Trecking GmbH hinweisen.

Lösung zu Aufgabe 15: Analyse der Finanzierung und Liquidität

a) Berechnung Liquidität 1. Grades

Die Liquidität 1. Grades ermittelt sich, indem die liquiden Mittel ins Verhältnis gesetzt werden zum kurzfristigen Fremdkapital. Sie wird auch als Barliquidität bezeichnet.

$$\text{Liquidität 1. Grades} = \frac{\text{liquide Mittel} \cdot 100}{\text{kurzfristiges Fremdkapital}}$$

Es ergibt sich für die Geschäftsjahre 2013 - 2014 folgende Berechnung:

	2013	**2014**
liquide Mittel (in T€)	210	420
kurzfristiges Fremdkapital (in T€)	1.200	1.800
Liquidität 1. Grades (in %)	**17,5**	**23,3**

b) Bewertung Liquidität 1. Grades

Bei der Liquidität 1. Grades handelt es sich um eine statische Liquiditätskennzahl. D. h. sie ist am Bilanzstichtag berechnet und stellt das Verhältnis zwischen liquiden Mitteln und kurzfristigem Fremdkapital zu einem bestimmten Stichtag dar, die Wertgrößen verändern sich allerdings täglich, sodass die Aussage der Kennzahl nur bedingt für die Bewertung der liquiden Situation des Unternehmens herangezogen werden kann.

Die Aussagefähigkeit der Kennzahl ist außerdem stark begrenzt, da die Fristenkongruenz zwischen der Zähler- und Nennergröße nicht übereinstimmt. Die liquiden Mittel stellen die Barmittel am Bilanzstichtag dar, die zur Verfügung stehen, das kurzfristige Fremdkapital ist allerdings nicht komplett am Bilanzstichtag fällig, somit ist auch hierdurch die Aussagefähigkeit stark begrenzt.

c) Ermittlung des durchschnittlichen Zinssatzes auf das Fremdkapital

Um den durchschnittlichen Zinssatz für das Fremdkapital zu ermitteln, werden die Zinsaufwendungen des Geschäftsjahres zum Fremdkapital ins Verhältnis gesetzt. Da es keine Information darüber gibt, ob bestimmte Fremdkapitalpositionen unverzinst sind, wird das komplette Fremdkapital in die Berechnung einbezogen:

$$\text{durchschnittlicher Zinssatz} = \frac{\text{Zinsaufwendungen} \cdot 100}{\text{Fremdkapital}}$$

Es ergibt sich folgende Berechnung:

	2014
Zinsaufwendungen	**320**
langfristiges Fremdkapital (in T€)	1.050
kurzfristiges Fremdkapital (in T€)	1.800
Summe Fremdkapital (in T€)	**2.850**
durchschnittlicher Zinssatz (in %)	**11,2**

TIPP

Eine genauere Berechnung würde erfolgen, wenn das durchschnittliche Fremdkapital einbezogen wird. Da in der vorliegenden Formelsammlung allgemein „Fremdkapital" genannt wurde, wird aus Vereinfachungsgründen der Endbestand an Fremdkapital verwendet.

d) Ermittlung Gesamtkapitalrentabilität

Die Gesamtkapitalrentabilität ermittelt sich, indem der Jahresüberschuss plus Fremdkapitalzinsen ins Verhältnis gesetzt werden zum Gesamtkapital.

$$\text{Gesamtkapitalrentabilität} = \frac{\text{Jahresüberschuss} + \text{Fremdkapitalzinsen} \cdot 100}{\text{Gesamtkapital}}$$

Es ergibt sich folgende Berechnung:

	2014
Jahresüberschuss (in T€)	320
Fremdkapitalzinsen (in T€)	320
Gesamtkapital (in T€)	4.500
Gesamtkapitalrentabilität (in %)	**14,4**

e) Aussage der Gesamtkapitalrentabilität

Die Gesamtkapitalrentabilität berechnet die Verzinsung des gesamten Kapitals, unabhängig vom Verschuldungsgrad.

Sie wird u. a. genutzt, um sich mit anderen Unternehmen z B. der gleichen Branche zu vergleichen. Um eine Vergleichbarkeit mit anderen Unternehmen besser zu ermöglichen, wird durch die Hinzurechnung der Fremdkapitalzinsen der unterschiedliche Verschuldungsgrad der Unternehmen eliminiert.

Außerdem kann die Gesamtkapitalrentabilität genutzt werden, ob Investitionen aus Sicht der Rentabilität mit Eigen- oder Fremdkapital finanziert werden sollten (Leverage-Effekt).

f) Berechnung der Eigenkapitalrentabilität

Wird durch die Kapitalerhöhung das kurzfristige Fremdkapital getilgt, werden hierdurch die Zinsaufwendungen für die Zeit vom 01.07. - 31.12. 2015 gemindert. Es erhöht sich hierdurch der Jahresüberschuss. Die Bilanzsumme verändert sich nicht. Die Eigenkapitalrentabilität berechnet sich, indem der Jahresüberschuss ins Verhältnis zum Eigenkapital gesetzt wird. In der vorliegenden Aufgabe soll das Eigenkapital zum Ende des Geschäftsjahres herangezogen werden.

$$\text{Eigenkapitalrentabilität} = \frac{\text{Jahresüberschuss} \cdot 100}{\text{Eigenkapital}}$$

Es ergibt sich folgende Berechnung:

	2015
Eigenkapital alt (in T€)	1.650
Kapitalerhöhung (in T€)	1.500
Eigenkapital neu (in T€)	**3.150**
Zinsaufwendungen alt (in T€)	320
Minderungen der Zinsaufwendungen (10 % von 1.500 T€ für ½ Jahr)	**75**
Jahresüberschuss alt (in T€)	330
+ Verringerung Zinsaufwand (in T€)	75
Jahresüberschuss neu (in T€)	405
Eigenkapitalrentabilität (in %)	**12,9**

g) Bewertung Kapitalerhöhung

Die Aktionäre der Hansen AG werden die Kapitalerhöhung grundsätzlich aus Sicht der Rentabilität beurteilen. Aus dieser Sichtweise ist die Kapitalerhöhung mit Eigenkapital nicht sinnvoll gewesen. Da der Fremdkapitalzinssatz kleiner ist als die Gesamtkapitalrentabilität sollte aus Sicht der Rendite Fremdkapital zugeführt werden und nicht Eigenkapital (Leverage -Effekt).

Hätte die Hansen AG keine Kapitalerhöhung vorgenommen, wäre folgende Eigenkapitalrentabilität erwirtschaftet worden, wenn alle Prämissen gleich bleiben.

$$\text{Eigenkapitalrentabilität} = \frac{\text{Jahresüberschuss} \cdot 100}{\text{Eigenkapital}}$$

$$\text{Eigenkapitalrentabilität} = \frac{330\ \text{T€} \cdot 100}{1.650\ \text{T€}} = \mathbf{20\ \%}$$

Aus Sicht der Liquidität ist allerdings sinnvoll Eigenkapital zuzuführen, um das Unternehmen unabhängiger von Gläubigern zu machen.

Lösung zu Aufgabe 16: Finanz- und Liquiditätsanalyse

a) Berechnung Kennzahlen

Eigenkapitalquote

Die Eigenkapitalquote errechnet sich, indem das Eigenkapital ins Verhältnis gesetzt wird zum Gesamtkapital (Bilanzsumme).

$$\text{Eigenkapitalquote} = \frac{\text{Eigenkapital} \cdot 100}{\text{Gesamtkapital}}$$

$$\text{Eigenkapitalquote} = \frac{3.185.875\ € \cdot 100}{7.130.375\ €} = \mathbf{44{,}7\ \%}$$

Statischer Verschuldungsgrad

Der statische Verschuldungsgrad ermittelt sich, indem das Fremdkapital (Rückstellungen und Verbindlichkeiten) ins Verhältnis zum Eigenkapital gesetzt wird.

$$\text{statischer Verschuldungsgrad} = \frac{\text{Fremdkapital}}{\text{Eigenkapital}}$$

$$\text{statischer Verschuldungsgrad} = \frac{(855.750\ € + 3.088.750\ €)}{3.185.875\ €} = \mathbf{1{,}24}$$

Deckungsgrad I

Der Deckungsgrad I ermittelt sich, indem das Eigenkapital ins Verhältnis gesetzt wird zum Anlagevermögen.

$$\text{Deckungsgrad I} = \frac{\text{Eigenkapital} \cdot 100}{\text{Anlagevermögen}}$$

$$\text{Deckungsgrad I} = \frac{3.185.875\ € \cdot 100}{4.655.000\ €} = \mathbf{68{,}4\ \%}$$

Deckungsgrad II

Der Deckungsgrad II ermittelt sich, indem das langfristige Kapital ins Verhältnis gesetzt wird zum Anlagevermögen. Das langfristige Kapital setzt sich zusammen aus dem Eigenkapital und dem langfristigen Fremdkapital. Zum langfristigen Fremdkapital gehören, wenn keine weiteren Angaben vorhanden sind, die Pensionsrückstellungen und das Darlehen.

$$\text{Deckungsgrad II} = \frac{\text{langfristiges Kapital} \cdot 100}{\text{Anlagevermögen}}$$

$$\text{Deckungsgrad II} = \frac{(3.185.875\ € + 686.000\ € + 2.012.500\ €) \cdot 100}{4.655.000\ €} = \mathbf{126{,}4\ \%}$$

Liquidität 2. Grades

Die Liquidität 2. Grades ermittelt sich, indem die liquiden Mittel plus Forderungen ins Verhältnis gesetzt werden zum kurzfristigen Fremdkapital. Das kurzfristige Fremdkapital, setzt sich, wenn keine weiteren Informationen vorliegen, aus den Steuerrückstellungen, den sonstigen Rückstellungen und den Verbindlichkeiten aus LL zusammen.

$$\text{Liquidität 2. Grades} = \frac{(\text{liquide Mittel} + \text{Forderungen}) \cdot 100}{\text{kurzfristiges Fremdkapital}}$$

$$\text{Liquidität 2. Grades} = \frac{(392.875\ € + 682.500\ €) \cdot 100}{(96.250\ € + 73.500\ € + 1.076.250\ €)} = \mathbf{86{,}3\ \%}$$

Liquidität 3. Grades
Die Liquidität 3. Grades ermittelt sich, indem das kurzfristige Umlaufvermögen ins Verhältnis gesetzt wird zum kurzfristigen Fremdkapital. Laut Aufgabenstellung gibt es keine Indizien für langfristiges Umlaufvermögen, z. B. durch eisernen Bestand an Vorräten, somit gilt das gesamte Umlaufvermögen als kurzfristig.

$$\text{Liquidität 3. Grades} = \frac{\text{kurzfristiges Umlaufvermögen} \cdot 100}{\text{kurzfristiges Fremdkapital}}$$

$$\text{Liquidität 3. Grades} = \frac{2.475.375\ € \cdot 100}{(96.250\ € + 73.500\ € + 1.076.250\ €)} = \mathbf{198{,}7\ \%}$$

Working Capital
Das Working Capital ergibt sich, indem das kurzfristige Fremdkapital vom kurzfristigen Umlaufvermögen subtrahiert wird.

	kurzfristiges Umlaufvermögen		2.475.375,00 €
-	kurzfristiges Fremdkapital		
	Steuerrückstellungen	96.250,00 €	
	sonstige Rückstellungen	73.500,00 €	
	Verbindlichkeiten aus LL	1.076.250,00 €	1.246.000,00 €
=	**Working Capital**		**1.229.372,00 €**

b) Kernaussagen der Kennzahlen aus Teilaufgabe a)

Die **Eigenkapitalquote** stellt den Anteil des Eigenkapitals am Gesamtkapital dar. Es ist ein Indikator für die Liquidität des Unternehmens sowie der Abhängigkeit von Gläubigern.

Der **statische Verschuldungsgrad** ist eine andere Darstellung der Finanzierung des Unternehmens, es wird das Verhältnis zwischen dem Fremdkapital und dem Eigenkapital dargestellt. Der statische Verschuldungsgrad dient der Überprüfung der vertikalen Finanzierungsregeln.

Der **Deckungsgrad I** stellt das Verhältnis zwischen Eigenkapital und Anlagevermögen dar. Er dient als Indikator dafür wie flexibel ein Unternehmen bei Veränderung der Marktsituation reagieren kann. Ist ein Großteil des Anlagevermögens durch Eigenkapital gedeckt, so kann das Unternehmen entweder nicht mehr benötigtes Anlagevermögen veräußern oder als Kreditsicherheit verwenden und somit sich besser auf neue Marktsituationen einstellen.

Der **Deckungsgrad II** überprüft die Fristenkongruenz zwischen dem langfristigen Vermögen (Anlagevermögen) und dem langfristigen Kapital. Das was langfristig im Unternehmen genutzt wird, das Anlagevermögen, soll auch langfristig finanziert sein. Der Deckungsgrad II dient der Überprüfung der horizontalen Finanzierungsregeln.

Die **Liquidität 2. Grades,** auch einzugsbedingte Liquidität genannt, überprüft am Bilanzstichtag die Fristenkongruenz zwischen den liquiden Mitteln (Liquide Mittel + Forderungen), die in einem bestimmten Zeitraum zur Verfügung stehen und dem Fremdkapital, das im gleichen Zeitraum gezahlt werden muss. Die Kennzahl sollte größer 100 % sein.

Die **Liquidität 3. Grades** wird auch als umsatzbedingte Liquidität bezeichnet. Sie dient als Indikator für die zukünftige Liquiditätskraft des Unternehmens. Ist der Abstand zwischen Liquidität 2. Grades und der Liquidität 3. Grades relativ hoch, ist dies auf die Vorräte zurückzuführen. Vorräte führen zu zukünftigen Erzeugnissen bzw. Leistungen, die verkauft werden und zu liquiden Mitteln führen.

Das **Working Capital** ist eine andere Darstellung der Liquidität 3. Grades. Es wird das Umlaufvermögen dargestellt, welches frei von kurzfristigem Fremdkapital ist. Werden die freien Bestandteile des Umlaufvermögens zu liquiden Mitteln umgewandelt (durch Verkauf der Erzeugnisse oder Leistungen), werden diese nicht benötigt zur Tilgung des kurzfristigen Fremdkapitals, sondern stehen für andere Verwendungsmöglichkeiten, z. B. Investitionen oder Vorfinanzierung von Aufträgen zur Verfügung.

c) Beurteilung der Kennzahlen aus Teilaufgabe a)

Die **Eigenkapitalquote** ist aus Sicht der Unabhängigkeit und der Liquiditätsbelastung als sehr gut zu beurteilen, knapp die Hälfte des Unternehmens ist durch Eigenkapital finanziert, damit ist das Unternehmen sehr solide finanziert.

Dies schlägt sich auch im statischen Verschuldungsgrad nieder, es ist die 1:2-Regel erfüllt, welches aus Sicht der Banken als gut bewertet wird.

Der **Deckungsgrad I** ist mit 68,4 % auch als gut zu beurteilen, wenn das Unternehmen aufgrund von Veränderungen auf den Märkten neu investieren muss, kann entweder nicht mehr benötigtes Vermögen veräußert werden oder das mit Eigenkapital finanzierte Vermögen kann als Sicherheit dienen.

Der **Deckungsgrad II** ist ebenfalls erfüllt, er sollte mindestens 100 % betragen, es wurde die Fristenkongruenz untersucht, ob das langfristige Vermögen auch langfristig finanziert, auch diese hat das Unternehmen erfüllt.

Die **Liquidität 2. Grades** sollte mindestens 100 % betragen, sodass aus Sicht des Bilanzstichtages alle Verbindlichkeiten termingerecht bedient werden können. Dies hat das Unternehmen nicht erfüllt. Wobei beachtet werden muss, dass es sich um eine statische Kennzahl handelt, die sich in der ersten Woche des neuen Geschäftsjahres ändern kann, dies gilt es zu prüfen.

Die **Liquidität 3. Grades** sollte mindestens 150 % betragen. Dies ist erfüllt. Da der Abstand zwischen der Liquidität 2. Grades zur Liquidität 3. Grades relativ hoch ist, ist erkennbar, dass das Unternehmen über ein relativ hohes Vorratsvermögen verfügt. Es sollte geprüft werden inwieweit eine schnellere Umsetzung in Erzeugnisse bzw. Dienstleistungen erfolgen kann, dies würde die Liquidität 2. Grades ebenfalls verbessern.

Das **Working Capital** ergibt einen positiven Wert, es stellt die freie Liquidität, die nach dem Verkauf der Leistungen zur Verfügung steht dar, das ist für das Unternehmen als positiv zu werten. Das Working Capital ist als Indikator für den Kapitalbedarf des Unternehmens, nutzbar. Ein zu hohes Working Capital kann allerdings rentabilitätshemmend wirken. Eine abschließende Beurteilung ist im vorliegenden Fall nicht möglich.

Lösung zu Aufgabe 17: Working Capital/Liquiditätsgrade, Kapitalerhöhung

a) Working Capital, Geldvermögen

Das Working Capital ergibt sich rechnerisch, indem das kurzfristige Fremdkapital vom Umlaufvermögen subtrahiert wird. Es wird als der Anteil des Umlaufvermögens dargestellt der nicht kurzfristig, sondern langfristig finanziert ist.

Das Working Capital sollte stets einen positiven Wert ausweisen, da sonst auch Teile des Anlagevermögens kurzfristig finanziert sind. Dies würde gegen die horizontalen Finanzierungsregeln verstoßen und zu großen Liquiditätsproblemen führen.

Das Working Capital zeigt die so genannte freie Liquidität, das arbeitende Kapital, im Unternehmen an. Werden Erzeugnisse oder Dienstleistungen verkauft, müssen bei einem hohen Working Capital diese Zahlungen nicht komplett verwendet werden, um die Kreditoren zu bedienen, sondern das Kapital steht zur Verfügung, um den laufenden Leistungsprozess des Unternehmens zu finanzieren.

Der Kapitalbedarf des Unternehmens sinkt bei einem hohen Working Capital. Allerdings kann ein hohes Working Capital hemmend auf die Rentabilität wirken, da „zu viel" Liquidität vorhanden ist, hierbei ist der Zielkonflikt zwischen Liquidität und Rentabilität zu beachten und ein optimaler Kompromiss im Unternehmen zu finden.

Das Geldvermögen stellt den Zahlungsmittelbestand korrigiert, um die kurzfristigen Forderungen und kurzfristigen Verbindlichkeiten dar. Es wird angezeigt welche finanziellen Mittel in einem bestimmten Zeitraum zur Verfügung stehen. Das Geldvermögen wird wie folgt ermittelt:

	Zahlungsmittelbestand
+	kurzfristige Forderungen
-	kurzfristige Verbindlichkeiten
=	**Working Capital**

b) Abgrenzung Working Capital, Liquidität 3. Grades

Das Working Capital und die Liquidität 3. Grades beziehen sich grundsätzlich auf die gleichen Werte. Während das Working Capital die Differenz zwischen dem Umlaufvermögen und den kurzfristigen Verbindlichkeiten bildet, wird bei der Liquidität 3. Grades das Umlaufvermögen ins Verhältnis gesetzt zum kurzfristigen Fremdkapital.

Das Working Capital stellt die „freie Liquidität" dar und dient als Indikator für die Kapitalbindung und den daraus sich ergebenden Kapitalbedarf und wird für weitere Berechnungen von Liquiditätskennzahlen verwendet.

Die Liquidität 3. Grades dient als so genannte „umsatzbezogene Liquidität" als Indikator für eine zukünftige Liquiditätsentwicklung. Ist der Liquiditätsgrad relativ hoch, so ist dies meist auf Vorräte zurückzuführen, die zukünftig verarbeitet und verkauft werden und somit liquide Mittel erwirtschaften.

Eine fundierte Aussage über die Liquiditätsentwicklung ist mit beiden Kennzahlen alleine allerdings nicht möglich.

c) Formen der Kapitalerhöhung

Bei der Kapitalerhöhung werden folgende Formen unterschieden:

- **Ordentliche Kapitalerhöhung, geregelt in §§ 182 - 191 AktG**
  Diese stellt die Grundform der Kapitalerhöhung dar. Es wird das Eigenkapital erhöht indem das gezeichnete Kapital erhöht wird. Die bisherigen Aktionäre erhalten ein Bezugsrecht, sodass sich grundsätzlich an den Aktienverhältnissen nichts ändert.
- **Bedingte Kapitalerhöhung, geregelt in §§ 192 - 201 AktG**
  Hierbei handelt es sich um eine zweckgebundene Kapitalerhöhung. Es wird das gezeichnete Kapital erhöht, dadurch erhöht sich auch das Eigenkapital. Die bisherigen Aktionäre haben kein Bezugsrecht.
- **Genehmigte Kapitalerhöhung, geregelt in §§ 202 - 206 AktG**
  Hierbei gibt die Hauptversammlung die Vollmacht zur Durchführung einer späteren Kapitalerhöhung. Auch hierbei erhöht sich das Eigenkapital, die bisherigen Aktionäre haben ein Bezugsrecht.
- **Kapitalerhöhung aus Gesellschaftsmitteln, geregelt in §§ 207 - 220 AktG**
  Hierbei wird das gezeichnete Kapital zulasten der Gewinnrücklage erhöht. Das Eigenkapital verändert sich in der Struktur, bleibt in der Summe konstant. Die bisherigen Aktionäre haben Anspruch auf Gratis- bzw. Zusatzaktien.

Lösung zu Aufgabe 18: Eigenkapitalrentabilität, Gesamtkapitalrentabilität

a) Ermittlung Gesamtkapitalrentabilität

Die Gesamtkapitalrentabilität ermittelt sich, indem der Jahresüberschuss plus Fremdkapitalzinsen ins Verhältnis gesetzt wird zum Gesamtkapital.

$$\text{Gesamtkapitalrentabilität} = \frac{(\text{Jahresüberschuss} + \text{Fremdkapitalzinsen}) \cdot 100}{\text{Gesamtkapital}}$$

Der Jahresüberschuss und das Gesamtkapital (Bilanzsumme) sind gegeben. Um die Fremdkapitalzinsen berechnen zu können, muss das Gesamtkapital in Eigen- und Fremdkapital aufgegliedert werden. Hierzu kann der statische Verschuldungsgrad genutzt werden. Der statische Verschuldungsgrad beträgt 3,0, d. h. auf einen Anteil Eigenkapital entfallen drei Anteile Fremdkapital. Es sind also vier Kapitalanteile vorhanden, die einem Gesamtkapital von 8.000.000 € entsprechen. Drei Anteile Fremdkapital ergeben also 6.000.000 €. Die Fremdkapitalzinsen ergeben sich aus 6 % von 6.000.000 € = 360.000 €.

Es ergibt sich laut o. g. Formel folgende Gesamtkapitalrentabilität:

$$\text{Gesamtkapitalrentabilität} = \frac{(750.000\,€ + 360.000\,€) \cdot 100}{8.000.000\,€} = \mathbf{13{,}875\ \%}$$

b) Ermittlung der Eigenkapitalrentabilität

Die Eigenkapitalrentabilität ermittelt sich in dem der Jahresüberschuss (Gewinn) ins Verhältnis gesetzt wird zum Eigenkapital.

$$\text{Eigenkapitalrentabilität} = \frac{\text{Jahresüberschuss} \cdot 100}{\text{Eigenkapital}}$$

Der Jahresüberschuss beträgt 750.000 € laut Aufgabenstellung. Das Eigenkapital ist im vorliegenden Fall nicht gegeben. Es kann allerdings über den statischen Verschuldungsgrad ermittelt werden. Bei einem statischen Verschuldungsgrad 3,0 kommen auf einen Anteil Eigenkapital drei Anteile Fremdkapital, sodass ¼ der Bilanzsumme Eigenkapital darstellt, ¼ von 8.000.000 € = 2.000.000 €.

Somit ergibt sich folgende Eigenkapitalrentabilität:

$$\text{Eigenkapitalrentabilität} = \frac{750.000\,€ \cdot 100}{2.000.000\,€} = \mathbf{37{,}5\ €}$$

c) Bonität und deren Bedeutung

Unter Bonität wird die Einschätzung des zukünftigen Kreditausfallrisikos des Kreditnehmers verstanden. Die Bonität wird im Rahmen eines Ratings (Leistungsbewertung) durch den Kreditgeber bzw. deren Beauftragten ermittelt.

Die Bonität hat Einfluss darauf, ob ein Kredit an den Kreditnehmer ausgereicht wird und wenn ja, zu welchen Konditionen, d. h. wie viel Eigenkapital muss der Kreditnehmer aufbringen und welche Zinskonditionen werden gegeben.

d) Veränderung der Eigenkapitalrentabilität

Um die neue Eigenkapitalrentabilität zu berechnen, muss zuerst festgestellt werden, welche Positionen sich durch die Investition ändern. Da die neue Investition komplett durch Fremdkapital finanziert wird, ändert sich das Eigenkapital nicht. Allerdings ändert sich der Jahresüberschuss (Gewinn) für das Unternehmen.

Die Gesamtkapitalrentabilität soll gleich bleiben, sie beträgt also 13,875 %. Daraus lässt sich ableiten das durch die Investition i. H. v. 1.000.000 € ein Gewinn + Fremdkapitalzinsen i. H. v. 138.750 € (13,875 % von 1.000.000 €) erwirtschaftet wird. Durch die Aufnahme von Fremdkapital sind Fremdkapitalzinsen i. H. v. 7 % entstanden, dies entspricht 70.000 € (7 % von 1.000.000). Die Differenz ergibt den durch die Investition zusätzlich erwirtschafteten Gewinn.

Es ergibt sich folgende Eigenkapitalrentabilität:

$$\text{Eigenkapitalrentabilität} = \frac{\text{Jahresüberschuss} \cdot 100}{\text{Eigenkapital}}$$

	Gewinn vor Investition		750.000,00 €
	Gewinn + Fremdkapitalzinsen durch Investition (13,875 % von 1.000.000 €)	138.750,00 €	
-	Zinsen für zusätzliches Fremdkapital (7 % von 1.000.000 €)	70.000,00 €	
=	zusätzlicher Gewinn		68.750,00 €
=	**Gewinn insgesamt nach Investition**		**818.750,00 €**
	Eigenkapital (vor und nach Investition)		**2.000.000,00 €**
	Eigenkapitalrentabilität		**40,9 %**

Die Eigenkapitalrentabilität würde sich um 3,4 % Prozentpunkte erhöhen.

Da die Gesamtkapitalrentabilität (13,875 %) größer ist als der Fremdkapitalzinssatz (7 %), wirkte in diesem Beispiel der Leverage-Effekt.

Lösung zu Aufgabe 19: EBT, EBIT, EBITDA

a) Begriffserläuterung

EBT ist die Abkürzung für earnings before taxes, dies entspricht dem Gewinn vor Steuern.

EBIT ist die Abkürzung für earnings before interest and taxes, dies ist das Ergebnis vor Steuern und Zinsen (Gewinn plus Finanzergebnis).

EBITDA ist die Abkürzung für earnings before interest taxes depreciation and amortization, dies ist das Ergebnis vor Steuern, Zinsen sowie Abschreibungen.

b) Gründe für die Veröffentlichung

Einerseits werden diese Kennzahlen genutzt, um sich mit anderen Unternehmen vergleichen zu können. Es sind bestimmte Korrekturen vorgenommen worden, bei denen sich Unternehmen unterscheiden, obwohl sie die gleiche Tätigkeit ausüben. Beispielsweise ergibt sich die Zinslast hauptsächlich aus der Verschuldung des Unternehmens, die Abschreibung aus der Investition ins Anlagevermögen usw.

Wenn ein Unternehmen eine hohe Eigenkapitalquote hat, wird die Zinslast niedriger sein, als bei einem vergleichbaren Unternehmen mit niedriger Eigenkapitalquote. Damit eine Vergleichbarkeit der Leistungsfähigkeit der Unternehmen möglich ist, werden solche Korrekturen vorgenommen.

Auch bei Vergleichen mit Unternehmen aus dem Ausland ist es sinnvoll solche Korrekturen vorzunehmen, da unterschiedliche Rechnungslegungsstandards angewendet werden müssen.

Andererseits veröffentlichen Unternehmen solche Kennzahlen auch, damit potenzielle zukünftige Anteilseigner mehr Transparenz über das Unternehmen erhalten, um zu fundierten Entscheidungen zu kommen. Dies gilt natürlich auch für zukünftige Kreditgeber.

c) Vorteile, Nachteile EBITDA-Kennzahl

Vorteile

Durch die Hinzurechnung von nicht auszahlungsbedingten Aufwendungen, wie den Abschreibungen, dient das EBITDA als Annäherung an den Cashflow und kann somit zur Einschätzung der Liquidität genutzt werden.

Durch die Einbeziehung von z. B. Fremdkapitalzinsen werden Unterschiede in der Finanzierungsform der Unternehmen eliminiert, auch somit ist eine bessere Vergleichbarkeit möglich.

Ein weiterer Vorteil ist, dass durch die Berechnung des EBITDA eine bessere Vergleichbarkeit auch im internationalen Bereich möglich ist, da bilanzpolitische Maßnahmen bzw. Unterschiedliche Ansätze der Rechnungslegungsstandards eliminiert wurden.

Nachteile

Ein klassischer Nachteil ist, dass das EBITDA zwar eine Annäherung an den Cashflow darstellt, aber nicht den tatsächlichen Geldüberschuss ausweist und somit alleine kaum zu fundierten Erkenntnissen führen kann. Das EBITDA kann eine fundierte Aussage nur in Bezug zu anderen Wertgrößen geben.

Ein weiterer Nachteil ist, dass das EBITDA grundsätzlich keine Differenzierung der einzelnen Geschäftssegmente vornimmt und somit alle Einkünfte einberechnet werden, auch wenn sie beispielsweise nicht das Kerngeschäft betreffen. Dies erschwert eine Vergleichbarkeit mit anderen Unternehmen.

Aufgabe 20: Cashflow, Deckungsgrade, Bilanzierungsregeln

a) Ermittlung EAT, EBT, EBIT, EBITDA

Das EAT (earnings after taxes) stellt den Gewinn nach Steuern dar. Er zeigt dem Unternehmen grundsätzlich auf, wie viel Gewinn zur Ausschüttung zur Verfügung steht.

Werden hierzu die Ertragssteuern hinzugerechnet ergibt das das EBT (earnings before taxes), das Ergebnis vor Steuern, das für einen Vergleich mit anderen Unternehmen genutzt werden kann. Allerdings ist die Aussagekraft stark begrenzt, da die Unternehmen unterschiedlich finanziert sind.

Um diesen Unterschied zu eliminieren werden die Zinsaufwendungen und Zinserträge eliminiert und man erhält das EBIT (earnings before interest and taxes), das Ergebnis vor Steuern und Zinsen. Hiermit ist eine bessere Vergleichbarkeit mit anderen, auch internationalen, Unternehmen möglich.

Werden die Abschreibungen zum EBIT hinzugerechnet ergibt sich das EBITDA (earnings before interest taxes, depreciation and amortization), das Ergebnis vor Steuern, Zinsen und Abschreibungen. Durch die Hinzurechnung der Abschreibungen erhält man eine liquiditätsorientierte Kennzahl, die sich an den Cashflow annähert. Hierdurch lassen sich u. a. Unternehmen mit unterschiedlichen Investitionsverhalten besser vergleichen.

Aus der vorliegenden Gewinn- und Verlustrechnung ergibt sich folgende Berechnung:

	EAT (earnings after taxes)	**297.500,00 €**
+	Steuern vom Einkommen und Ertrag	185.587,50 €
	EBT (earnings before taxes)	**483.087,50 €**
+	Zinsaufwendungen	48.125,00 €
-	Zinserträge	14.000,00 €
	EBIT (earnings before interest and taxes)	**517.212,50 €**
+	Abschreibungen	94.500,00 €
	EBITDA (earnings before interest, taxes depreciation and amortization)	**611.712,50 €**

b) Ermittlung Cashflow nach der indirekten Methode

Ausgangspunkt der Ermittlung des Cashflow nach der indirekten Methode ist der Jahresüberschuss. Dieser wird bei der indirekten Methode um die nichtzahlungswirksamen Aufwendungen und Erträge korrigiert, damit man den Cashflow erhält. Die nicht auszahlungswirksamen Aufwendungen werden addiert, die nicht einzahlungsbedingten Erträge subtrahiert. Es ergibt sich folgende Berechnung:

	Jahresüberschuss	297.500,00 €
-	Bestandserhöhungen fertige und unfertige Erzeugnisse	17.500,00 €
-	aktivierte Eigenleistungen	43.750,00 €
+	Abschreibungen auf Sachanlagen	94.500,00 €
+	Zuführungen zu Pensionsrückstellungen (aus Bilanz: lfd. Jahr 686.000 €; Vj. 650.000 €)	36.000,00 €
=	**Cashflow**	**366.750,00 €**

c) Bewertung des Cashflow

Grundsätzlich gibt es keine feste Wertgröße an der der Cashflow gemessen werden kann. Der Cashflow muss für jedes Unternehmen individuell bewertet werden. Ob ein Cashflow im jeweiligen Unternehmen als positiv zu werten ist, wird an bestimmten Kriterien/Anforderungen gemessen, die erfüllt sein müssen. Diese Kriterien sind allerdings allgemeingültig. Ein Cashflow kann als positiv bewertet werden, wenn folgende Zahlungen durch ihn erfüllt werden können:

- Gewinnausschüttungen
- Kredittilgungen
- Investitionen
- Rücklagen.

Wenn alle die Bereiche abgedeckt werden können, ist der Cashflow optimal. Zumindest müssen allerdings die Kredittilgungen, die Gewinnausschüttungen und die Eigenanteile der Investitionen vorgenommen werden können.

d) Ermittlung Deckungsgrad II, Goldene Bilanzregel

Der Deckungsgrad II ermittelt sich, indem das langfristige Kapital ins Verhältnis gesetzt wird zum Anlagevermögen. Das langfristige Kapital setzt sich zusammen aus dem Eigenkapital und dem langfristigen Fremdkapital. Zum langfristigen Fremdkapital gehören, wenn keine weiteren Angaben vorhanden sind, die Pensionsrückstellungen und das Darlehen.

$$\text{Deckungsgrad II} = \frac{\text{langfristiges Kapital} \cdot 100}{\text{Anlagevermögen}}$$

$$\text{Deckungsgrad II} = \frac{(2.572.500\,€ + 686.000\,€ + 2.289.000\,€) \cdot 100}{3.148.250\,€} = \mathbf{176{,}2\,\%}$$

Der Deckungsgrad II prüft die Fristenkongruenz zwischen dem langfristigen Vermögen (Anlagevermögen) und dem langfristigen Kapital. Das Vermögen, welches das Unternehmen langfristig nutzt, soll auch langfristig finanziert sein. Diese Überprüfung übernimmt der Deckungsgrad II.

Man spricht auch von der goldenen Bilanzregel. Der Deckungsgrad II sollte größer 100 % sein, sodass das Anlagevermögen komplett mit langfristigem Kapital finanziert ist. Dies ist in der vorliegenden Situation erfüllt.

e) Goldene Finanzierungsregeln

Die goldenen Finanzierungsregeln untersuchen ebenfalls horizontal die Deckung des Anlagevermögens durch das Kapital. Die Finanzierungsregeln werden z. B. von Banken angewendet. Hierbei werden, wie bei den Deckungsgraden I und II das Anlagevermögen und das Eigenkapital bzw. das langfristige Kapital in Bezug gesetzt.

Bei den Finanzierungsregeln werden diese umgekehrt wie bei den Deckungsgraden als Bruch mit einem dezimalen Ergebnis dargestellt.

Die goldene Finanzierungsregel im engeren Sinne berechnet sich wie folgt:

$$\text{Goldene Finanzierungsregel im engeren Sinne} = \frac{\text{Anlagevermögen}}{\text{Eigenkapital}} \leq 1$$

Die goldene Finanzierungsregel im engeren Sinne überprüft, ob das Anlagevermögen voll durch das Eigenkapital finanziert ist. Dies ist der Fall, wenn das Ergebnis kleiner gleich 1 ist.

Für die vorliegende Bilanz ergibt sich:

$$\text{Goldene Finanzierungsregel im engeren Sinne} = \frac{3.148.250\ €}{2.572.500\ €} = \mathbf{1{,}22}$$

In der vorliegenden Bilanz ist die goldene Finanzierungsregel im engeren Sinne nicht erfüllt.

Die goldene Finanzierungsregel im weiteren Sinne überprüft, ob das Anlagevermögen durch das langfristige Kapital gedeckt ist. Die goldene Finanzierungsregel im weiteren Sinne wird folgendermaßen berechnet:

$$\text{Goldene Finanzierungsregel im weiteren Sinne} = \frac{\text{Anlagevermögen}}{\text{langfristiges Kapital}} \leq 1$$

$$\text{Goldene Finanzierungsregel im weiteren Sinne} = \frac{3.148.250\ €}{(2.572.500\ € + 686.000\ € + 2.289.000\ €)} = \mathbf{0{,}57}$$

Die goldene Finanzierungsregel im weiteren Sinne ist erfüllt.

Aus praktischer Sicht ist die goldene Finanzierungsregel im weiteren Sinne grundsätzlich bedeutender, da die Mehrzahl der Unternehmen eine komplette Eigenfinanzierung des Anlagevermögen nicht ermöglichen können. Außerdem ist aus Renditesicht, dies nicht immer sinnvoll (Leverage-Effekt).

Lösung zu Aufgabe 21: Analyse der Ertragskraft, Umschlagskennzahlen

a) Ermittlung EBIT

Das EBIT (earnings before interest and taxes) stellt den Gewinn vor Zinsen und Steuern dar. Es ergibt sich folgende Berechnung:

		2014 in T€	**2013 in T€**
	EAT (earnings after taxes)	**1.488**	**1.558**
+	Steuern vom Einkommen und Ertrag	638	668
	EBT (earnings before taxes)	**2.126**	**2.226**
+	Zinsaufwendungen	245	282
-	Zinserträge	20	23
	EBIT (earnings before interest and taxes)	**2.351**	**2.485**

b) DuPont-Kennzahlensystem

Das DuPont-Kennzahlensystem wurde im Jahr 1919 entwickelt. Es dient dazu mittels der Spitzenkennzahl, den Return on Investment (ROI), die Verzinsung des investierten Kapitals zu ermitteln.

Weiterhin wird die Spitzenkennzahl in Einzelkennzahlen aufgegliedert, um so die Ursache-Wirkungs-Zusammenhänge zwischen den betrieblichen Entscheidungen und deren Einfluss auf die Spitzenkennzahl transparent zu machen.

Um die Verzinsung des investierten Kapitals zu messen, gibt es verschiedene Wertgrößen die als „Return" genutzt werden können, z. B. der Jahresüberschuss, das ordentliche Betriebsergebnis usw.

Ein wesentlicher Kritikpunkt am DuPont-Kennzahlensystem ist die Tatsache, dass nur monetäre Größen einbezogen werden können, so genannte qualitative Größen bleiben unberücksichtigt.

c) Berechnung des Return on Investment (ROI)

Der Return on Investment wird nach folgender Formel berechnet:

Return on Investment = Umsatzrentabilität • Kapitalumschlag

Als „Return“ soll laut Aufgabenstellung das unter Teilaufgabe a) ermittelte EBIT dienen. Da zum betriebsnotwendigen Kapital keine Aussage in der Aufgabenstellung gemacht wurde, wird das Gesamtkapital verwendet.

Es ergibt sich folgende Berechnung:

$$\text{ROI} = \frac{\text{EBIT} \cdot 100}{\text{Umsatzerlöse}} \cdot \frac{\text{Umsatzerlöse}}{\text{Gesamtkapital}}$$

$$\text{ROI 2013} = \frac{2.485\ \text{T€} \cdot 100}{20.125\ \text{T€}} \cdot \frac{20.125\ \text{T€}}{18.030\ \text{T€}} = \mathbf{13{,}8\ \%}$$

$$\text{ROI 2014} = \frac{2.351\ \text{T€} \cdot 100}{17.500\ \text{T€}} \cdot \frac{17.500\ \text{T€}}{18.430\ \text{T€}} = \mathbf{12{,}8\ \%}$$

d) Wertung des Return on Investment

Bei Rentabilitätskennzahlen wie dem Return on Investment, gibt es keine feste Wertgröße, ab der die Rentabilität positiv ist.

Jedes Unternehmen muss selber festlegen, ab wann der Return on Investment positiv ist. Aus betriebswirtschaftlicher Sichtweise ist der Return on Investment positiv, wenn er soweit über den marktüblichen Zins für sichere langfristige Finanzanlagen liegt, dass zumindest das unternehmerische Risiko abgegolten ist. Die Höhe des Risikozinses legt jeder Unternehmer bzw. jedes Unternehmen individuell fest.

e) Ermittlung durchschnittliche Kreditorenlaufzeit, Debitorenlaufzeit

Die durchschnittliche Kreditorenlaufzeit ermittelt sich nach folgender Formel:

$$\text{Kreditorenlaufzeit in Tagen} = \frac{360}{\text{Umschlagshäufigkeit der Verbindlichkeiten aus LL}}$$

Die Umschlagshäufigkeit der Verbindlichkeiten aus LL ermittelt sich, indem die Aufwendungen für Roh-, Hilfs- und Betriebsstoffe und Waren (brutto) ins Verhältnis gesetzt werden zum durchschnittlichen Bestand der Verbindlichkeiten aus Lieferungen und Leistungen.

$$\text{Umschlagshäufigkeit der Verbindlichkeiten aus LL} = \frac{\text{Aufwendungen für RHB + Waren (brutto)}}{\text{durchschnittlicher Bestand an Verbindlichkeiten aus LL}}$$

Es ergibt sich für 2013 und 2014 folgende Berechnung:

	2014	2013
Aufwendungen für RHB + Waren (Materialaufwand lt. GuV) brutto inkl. 19 % USt (in T€)	**7.854**	**8.936**
Verbindlichkeiten aus LL Bestand Jahresanfang (in T€)	2.150	2.350
Verbindlichkeiten aus LL Bestand Jahresende (in T€)	2.250	2.150
durchschnittlicher Bestand an Verbindlichkeiten aus LL(in T€)	**2.200**	**2.250**
Umschlagshäufigkeit der Verbindlichkeiten aus LL	**3,6**	**4,0**
durchschnittliche Kreditorenlaufzeit (in Tagen)	**100**	**90**

Die durchschnittliche Debitorenlaufzeit ergibt sich aus der Formel:

$$\text{Debitorenlaufzeit in Tagen} = \frac{360}{\text{Umschlagshäufigkeit der Forderungen aus LL}}$$

Die Umschlagshäufigkeit der Forderungen aus LL ergibt sich, indem die Umsatzerlöse (brutto) ins Verhältnis gesetzt werden zum durchschnittlichen Forderungsbestand aus LL.

$$\text{Umschlagshäufigkeit der Forderungen aus LL} = \frac{\text{Umsatzerlöse (brutto)}}{\text{durchschnittlicher Bestand an Forderungen aus LL}}$$

Es ergibt sich für 2013 und 2014 folgende Berechnung:

	2014	2013
Umsatzerlöse lt. GuV inkl. 19 % USt (in T€)	**20.825**	**23.949**
Forderungen aus LL Bestand Jahresanfang (in T€)	5.150	5.400
Forderungen aus LL Bestand Jahresende (in T€)	4.750	5.150
durchschnittlicher Bestand an Forderungen aus LL (in T€)	**4.950**	**5.275**
Umschlagshäufigkeit der Forderungen aus LL	**4,2**	**4,5**
durchschnittliche Debitorenlaufzeit (in Tagen)	**85,7**	**80,0**

f) Erläuterung Kreditorenlaufzeit, Debitorenlaufzeit

Die durchschnittliche Kreditorenlaufzeit gibt an nach wie viel Tagen durchschnittlich die offenen Eingangsrechnungen von der HoMö GmbH bezahlt werden. Die durchschnittliche Kreditorenlaufzeit hat sich in 2014 in Bezug auf 2013 verlängert, das Unternehmen zahlt seine Eingangsrechnungen später. Die Kreditorenlaufzeit muss vor dem Hintergrund geprüft werden, wie lange das das durchschnittliche Zahlungsziel der Lieferanten ist, dies ist im vorliegenden Fall nicht möglich, da es keine Angaben gibt.

Die durchschnittliche Debitorenlaufzeit gibt an nach wie viel Tagen im Durchschnitt die Kunden zahlen. Auch diese hat sich in 2014 in Bezug auf 2013 verlängert, d. h. die Kunden zahlen später. Grundsätzlich sollte die Debitorenlaufzeit so kurz wie möglich sein, sodass die HoMö GmbH schnell wieder über das gebundene Kapital verfügt.

Eine Wertung ob die Debitorenlaufzeit in der HoMö GmbH zu hoch ist, muss vor dem Hintergrund der Zahlungskonditionen gegenüber dem Kunden geprüft werden. Hierzu fehlen in der Aufgabenstellung allerdings die notwendigen Angaben.

Lösung zu Aufgabe 22: Rentabilitäten, Leverage-Effekt

a) Auswirkungen auf die Eigenkapitalrentabilität

Um grundsätzlich zu prüfen, ob die Investition aus Sicht der Rentabilität mit Eigen- oder Fremdkapital finanziert werden sollte, ist die Gesamtkapitalrentabilität zu berechnen und diese mit dem Fremdkapitalzinssatz zu vergleichen. Ist die Gesamtkapitalrentabilität größer als der Fremdkapitalzinssatz, so sollte aus Sicht der Maximierung der Rentabilität Fremdkapital zur Finanzierung der Investition aufgenommen werden (Leverage-Effekt).

Die Gesamtkapitalrentabilität für die Ausgangssituation berechnet sich wie folgt:

$$\text{Gesamtkapitalrentabilität} = \frac{(\text{Jahresüberschuss} + \text{Fremdkapitalzinsen}) \cdot 100}{\text{Gesamtkapital}}$$

$$\text{Gesamtkapitalrentabilität} = \frac{(6.250.000\ € + 2.250.000\ €) \cdot 100}{117.500.000\ €^{1}} = \mathbf{7{,}5\ \%}$$

Da die Gesamtkapitalrentabilität (7,5 %) größer ist als der Fremdkapitalzinssatz (4,75 %) sollte aus Sicht der Rentabilität Fremdkapital bevorzugt werden.

---

1 $$\text{durchschnittliches Gesamtkapital} = \frac{(116.950.000\ € + 118.050.000\ €) \cdot 100}{2} = \mathbf{117.500.000\ €}$$

Die konkrete Auswirkung auf die Eigenkapitalrentabilität stellt sich wie folgt dar.

Eigenkapitalrentabilität bei Finanzierung mit Eigenkapital:

$$\text{Eigenkapitalrentabilität} = \frac{\text{Jahresüberschuss} \cdot 100}{\text{Eigenkapital}}$$

$$\text{Eigenkapitalrentabilität} = \frac{6.250.000\ € \cdot 100}{37.125.000\ €^{1}} = \mathbf{16{,}8\ \%}$$

TIPP

Berechnung des durchschnittlichen Eigenkapitals
Laut Aufgabe ist der Jahresüberschuss i. H. v. 6.250.000 €, wegen der Ausschüttung, dem kurzfristigen Fremdkapital zugeordnet. Zur Berechnung des durchschnittlichen Eigenkapitals muss er allerdings berücksichtigt werden, da der Jahresüberschuss den Eigentümern (Eigenkapitalgebern) zusteht und im Laufe des Geschäftsjahres somit im Eigenkapital vorhanden war.

Durch die Aufnahme von Fremdkapital würden sich folgende Veränderungen ergeben:

- Das Eigenkapital würde sich um 4.000.000 € (Am Jahresanfang, da Ausschüttung am 31.12.2013 erfolgt.) verringern, da die Gewinnrücklage an die Gesellschafter ausgeschüttet wird.
- Durch die Aufnahme des Darlehens würde sich das langfristige Fremdkapital erhöhen, die Bilanzsumme würde sich allerdings nicht verändern, da die Gewinnrücklage in gleicher Höhe abgenommen hat.
- Durch die Aufnahme des Darlehens erhöht sich der Aufwand für Fremdkapitalzinsen i. H. v. 190.000 € à 4,75 % von 4.000.000 € = 190.000 €
- Der Gewinn verringert sich dadurch um 190.000 € (Erhöhung der Fremdkapitalzinsen) von 6.250.000 € auf 6.060.000 € (Dieser muss im Eigenkapital-Endbestand berücksichtigt werden).
- Das durchschnittliche Eigenkapital verändert sich wie folgt:

$$\text{durchschnittliches Eigenkapital} = \frac{30.000.000\ € + 36.060.000\ €}{2} = \mathbf{33.030.00\ €}$$

---

1 $$\text{durchschnittliches Eigenkapital} = \frac{34.000.000\ € + 40.250.000\ €}{2} = \mathbf{37.125.000\ €}$$

Es ergibt sich somit folgende Eigenkapitalrentabilität, falls die Investition durch Fremdkapital finanziert worden wäre.

$$\text{Eigenkapitalrentabilität} = \frac{\text{Jahresüberschuss} \cdot 100}{\text{Eigenkapital}}$$

$$\text{Eigenkapitalrentabilität} = \frac{6.060.000\,€ \cdot 100}{33.030.00\,€} = \mathbf{18{,}3\,\%}$$

Durch die Aufnahme von Fremdkapital hätte die Eigenkapitalrentabilität von 16,8 % auf 18,3 % gesteigert werden können.

b) Zielkonflikt Rentabilität und Liquidität

Ziel der Eigenkapitalgeber ist die nachhaltige Maximierung ihrer Eigenkapitalrentabilität. Damit eine hohe Rentabilität erwirtschaftet werden kann, muss das Kapital investiert werden. Durch die Investition ist das Kapital gebunden und steht nicht als Liquidität zur Verfügung.

Ein Unternehmen muss allerdings ständig in der Lage sein, seinen finanziellen Verpflichtungen nachkommen zu können, da Illiquidität (Zahlungsunfähigkeit) zur Insolvenz des Unternehmens führt.

Zwischen den Liquiditäts- und Rentabilitätszielen besteht ein Zielkonflikt. Wird die Rentabilität in den Vordergrund gestellt ist das Kapital gebunden und dies geht somit zulasten der Liquidität.

Wird die Liquidität in den Vordergrund gestellt, ist das Unternehmen in der Lage seinen Verpflichtungen termingerecht nachzukommen. Allerdings ist das Kapital nicht investiert und somit geht eine hohe Liquidität zulasten der Rentabilität.

Unternehmen versuchen eine so genannte optimale Liquidität zu finden, sodass immer die notwendige Liquidität vorhanden ist um den finanziellen Verpflichtungen nachzukommen, das übrige Kapital wird zur Steigerung der Rentabilität eingesetzt.

Grundsätzlich gilt im Zielkonflikt zwischen Rentabilität und Liquidität, dass kurzfristig immer die Liquidität Vorrang hat, da sonst für das Unternehmen die Gefahr der Insolvenz besteht. Langfristig muss das Unternehmen allerdings rentabel arbeiten, da es für die Anteilseigner und die Gläubiger attraktiv sein muss.

Lösung zu Aufgabe 23: Cashflow, dynamischer Verschuldungsgrad, Interpretation

a) Ermittlung des Cashflow nach der indirekten Methode

Der Cashflow stellt den erwirtschafteten Geldüberschuss einer Abrechnungsperiode (eines Zeitraums) dar. Bei der Berechnung nach der indirekten Methode ist der Ausgangspunkt der Jahresüberschuss. Dieser wird um die nichtzahlungsbedingten Aufwendungen und Erträge korrigiert. Die nicht auszahlungsbedingten Aufwendungen werden hinzugerechnet, die nicht einzahlungsbedingten Erträge werden subtrahiert.

Für die vorliegende Gewinn- und Verlustrechnung ergibt sich folgender Cashflow nach der indirekten Methode:

	Jahresüberschuss	670.000,00 €
-	Bestandserhöhungen an Erzeugnissen	500.000,00 €
-	andere aktivierte Eigenleistungen	200.000,00 €
-	Erträge aus der Auflösung von Rückstellungen	1.000.000,00 €
-	Erträge aus der Zuschreibung AV	250.000,00 €
-	Erträge aus Kursgewinnen	100.000,00 €
+	Abschreibungen	1.000.000,00 €
+	Aufwand aus der Bildung von Rückstellungen	750.000,00 €
+	Pauschalwertberichtigung	150.000,00 €
=	**Cashflow**	**520.000,00 €**

b) Bewertung Cashflow

Damit ein Cashflow als positiv eingeschätzt werden kann, sollte er folgende Funktionen erfüllen:

- Ausschüttung der Gewinnanteile an die Gesellschafter/Anteilseigner
- Tilgung der Kredite
- Finanzierung der Investitionen, zumindest der notwendigen Eigenanteile
- Bildung von Rücklagen.

c) Statischer Verschuldungsgrad

Der statische Verschuldungsgrad ermittelt sich, indem das Fremdkapital ins Verhältnis zum Eigenkapital gesetzt wird. Das Ergebnis gibt Auskunft wie viele Anteile Fremdkapital auf einen Anteil Eigenkapital kommen. Der statische Verschuldungsgrad berechnet sich:

$$\text{statischer Verschuldungsgrad} = \frac{\text{Fremdkapital}}{\text{Eigenkapital}}$$

$$\text{statischer Verschuldungsgrad} = \frac{5.200.000\ €}{2.400.000\ €} = \mathbf{2{,}16}$$

Der statische Verschuldungsgrad sagt aus, dass auf einen Anteil Eigenkapital 2,16 Anteile Fremdkapital kommen. Damit ist aus Sicht der vertikalen Finanzierungsregel die 1:3 -Regel erfüllt, dies ist grundsätzlich als noch akzeptabel zu bezeichnen. Da die

1:2-Regel allerdings nur knapp verfehlt wurde, kann man die Finanzierung des Unternehmens grundsätzlich als gut bezeichnen.

d) Ermittlung dynamischer Verschuldungsgrad

Der dynamische Verschuldungsgrad ermittelt sich als Quotient aus Fremdkapital und Cashflow

$$\text{dynamischer Verschuldungsgrad} = \frac{\text{Fremdkapital}}{\text{Cashflow}}$$

$$\text{dynamischer Verschuldungsgrad} = \frac{5.200.000\ €}{520.000\ €} = \mathbf{10}$$

Der dynamische Verschuldungsgrad sagt aus, wie viele Jahre das Unternehmen bei Verwendung des gesamten Cashflow benötigt, um sich vollständig zu entschulden.

Im vorliegenden Fall würde das Unternehmen nach zehn Jahren vollständig schuldenfrei sein. Dies kann allerdings nur ein Indikator sein, da der Cashflow sich jährlich auch verändert und außerdem nicht der gesamte Cashflow zur Schuldentilgung eingesetzt werden kann.

Außerdem würde man unterstellen, dass das Unternehmen in diesem Zeitraum keine neuen Schulden aufnimmt, was aus praktischer Sicht unwahrscheinlich ist.

Der dynamische Verschuldungsgrad ist aber ein wichtiger Indikator, ob das Unternehmen zukünftig in finanzielle Schwierigkeiten kommen kann oder schon ist. Im vorliegenden Fall beträgt der dynamische Verschuldungsrad zehn, also zehn Jahre bräuchte das Unternehmen zur vollständigen Entschuldung.

Haben die Kredite allerdings im Durchschnitt eine kürzere Laufzeit z. B. sechs Jahre, ist dies ein Indiz dafür, dass das Unternehmen die Kredite höchstwahrscheinlich nicht zeitgerecht bedienen kann, da der Cashflow nicht ausreicht. Dieses bedeutet, der dynamische Verschuldungsgrad sollte immer kleiner sein als die durchschnittliche Kreditdauer im Unternehmen.

Lösung zu Aufgabe 24: Statische und dynamische Finanz- und Liquiditätsanalyse

a) Abgrenzung statische und dynamische Liquiditätsanalyse

Die statische Liquiditätsanalyse bezeichnet die stichtagsbezogene Liquiditätsanalyse des Unternehmens. Grundlage hierfür ist der Jahresabschluss des Unternehmens, der u. a. die Vermögensgegenstände und Schulden zum Bilanzstichtag ausweist.

Im Rahmen der statischen Liquiditätsanalyse kann „nur" die Liquiditätssituation am Bilanzstichtag analysiert werden, diese kann sich durch die laufenden Geschäftsvorfälle allerdings ständig ändern.

Die **statische Liquiditätsanalyse** dient allerdings auch dazu strukturelle Analysen vorzunehmen (u. a. Deckungsgrade), um Auswirkungen betrieblicher Entscheidungen zu erkennen bzw. die Erkenntnisse in zukünftige Entscheidungen einfließen zu lassen.

Klassische Messgrößen sind z. B. die Liquiditätsgrade oder die Deckungsgrade.

Die **dynamische Liquiditätsanalyse** ist die zeitraumbezogene Liquiditätsanalyse. Es wird die Liquidität, die in einem bestimmten Zeitraum erwirtschaftet bzw. verwendet wird, dargestellt. Die dynamische Liquiditätsanalyse dient dazu soweit wie möglich Transparenz über die finanziellen Transaktionen der Unternehmen darzustellen.

Die zentrale Messgröße der dynamischen Liquiditätsanalyse ist der Cashflow.

b) Ermittlung und Bewertung Deckungsgrad II

Der Deckungsgrad II ermittelt sich, indem das langfristige Kapital ins Verhältnis gesetzt wird zum Anlagevermögen. Das langfristige Kapital setzt sich zusammen aus dem Eigenkapital und dem langfristigen Fremdkapital.

$$\text{Deckungsgrad II} = \frac{\text{langfristiges Kapital} \cdot 100}{\text{Anlagevermögen}}$$

Für 2013

$$\text{Deckungsgrad II} = \frac{(21.000\text{ T€} + 35.000\text{ T€}) \cdot 100}{35.000\text{ T€}} = \mathbf{160\ \%}$$

Für 2014

$$\text{Deckungsgrad II} = \frac{(21.000\text{ T€} + 28.000\text{ T€}) \cdot 100}{46.900\text{ T€}} = \mathbf{104{,}5\ \%}$$

Der Deckungsgrad II prüft die Fristenkongruenz zwischen dem langfristigen Vermögen (Anlagevermögen) und dem langfristigen Kapital. Das Vermögen, welches das Unternehmen langfristig nutzt, soll auch langfristig finanziert sein. Diese Überprüfung übernimmt der Deckungsgrad II. Man spricht auch von der goldenen Bilanzregel.

Der Deckungsgrad II sollte größer 100 % sein, sodass das Anlagevermögen komplett mit langfristigem Kapital finanziert ist. Dies ist in der vorliegenden Situation in beiden Geschäftsjahren erfüllt. Allerdings hat sich der Deckungsgrad II in 2014 stark verschlechtert, sodass unterstellt werden muss, dass eine Umwandlung von langfristigem in kurzfristiges Fremdkapital vorgenommen wurde bzw. neue Investitionen in das Anlagevermögen durch kurzfristiges Fremdkapital finanziert worden sind.

Dies muss überprüft werden, der Deckungsgrad II darf sich in der SpoGe GmbH nicht weiter verringern, da die Fristenkongruenz, zwischen Finanzierungs- und Investitionsdauer, sonst nicht mehr gegeben ist.

c) Erstellung einer Bewegungsbilanz

Eine Bewegungsbilanz stellt die Veränderung der einzelnen Vermögens- und Schuldenposten zwischen der Eröffnungsbilanz und der Schlussbilanz dar. Hieraus kann abgeleitet werden, woher Mittel stammen und wofür sie verwendet werden.

Die Bewegungsbilanz ist also keine klassische Bilanz in der Bestände zu einem bestimmten Stichtag dargestellt werden, sondern es wird vielmehr die Mittelherkunft und Mittelverwendung gegenübergestellt, um zu erkennen, woher die Mittel stammen, die im Unternehmen verwendet worden sind.

In einem ersten Schritt wird eine so genannte Beständedifferenzbilanz erstellt in der die Differenz zwischen Anfangs- und Schlussbestand dargestellt wird.

	2014 in T€	**2013 in T€**	**Differenz in T€**
Aktiva			
Anlagevermögen			
immaterielle VG	630	700	- 70
Sachanlagen	45.500	31.500	14.000
Finanzanlagen	770	2.800	- 2.030
Umlaufvermögen			
Vorräte	7.000	10.500	- 3.500
Forderungen	10.500	14.000	- 3.500
liquide Mittel	9.100	10.500	- 1.400
Passiva			
Eigenkapital			
gezeichnetes Kapital	14.000	14.000	
Kapitalrücklage	3.500	3.500	
Gewinnrücklagen	3.500	3.500	
Fremdkapital			
langfristig	28.000	35.000	- 7.000
kurzfristig	24.500	14.000	10.500

Hieraus wird dann eine Bewegungsbilanz erstellt, die die Mittelherkunft (Passivmehrung, Aktivminderung) und Mittelverwendung (Aktivmehrung, Passivminderung) gegenüberstellt.

MITTELVERWENDUNG	Bewegungsbilanz		MITTELHERKUNFT
	TEuro		TEuro
Aktivmehrung		**Passivmehrung**	
Sachanlagen	14.000	kurzfristiges FK	10.500
Passivminderung		**Aktivminderung**	
kurzfristiges FK	7.000	immaterielle VG	70
		Finanzanlagen	2.030
		Vorräte	3.500
		Forderungen	3.500
		liquide Mittel	1.400
	21.000		21.000

d) Interpretation der Bewegungsbilanz

Die Bewegungsbilanz stellt die Mittelverwendung und Mittelherkunft in einem Geschäftsjahr aus Sicht der Veränderung der Bilanzpositionen dar.

Im abgelaufenen Geschäftsjahr sind die Mittel verwendet worden für Investitionen in den Sachanlagebereich und für den Abbau des langfristigen Fremdkapitals.

Die Mittel hierfür stammen vor allem aus der Aufnahme von kurzfristigem Fremdkapital und dem Abbau von Vorräten und Forderungen, sowie dem Verkauf von Finanzanlagen.

Bedenklich in diesem Zusammenhang ist, dass ein Aufbau von langfristigen Vermögen (Sachanlagen) stattgefunden hat i. H. v. 14.000 T€, die Finanzierung allerdings nur zu einem kleinen Teil durch langfristiges Kapital und zum großen Teil durch kurzfristiges Kapital gedeckt wurde. Damit wurde gegen die Fristenkongruenz zwischen Finanzierung und Investition verstoßen, was auch in der Entwicklung des Deckungsgrades II (siehe Teilaufgabe b) ersichtlich wird.

Lösung zu Aufgabe 25: Erfolgsspaltung

a) Ermittlung, Erläuterung ordentliches Betriebsergebnis, Finanzergebnis

Ermittlung/ Erläuterung ordentliches Betriebsergebnis

Das ordentliche Betriebsergebnis stellt dar, wie hoch der Gewinn oder Verlust ist, der durch die eigentliche betriebliche Tätigkeit, dem Kerngeschäft, erwirtschaftet wird. Es ergibt sich für die vorliegende Gewinn- und Verlustrechnung folgendes ordentliches Betriebsergebnis:

	Umsatzerlöse	11.645.585,00 €
-	Bestandserhöhungen an fertigen und unfertigen Erzeugnissen	336.612,50 €
+	andere aktivierte Eigenleistungen	302.120,00 €
+	bereinigte sonstige Erträge	48.090,00 €
-	Materialaufwand	4.646.285,00 €
-	Personalaufwand	3.823.155,00 €
-	Abschreibungen	890.155,00 €
-	bereinigte sonstige betriebliche Aufwendungen	1.698.707,00 €
-	sonstige Steuern	6.370,00 €
=	**ordentliches Betriebsergebnis**	**594.510,00 €**

Ermittlung bereinigte sonstige betriebliche Erträge

	sonstige betriebliche Erträge lt. GuV	101.605,00 €
-	Mieterträge	44.450,00 €
-	Erträge aus abgeschriebenen Forderungen	1.190,00 €
-	Entschädigungen von Versicherungen	7.875,00 €
=	**bereinigte sonstige betriebliche Erträge**	**48.090,00 €**

Ermittlung bereinigte sonstige betriebliche Aufwendungen

	sonstige betriebliche Erträge laut GuV	1.781.535,00 €
-	Verluste aus Anlagenabgang	4.427,50 €
-	Forderungsverluste	78.400,00 €
=	**bereinigte sonstige betriebliche Aufwendungen**	**1.698.707,50 €**

Ermittlung/Erläuterung Finanzergebnis
Das Finanzergebnis stellte alle Aufwendungen und Erträge, die sich aus den Finanzierungsvorgängen des Unternehmens ergeben, gegenüber. Für die vorliegende Gewinn- und Verlustrechnung ergibt sich folgendes Finanzergebnis:

	sonstige Zinsen und ähnliche Erträge	4.375,00 €
-	Zinsen und ähnliche Aufwendungen	598.482,50 €
=	**Finanzergebnis**	**- 594.107,50 €**

Das negative Finanzergebnis lässt auf einen hohen Verschuldungsgrad des Unternehmens schließen.

b) Ziel der Erfolgsspaltung

Der Gewinn oder Verlust, der in der Gewinn- und Verlustrechnung ermittelt wird, stellt den Unternehmenserfolg aller unternehmerischen Aktivitäten dar. Die Erfolgsspaltung hat das Ziel diesen „Gesamterfolg" in seine einzelnen Bestandteile aufzugliedern, um zu erkennen wie hoch der Anteil der eigentlichen betrieblichen Tätigkeit, dem Kerngeschäft, am Gesamterfolg ist.

Es soll erkannt werden, ob der Unternehmenserfolg nachhaltig aus seinem Kerngeschäft generiert werden kann oder der Unternehmenserfolg aus anderen Tätigkeiten erwirtschaftet wird.

TIPP

Der dritte Bestandteil der Erfolgsspaltung, das außerordentliche Ergebnis, wurde in dieser Aufgabe nicht berücksichtigt.

Lösung zu Aufgabe 26: Umschlagskennzahlen

a) Ermittlung Debitorenziel, Kreditorenziel, Umschlagsdauer der Vorräte

Die durchschnittliche Debitorenlaufzeit (Debitorenziel) ergibt sich aus der Formel:

$$\text{Debitorenlaufzeit in Tagen} = \frac{360}{\text{Umschlagshäufigkeit der Forderungen aus LL}}$$

Die Umschlagshäufigkeit der Forderungen aus LL ergibt sich, indem die Umsatzerlöse (brutto) ins Verhältnis gesetzt werden zum durchschnittlichen Forderungsbestand aus LL.

$$\text{Umschlagshäufigkeit der Forderungen aus LL} = \frac{\text{Umsatzerlöse (brutto)}}{\text{durchschnittlicher Bestand an Forderungen aus LL}}$$

Es ergibt sich für 2014 folgende Berechnung:

	2014
Umsatzerlöse lt. GuV inkl. 19 % USt (in T€)	**33.915**
Forderungen aus LL Bestand Jahresanfang (in T€)	5.150
Forderungen aus LL Bestand Jahresende (in T€)	4.750
durchschnittlicher Bestand Forderungen aus LL (in T€)	**4.950**
Umschlagshäufigkeit der Forderungen aus LL	**6,9**
durchschnittliche Debitorenlaufzeit (in Tagen)	**52,2**

Die durchschnittliche Kreditorenlaufzeit ermittelt sich nach folgender Formel:

$$\text{Kreditorenlaufzeit in Tagen} = \frac{360}{\text{Umschlagshäufigkeit der Verbindlichkeiten aus LL}}$$

Die Umschlagshäufigkeit der Verbindlichkeiten aus LL ermittelt sich, indem die Aufwendungen für Roh-, Hilfs- und Betriebsstoffe und Waren (brutto) ins Verhältnis gesetzt werden zum durchschnittlichen Bestand der Verbindlichkeiten aus Lieferungen und Leistungen.

$$\text{Umschlagshäufigkeit der Verbindlichkeiten aus LL} = \frac{\text{Aufwendungen für RHB + Waren (brutto)}}{\text{durchschnittlicher Bestand an Verbindlichkeiten aus LL}}$$

Es ergibt sich für 2014 folgende Berechnung:

	2014
Aufwendungen für RHB + Waren (Materialaufwand lt. GuV) brutto inkl. 19 % USt (in T€)	**18.742,5**
Verbindlichkeiten aus LL Bestand Jahresanfang (in T€)	3.150
Verbindlichkeiten aus LL Bestand Jahresende (in T€)	3.250
durchschnittlicher Bestand Verbindlichkeiten aus LL (in T€)	**3.200**
Umschlagshäufigkeit der Verbindlichkeiten aus LL	**5,9**
durchschnittliche Kreditorenlaufzeit (in Tagen)	**61**

Die Umschlagsdauer der Vorräte ermittelt sich mit der Formel:

$$\text{Umschlagsdauer der Vorräte} = \frac{\text{durchschnittlicher Bestand an Vorräten} \cdot 365}{\text{Umsatzerlöse (netto)}}$$

Die Umsatzerlöse werden bei der Berechnung mit dem Nettowert angesetzt, da auch die Basis der Vorräte zum Nettowert angesetzt werden.

Es ergibt sich folgende Berechnung:

	2014
Umsatzerlöse lt. GuV netto (in T€)	**28.500**
Vorräte Bestand Jahresanfang (in T€)	2.250
Vorräte Bestand Jahresende (in T€)	2.750
durchschnittlicher Bestand Vorräte (in T€)	**2.500**
Umschlagsdauer der Vorräte	**32**

Die Vorräte verbleiben somit im Durchschnitt 32 Tage im Unternehmen bis sie verbraucht werden.

b) Einfluss der Kennzahlen auf den Kapitalbedarf

Grundsätzlich haben alle drei Kennzahlen Einfluss auf den Kapitalbedarf.

Das durchschnittliche Kreditorenziel, zeigt an, nach wie viel Tagen durchschnittlich die Eingangsrechnungen bezahlt werden. Dies hat einen wesentlichen Einfluss auf die Kapitalbindung des Fertigungsmaterials. Umso später die Eingangsrechnungen bezahlt werden, umso geringer fallen die Kapitalbindungskosten für das Fertigungsmaterial aus.

Die Umschlagsdauer der Vorräte zeigt an, wie lange die Vorräte durchschnittlich im Unternehmen lagern, bevor sie verbraucht werden. Dieser Zeitraum sollte so kurz wie möglich gehalten werden, da durch die Lagerung u. a. Lagerzinsen für das gebundene Kapital, Kosten für Schwund, Verderb etc. anfallen.

Das Debitorenziel zeigt, an nach wie viel Tagen nach Lieferung die Kunden bezahlen und somit das gebundene Kapital wieder freigesetzt wird. Dieser Zeitraum sollte so kurz wie möglich gehalten werden, um das gebundene Kapital schneller wieder frei zu setzen und somit die Höhe des benötigten Kapitals zur Finanzierung des Leistungsprozesses zu verringern.

c) Maßnahmen zur Verbesserung der Kennzahlen

Debitorenziel

- Anbieten von Kundenskonto
- Anzahlungen mit den Kunden vereinbaren.

Umschlagshäufigkeit der Vorräte

- Ermittlung der optimalen Bestellmenge
- Just-in-time-Beschaffung
- Verringerung des Sicherheitsbestands.

Lösung zu Aufgabe 27: Return on Investment

a) Grundzüge des ROI-Kennzahlensystem

Der Return on Investment (ROI) ist die Spitzenkennzahl des DuPont-Kennzahlensystems. Dieses dient grundsätzlich der Rentabilitätsanalyse eines Unternehmens. Grundgedanke ist das eine Erfolgsgröße ins Verhältnis gesetzt wird zu einer Kapitalgröße. Ziel ist es, die Rendite (Rentabilität) des investierten Kapitals zu berechnen.

Zusätzlich soll durch die Aufspaltung der Spitzenkennzahl in ihre Einzelkennzahlen erreicht werden, die Wirkung von betrieblichen Entscheidungen auf die Spitzenkennzahl transparenter zu machen.

Es gibt verschiedenen Wertgrößen die zur Ermittlung des ROI verwendet werden können. So kann anstelle des Gewinns als Erfolgsgröße z. B. das EBIT oder das ordentliche Betriebsergebnis verwendet werden. Anstelle des betriebsnotwendigen Kapitals kann z. B. das Gesamtkapital verwendet werden.

b) Ermittlung des ROI

Der Return on Investment ermittelt sich grundsätzlich nach der Formel:

$$\text{Return on Investment} = \text{Umsatzrentabilität} \cdot \text{Kapitalumschlag}$$

Da es „nur" um die Berechnung geht kann die Formel zusammengefasst werden zu:

$$\text{Return on Investment} = \frac{\text{EBIT} \cdot 100}{\text{betriebsnotwendiges Kapital}}$$

Als Return (Erfolgsgröße) soll das EBIT (earnings before interest and taxes) verwendet werden. Das EBIT muss allerdings aus der Gewinn- und Verlustrechnung erst ermittelt werden:

	Jahresüberschuss	1.065.520,93 €
+	Steuern vom Einkommen und Ertrag	459.381,83 €
+	Zinsaufwendungen	598.482,50 €
-	Zinserträge	4.375,00 €
=	**EBIT**	**2.119.010,26 €**

Das betriebsnotwendige Kapital beträgt laut Aufgabe 25.000.000 €. Daraus ergibt sich folgender Return on Investment:

$$\text{Return on Investment} \quad \frac{2.119.010,26\ € \cdot 100}{25.000.000\ €} = \mathbf{8,48\ \%}$$

c) Bewertung des ROI

Der ROI zeigt die Verzinsung des investierten Kapitals an. Als Erfolgsgröße wurde das EBIT verwendet. Grundsätzlich muss die Verzinsung den Zins für langfristige sichere Finanzanlagen plus den durch das Unternehmen festgesetzten Risikozinssatz übersteigen. Ist dies der Fall so ist der ROI als positiv zu werten.

Der ROI kann allerdings auch genutzt werden, um sich mit anderen Unternehmen zu vergleichen, z. B. im Branchenvergleich.

Im vorliegenden Fall ist der Return on Investment als positiv zu werten. Der Zinssatz für langfristige sichere Finanzanlagen ist mit 2 % angegeben, der unternehmensspezifische Risikozinssatz mit 6 %. Der ROI mit 8,48 % übersteigt die Summe aus beiden Prozentsätzen und ist somit als positiv zu werten.

d) Kritikpunkte am ROI

Zwei wesentliche Kritikpunkte am ROI sind zum einen, dass er nur monetäre Größen berücksichtigt, nicht monetäre, qualitative Größen, aber nicht abgebildet werden. Außerdem betrachtet der ROI immer nur eine Zeitperiode. Eine Betrachtung von mehreren Abrechnungsperioden ist nicht gegeben.

Lösung zu Aufgabe 28: Vermögens- und Liquiditätsanalyse

a) Anlageintensität

Die Anlageintensität ergibt sich, indem das Anlagevermögen ins Verhältnis gesetzt wird zum Gesamtvermögen.

$$\text{Anlageintensität} = \frac{\text{Anlagevermögen} \cdot 100}{\text{Gesamtvermögen}}$$

$$\text{Anlageintensität 2013} = \frac{(525\ \text{T€} + 11.115\ \text{T€} + 1.050\ \text{T€}) \cdot 100}{27.090\ \text{T€}} = \mathbf{46{,}8\ \%}$$

$$\text{Anlageintensität 2014} = \frac{(450\ \text{T€} + 12.345\ \text{T€} + 675\ \text{T€}) \cdot 100}{27.645\ \text{T€}} = \mathbf{48{,}7\ \%}$$

Die Anlageintensität zeigt an, wie hoch der Anteil des Anlagevermögens am Gesamtvermögen ist. Die Höhe der Anlagenintensität ist stark branchenabhängig, Produktionsunternehmen haben tendenziell aufgrund des Sachanlagevermögens eine höhere Anlagenintensität, Dienstleistungsunternehmen haben tendenziell eine niedrigere Anlagenintensität.

Besteht das Gesamtvermögen zu einem großen Anteil aus Anlagevermögen, wird das Unternehmen in der Regel über die Abschreibungen auch einen hohen Fixkostenblock haben. Dies bedeutet das Unternehmen muss immer eine gewisse Auslastung der Sachanlagen gewährleisten.

Die Anlagenintensität kann auch im Branchenvergleich mit anderen Unternehmen genutzt werden. Allerdings kann hier die Vergleichbarkeit aufgrund der unterschiedlichen Beschaffungsmöglichkeiten z. B. Leasing erschwert werden.

Weiterhin kann die Anlageintensität im Zeitverlauf betrachtet werden. In der Regalbau GmbH hat sich die Anlageintensität im Jahr 2014 erhöht, sodass der Anteil des langfristigen Vermögens zugenommen hat.

b) Abschreibungsquote

Die Abschreibungsquote ermittelt sich, indem die Abschreibungen auf Sachanlagen des Geschäftsjahres ins Verhältnis zu den fortgeführten Anschaffungs- bzw. Herstellungskosten (Buchwert) der Sachanlagen zum Jahresende gesetzt wird.

$$\text{Abschreibungsquote} = \frac{\text{Abschreibungen auf Sachanlagen} \cdot 100}{\text{Buchwert der Sachanlagen (Jahresende)}}$$

$$\text{Anlageintensität 2013} = \frac{4.198 \text{ T€} \cdot 100}{11.115 \text{ T€}} = \mathbf{37{,}8\ \%}$$

$$\text{Anlageintensität 2014} = \frac{3.650 \text{ T€} \cdot 100}{12.345 \text{ T€}} = \mathbf{29{,}6\ \%}$$

Aus der Abschreibungsquote lässt sich grundsätzlich die Nutzungsdauer der Anlagen abschätzen. Eine hohe Abschreibungsquote führt im Umkehrschluss zu einer kürzeren Nutzungsdauer. Bei hohen Abschreibungsquoten muss das Unternehmen schneller Ersatzinvestitionen vornehmen, d. h. es besteht in kürzeren Abständen ein Kapitalbedarf.

Die Kennzahl kann auch im Branchenvergleich genutzt werden, allerdings kann es zu Verfälschungen kommen, da z. B. einige Unternehmen Sachanlagen leasen und nicht erwerben.

Um fundierte Aussagen mit der Abschreibungsquote zu treffen, müssen längerfristige Betrachtungen vorgenommen werden.

Im Fall der Regalbau Bau GmbH nimmt die Abschreibungsquote im Jahr 2014 ab. Dies könnte einerseits darauf hindeuten, dass sich die Nutzungsdauer verlängert hat, da es weniger Abschreibungsvolumen gibt. Es kann allerdings auch sein, dass sich die Zusammensetzung des Sachanlagevermögens verändert hat und sich dadurch die Abschreibungsquote verändert hat. Um dies zu analysieren, muss das Sachanlagevermögen genauer betrachtet werden.

c) Vorratsintensität

Die Vorratsintensität ermittelt sich, indem das Vorratsvermögen ins Verhältnis gesetzt wird zum Gesamtvermögen.

$$\text{Vorratsintensität} = \frac{\text{Vorräte} \cdot 100}{\text{Gesamtvermögen}}$$

$$\text{Vorratsintensität 2013} = \frac{3.375\ \text{T€} \cdot 100}{27.090\ \text{T€}} = \mathbf{12{,}5\ \%}$$

$$\text{Vorratsintensität 2014} = \frac{4.125\ \text{T€} \cdot 100}{27.645\ \text{T€}} = \mathbf{14{,}9\ \%}$$

Die Vorratsintensität zeigt an, wie viel Prozent des Gesamtvermögens in Vorräten gebunden sind. Der Anteil ist im Jahr 2014 angestiegen. Die Vorräte stellen gebundenes Kapital dar. Daher ist diese Kennzahl wichtig für die Berechnung des Kapitalbedarfs.

Umso höher die Vorratsintensität, umso höher ist auch der Kapitalbedarf des Unternehmens. Aus Sicht der Liquidität sollte die Vorratsintensität möglichst gering gehalten werden.

d) Bewertung der Liquiditätslage

Die Liquiditätslage des Unternehmens kann mit statischen oder dynamischen Liquiditätskennzahlen analysiert werden. Zu den statischen Kennzahlen zählt z. B. die Liquidität 2. Grades, zu den dynamischen Kennzahlen der Cashflow. Beide sollen auf Basis der vorliegenden Daten ermittelt werden.

Die Liquidität 2. Grades ermittelt sich, indem die liquiden Mittel plus Forderungen ins Verhältnis gesetzt werden zum kurzfristigen Fremdkapital. Da es keine weiteren Informationen gibt, gilt als kurzfristiges Fremdkapital, die Steuerrückstellungen, die sonstigen Rückstellungen, die Verbindlichkeiten aus LL und die sonstigen Verbindlichkeiten. Es ergibt sich folgende Liquidität 2. Grades:

$$\text{Liquidität 2. Grades} = \frac{(\text{liquide Mittel} + \text{Forderungen}) \cdot 100}{\text{kurzfristiges Fremdkapital}}$$

$$\text{Liquidität 2. Grades 2013} = \frac{(3.300\ \text{T€} + 7.725\ \text{T€}) \cdot 100}{(262{,}5\ \text{T€} + 1.163\ \text{T€} + 6.225\ \text{T€} + 937{,}5\ \text{T€})} = \mathbf{128{,}4\ \%}$$

$$\text{Liquidität 2. Grades 2014} = \frac{(2.925\ \text{T€} + 7.125\ \text{T€}) \cdot 100}{(188\ \text{T€} + 1.048\ \text{T€} + 3.375\ \text{T€} + 863\ \text{T€})} = \mathbf{183{,}6\ \%}$$

Die Liquidität 2. Grades sollte mindestens 100 % betragen, sodass aus Sicht des Bilanzstichtages, das gesamte kurzfristige Fremdkapital termingerecht bezahlt werden kann. Dies ist in beiden Geschäftsjahren mehr als erfüllt. Die Liquidität 2. Grades hat sich im Jahr 2014 sogar noch erheblich verbessert. Aus Sicht dieser Kennzahl ist die Liquidität optimal.

Es muss allerdings angemerkt werden, dass der Wert stichtagsbezogen ist, d. h. aus Sicht des Bilanzstichtages, und dass bei zu „hoher" Liquidität dies zu einer Verringerung der Rentabilität führen kann.

Eine weitere wichtige Kennzahl ist der Cashflow. Da der Jahresabschluss der Regal-Bau GmbH vorliegt kann der Cashflow, nach der indirekten Methode ermittelt werden.

Ausgangspunkt ist der Jahresüberschuss, der um die nicht auszahlungsbedingten Aufwendungen erhöht wird und um die nicht einzahlungsbedingten Erträge vermindert wird. Es ergibt sich für die beiden Geschäftsjahre folgender Cashflow:

		2013 in T€	**2014 in T€**
	Jahresüberschuss	1.773	1.632
+	Bestandsminderung an unfertigen/fertigen Erzeugnissen	3.623	3.150
-	andere aktivierte Eigenleistungen	403	350
+	Abschreibungen auf Sachanlagen	4.198	3.650
+	Zuführung Pensionsrückstellung	22	53
=	**Cashflow**	**9.213**	**8.135**

Der Cashflow stellt den erwirtschafteten Geldüberschuss des abgelaufenen Geschäftsjahres dar. Damit er als positiv zu werten ist, sollte er zumindest für die Ausschüttung und die Kredittilgungen und wenn möglich für notwendige Investitionen bzw. deren Eigenanteil und Rücklagen ausreichen.

Sind diese Bereiche abgedeckt, ist der Cashflow als positiv zu bewerten.

Grundsätzlich ist festzustellen, dass die Liquiditätslage des Unternehmens als positiv zu werten ist.

Lösung zu Aufgabe 29: Investitionsanalyse

a) Anlagenspiegel

Der Anlagenspiegel ist kein „klassischer" Bestandteil des Jahresabschlusses gem. § 264 Abs. 1 HGB, vielmehr ist er gem. § 268 Abs. 2 HGB in der Bilanz oder dem Anhang einzufügen. Kleine Kapitalgesellschaften sind von der Aufstellung eines Anlagenspiegels gem. § 274a HGB befreit.

b) Kennzahlenberechnung im Investitionsbereich

Investitionsquote
Die Investitionsquote berechnet sich, indem die Nettoinvestitionen in Sachanlagen ins Verhältnis gesetzt werden zum Jahresanfangsbestand der Sachanlagen.

$$\text{Investitionsquote} = \frac{\text{Nettoinvestitionen des Gj. in Sachanlagen} \cdot 100}{\text{Jahresanfangsbestand der Sachanlagen zu AK/HK}}$$

Hieraus ergibt sich folgende Berechnung:

	Zugänge Sachanlagen 2014	5.410 T€
-	Abgänge Sachanlagen 2014	3.320 T€
=	**Nettoinvestitionen Sachanlagen 2014**	**2.090 T€**
	Buchwert Sachanlagen 31.12.2013 = Anfangsbestand 01.01.2014	**12.450 T€**
	Investitionsquote	**16,8 %**

Investitionsdeckung
Die Investitionsdeckung ermittelt sich, indem die Jahresabschreibungen auf Sachanlagen ins Verhältnis gesetzt werden zu den Nettoinvestitionen in Sachanlagen.

$$\text{Investitionsdeckung} = \frac{\text{Jahresabschreibung in Sachanlagen} \cdot 100}{\text{Nettoinvestitionen des Gj. in Sachanlagen}}$$

$$\text{Investitionsdeckung} = \frac{3.090\ \text{T€} \cdot 100}{2.090\ \text{€}} = \mathbf{147{,}8\ \%}$$

Abschreibungsquote
Die Abschreibungsquote ermittelt sich, indem die planmäßigen Abschreibungen auf Sachanlagen ins Verhältnis gesetzt werden zum Buchwert der Sachanlagen am Ende des Geschäftsjahres.

$$\text{Abschreibungsquote} = \frac{\text{planmäßige Jahresabschreibungen in Sachanlagen} \cdot 100}{\text{Sachanlagen zu AK/HK am Ende des Gj.}}$$

Anlagenabnutzungsgrad
Der Anlagenabnutzungsgrad ermittelt sich, indem die kumulierten Abschreibungen auf Sachanlagen ins Verhältnis gesetzt werden zum Buchwert der Sachanlagen am Ende des Geschäftsjahres.

$$\text{Anlagenabnutzungsgrad} = \frac{\text{kumulierte Abschreibungen in Sachanlagen} \cdot 100}{\text{Sachanlagen zu AK/HK am Ende des Gj.}}$$

$$\text{Anlagenabnutzungsgrad} = \frac{47.050\ \text{T€} \cdot 100}{58.650\ \text{€}} = \mathbf{80{,}2\ \%}$$

c) Interpretation der Kennzahlen

Die **Investitionsquote** gibt Informationen über die Investitionsneigung des Unternehmens. Umso höher die Investitionsquote umso mehr investiert das Unternehmen in die Zukunft. Man kann daraus ableiten, dass das Unternehmen für sich gute Marktaussichten sieht und sich durch die Investition den u. U. steigenden Marktentwicklungen anpasst.

Die Investitionsquote von 16,8 % ist relativ hoch, sodass man, wenn man nur die Einzelkennzahl betrachtet, eine positive Marktentwicklung ableiten könnte.

Die **Investitionsdeckung** gibt an, inwieweit die Abschreibungen die erwirtschaftet worden sind, für Reinvestitionen genutzt werden. Liegt wie im vorliegenden Fall die Investitionsdeckung über 100 % (im vorliegenden Fall 147,8 %) wurden nicht alle Abschreibungen reinvestiert, sodass das Unternehmen nicht wächst, sondern eher schrumpft.

Würde die Kennzahl unter 100 % liegen, würde mehr investiert werden als an Abschreibungen zurückfließt, dann würden Erweiterungsinvestitionen ableitbar sein, das Unternehmen würde wachsen.

Aus der **Abschreibungsquote** kann die durchschnittliche Nutzungsdauer der Anlagen abgeleitet werden. Eine hohe Abschreibungsquote lässt darauf schließen, dass das Unternehmen eventuell kurzfristig Ersatzinvestitionen tätigen muss. Um eine fundierte Aussage zu treffen müsste ein Mehrjahresvergleich durchgeführt werden.

Der **Anlagenabnutzungsgrad** zeigt das durchschnittliche Alter der Sachanlagen an. Im vorliegenden Fall liegt der Anlagenabnutzungsgrad bei 80,2 %, d. h. die Sachanlagen sind als sehr alt zu bezeichnen. Dies bedeutet für das Unternehmen, dass zukünftig hohe Ersatzinvestitionen auf das Unternehmen zukommen. Es besteht zukünftig ein hoher Kapitalbedarf. Vor diesem Hintergrund ist die Investitionsquote umzudeuten. Es lässt sich ableiten das versäumte Investitionen der Vergangenheit nachgeholt werden.

Lösung zu Aufgabe 30: Cashflow-Analyse

a) Definition Cashflow

Der Cashflow ist der erwirtschaftete Geldüberschuss einer Abrechnungsperiode. Er stellt den Saldo aus Einzahlungen und Auszahlungen dar und ist Indikator für die Selbstfinanzierungskraft des Unternehmens.

Der erwirtschaftete Geldüberschuss wird im laufenden Geschäftsjahr auch wieder verwendet, sodass der Cashflow nicht zu verwechseln ist mit dem Bestand an liquiden Mitteln am Jahresende.

b) Verfahren zur Ermittlung des Cashflow

Der Cashflow kann nach der direkten bzw. der indirekten Methode ermittelt werden.

Bei der direkten Methode werden den Einzahlungen (Geldzuflüsse), die Auszahlungen (Geldabflüsse) gegenübergestellt. Hierzu ist es notwendig alle Geschäftsfälle des Unternehmens die zu Geldzufluss oder Geldabfluss führen, zu erfassen.

	Einzahlungen
-	Auszahlungen
=	**Cashflow**

Bei der indirekten Methode ist der Ausgangspunkt der Jahresüberschuss des Unternehmens, der aus der Gewinn- und Verlustrechnung entnommen wird. Der Jahresüberschuss wird dann um die nicht auszahlungsbedingten Aufwendungen, z. B. Abschreibungen erhöht und um die nicht einzahlungsbedingten Erträge, z. B. aktivierte Eigenleistungen gemindert. Hieraus ergibt sich dann der Cashflow.

	Jahresüberschuss
-	nicht einzahlungsbedingte Erträge
+	nicht auszahlungsbedingte Aufwendungen
=	**Cashflow**

c) Aussage bestimmter Kennzahlen

Cashflow-Umsatzrate

$$\text{Cashflow-Umsatzrate} = \frac{\text{Cashflow} \cdot 100}{\text{Unsatzerlöse}}$$

Die Cashflow-Umsatzrate gibt an, wie viel vom Umsatz als Geldüberschuss erwirtschaftet wird. Die ist für das Unternehmen wichtig, um für jeden Auftrag und den daraus resultierenden Umsatz erkennen zu können wie hoch der erwirtschaftete Geldüberschuss ist, den das Unternehmen verwenden kann, z. B zur Vorfinanzierung neuer Aufträge.

Schuldentilgungsdauer
Die Schuldentilgungsdauer berechnet sich über den dynamischen Verschuldungsgrad.

$$\text{Schuldentilgungsdauer (dynamischer Verschuldungsgrad)} = \frac{\text{Fremdkapital}}{\text{Cashflow}}$$

Die Schuldentilgungsdauer gibt an, wie viele Jahre ein Unternehmen benötigt, um sich vollständig zu entschulden. Dies kann nur ein Indikator sein, da weder der Cashflow über die Jahre in gleicher Höhe erwirtschaftet, noch der gesamte Cashflow zu Schuldentilgung verwendet werden kann und außerdem das Fremdkapital sich meist auch verändert. Ist die durchschnittliche Kreditdauer allerdings kürzer als die Schuldentilgungsdauer, wird ein Liquiditätsdefizit erkennbar.

4. Internationale Rechnungslegungsvorschriften

Lösung zu Aufgabe 1: Bestandteile Jahresabschluss

a) Bestandteile des Jahresabschlusses nach HGB

Der Jahresabschluss einer großen Kapitalgesellschaft umfasst gem. § 264 Abs. 1 HGB

- die Bilanz,
- die Gewinn- und Verlustrechnung,
- den Anhang und
- den Lagebericht.

Handelt es sich um eine kapitalmarktorientierte Kapitalgesellschaft gem. § 264 d HGB hat die Kapitalgesellschaft, sofern sie nicht verpflichtet ist einen Konzernabschluss aufzustellen, den Jahresabschluss, um eine Kapitalflussrechnung und einen Eigenkapitalspiegel zu erweitern. Optional kann der Jahresabschluss, um eine Segmentberichterstattung erweitert werden.

b) Bestandteile eines IFRS-Jahresabschlusses

Gemäß IAS 1 besteht der IFRS-Jahresabschluss aus:

- Bilanz
- Gewinn- und Verlustrechnung
- Gesamtergebnisrechnung
- Eigenkapitalveränderungsrechnung
- Kapitalflussrechnung
- Anhang.

c) Weitere Informationsquellen/Berichte im IFRS-Jahresabschluss

Das Unternehmen kann als weitere optionale Berichte z. B.

- Management-Bericht zur Lage des Unternehmens,
- Umweltbericht oder
- Wertschöpfungsrechnung

veröffentlichen.

Lösung zu Aufgabe 2: Unterschiede Bilanzierung HGB/IFRS

a) Bilanzierungswahlrecht/Bewertungswahlrecht

Der Kaufmann hat im Jahresabschluss gem. 246 Abs. 1 Satz 1 HGB seine sämtlichen Vermögensgegenstände, Schulden usw. zu bilanzieren, es besteht hierfür ein grundsätzliches Bilanzierungsgebot.

Das HGB, gibt dem Kaufmann in wenigen Ausnahmefällen ein Bilanzierungswahlrecht, indem der Kaufmann die Alternative erhält, ob er einen Vermögensgegenstand/

Schuldposten überhaupt im Jahresabschluss ansetzt oder nicht. Ein klassisches Beispiel ist der selbst erstellte immaterielle Vermögensgegenstand des Anlagevermögens. Gemäß § 248 Abs. 2 Satz 1 HGB kann der Kaufmann für diesen Vermögensgegenstand einen Aktivposten ansetzen, kann alternativ diesen auch Gewinn mindernd in der Gewinn- und Verlustrechnung erfassen.

Bei einem Bewertungswahlrecht besteht die Alternative in der Höhe des Ansatzes eines zu bilanzierenden Vermögensgegenstandes, Schuldpostens oder Rechnungsabgrenzungspostens.

Das HGB gibt dem Kaufmann die Alternative in der Höhe des Bilanzansatzes. Ein klassisches Beispiel hierfür, ist die Bewertung zu Herstellungskosten. Gemäß § 255 Abs. 2 Satz 3 HGB dürfen in die Herstellungskosten angemessene Teile der allgemeinen Verwaltung mit eingerechnet werden, können allerdings auch Gewinn mindernd erfasst werden. Möchte der Kaufmann einen höheren Gewinnausweis, nimmt er z. B. dieses Bewertungswahlrecht in Anspruch.

b) Unterschiede HGB/IFRS

- Das dominierende Prinzip der Bilanzierung nach HGB ist das Vorsichtsprinzip, welches abgeleitet ist aus dem Grundsatz der Vorsicht (§ 252 Abs. 1 Nr. 4 HGB). Hiernach ist Vermögen und Schulden vorsichtig zu bewerten. Das IFRS-Regelwerk hat als vorrangige Zielstellung der Bilanzierung, den möglichen Investoren entscheidungsrelevante Informationen zur Verfügung zu stellen.
- Im Rahmen der Bilanzierung nach HGB gelten die Anschaffungs- bzw. Herstellungskosten gem. § 253 Abs. 1 Satz 1 HGB als Wertobergrenze der Bilanzierung. Eine höhere Bewertung ist gem. § 252 Abs. 1 Nr. 4 HGB (Realisationsprinzip) verboten. Nach IFRS kann eine Neubewertung der Vermögenswerte gem. IAS 16 vorgenommen werden, sodass ein Vermögenswert auch über die Anschaffungs- und Herstellungskosten bewertet werden kann. Diese hierdurch ausgewiesenen nicht realisierten Gewinne sind allerdings in einer Neubewertungsrücklage zu erfassen.
- Die planmäßigen Abschreibungen werden gem. § 253 Abs. 3 Satz 1 und 2 HGB über die betriebliche Nutzungsdauer angesetzt. Hierbei wird der gesamte Vermögensgegenstand mit einer Nutzungsdauer abgeschrieben. Im IFRS-Regelwerk gibt es im Standard IAS 16 den Komponentenansatz. Besteht ein Vermögenswert aus verschiedenen Komponenten, die innerhalb der Gesamtnutzungsdauer des Vermögenswertes mehrfach ersetzt werden müssen und sind diese nicht von untergeordneter Bedeutung, ist jede Komponente für sich abzuschreiben.
- Im Bereich der Fertigungsaufträge, die über mehrere Wirtschaftsjahre gehen, dürfen die Gewinne laut HGB erst ausgewiesen werden, wenn der Auftrag fertiggestellt/ausgeführt und abgenommen ist. Es herrscht das Realisationsprinzip gem. § 252 Abs. 1 Nr. 4 HGB. Im IFRS-Regelwerk ist im Standard IAS 11 geregelt, dass bei Fertigungsaufträgen, die über mehrere Geschäftsjahre ausgeführt werden, die Gewinne nach dem Fertigstellungsgrad in dem jeweiligen Geschäftsjahr ausgewiesen werden, wenn bestimmte Voraussetzungen erfüllt sind.

- Bei der Bilanzierung von Darlehen werden diese nach HGB mit dem Erfüllungsbetrag gem. § 253 Abs. 1 Satz 2 HGB angesetzt, d. h. ein eventuelles Disagio wird nicht gekürzt. In der IFRS-Bilanz, wird das Darlehen gem. IAS 39 mit dem fair value angesetzt, dieser entspricht im Regelfall dem erhaltenen Geldbetrag, d. h. ein eventuelles Disagio wird in Abzug gebracht.

Lösung zu Aufgabe 3: Bilanzierungsentscheidungen

Sachverhalt	**Bilanzierungspflicht**	**Bilanzierungswahlrecht**	**Bilanzierungsverbot**	**Vorschrift(en)**
1. Aktivierung von eigenen Anteilen im Umlaufvermögen			X	IAS 32.33
2. Kauf eines Lkw, der ausschließlich für die Auslieferung von Waren an Kunden genutzt wird	X			IAS 16.7
3. Aufwendungen für die Gründung des Unternehmens			X	IAS 38
4. Rückstellungen (geschätzte Kosten) für den geplanten Neubau einer Produktionshalle zur Geschäftserweiterung im nächsten Jahr			X	IAS 37
5. Ausgaben für ein im laufenden Geschäftsjahr selbst erstelltes Software-Programm (Fakturaprogramm) zur Eigennutzung (geplante Nutzungsdauer 5 Jahre)	X			IAS 38
6. Wertsteigerungen eines eigenbetrieblich genutzten unbebauten Grundstücks über die Anschaffungskosten hinaus (weitere Grundstücke sind nicht vorhanden)		X		IAS 16.29
7. Einem Lieferanten versprochene, aber noch nicht geleistete Anzahlung, ohne deren Leistung der Vertrag als nicht zu Stande gekommen gilt			X	IAS 37
8. Kauf von Handelswaren, die Anlieferung und inventurmäßige Bestandsaufnahme erfolgte im alten Jahr. Die Eingangsrechnung ging erst im neuen Geschäftsjahr ein.	X			F 38; IAS 2

Lösung zu Aufgabe 4: Herstellungskosten nach HGB und IFRS (I)

a) Ziele der Rechnungslegungspflicht nach HGB/IFRS

Das HGB verfolgt als zentrale Zielsetzung den Gläubigerschutz. Die Kapitalgeber sollen durch die handelsrechtlichen Buchführungsvorschriften ein den tatsächlich Verhältnissen entsprechendes Bild der Vermögens-, Finanz- und Ertragslage des Unternehmens erhalten.

Das IFRS-Regelwerk hat als zentrale Zielsetzung, dass die Investoren des Unternehmens entscheidungsrelevante Informationen über das Unternehmen erhalten, um hierdurch fundierte Entscheidungen treffen zu können.

b) Ermittlung Herstellungskosten nach HGB und IFRS

Bei der Ermittlung der Herstellungskosten nach HGB und IFRS sind Aktivierungsgebote, -wahlrechte und -verbote zu unterscheiden.

Für den vorliegenden Sachverhalt gilt für HGB und IFRS Aktivierungsgebot für

- Fertigungsmaterial,
- Fertigungslöhne,
- Materialgemeinkosten,
- Fertigungsgemeinkosten,
- produktionsbezogene Verwaltungsgemeinkosten und
- Konstruktionspläne (Sondereinzelkosten der Fertigung).

Für die allgemeinen Verwaltungsgemeinkosten besteht laut HGB ein Aktivierungswahlrecht und nach IFRS ein Aktivierungsverbot.

Für die herstellungsbezogenen Fremdkapitalzinsen besteht im Handelsrecht ein Aktivierungswahlrecht und nach IFRS ein Aktivierungsgebot.

Der jeweilige Mindestansatz (Herstellungskostenuntergrenze) ergibt sich aus den Aktivierungsgeboten. Werden die Aktivierungswahlrechte in Anspruch genommen, erreicht man den Höchstansatz (Herstellungskostenobergrenze).

Kostenart	**HGB**	**IFRS**
Fertigungsmaterial	750.000,00 €	750.000,00 €
12 % Materialgemeinkosten	90.000,00 €	90.000,00 €
Fertigungslöhne	210.000,00 €	210.000,00 €
45 % Fertigungsgemeinkosten	94.500,00 €	94.500,00 €
Konstruktionspläne	55.000,00 €	55.000,00 €
produktionsbezogene Verwaltungsgemeinkosten	5.000,00 €	5.000,00 €
Handelsrecht – Herstellungskostenuntergrenze	**1.204.500,00 €**	

Kostenart	HGB	IFRS
allgemeine Verwaltungskosten	168.630,00 €	
Fremdkapitalzinsen	12.500,00 €	12.500,00 €
Handelsrecht – Herstellungskostenobergrenze	**1.385.630,00 €**	
IFRS – Herstellungskosten		**1.217.000,00 €**

c) Auswirkungen auf die Gewinn- und Verlustrechnung

Eine hohe Bewertung von Vermögen in der Bilanz hat die Wirkung eines hohen Gewinnausweises. Das bedeutet, wählt das Unternehmen die Herstellungskostenobergrenze ist der Gewinn der Mayer AG in Höhe der Differenz zwischen den möglichen Wertansätzen höher als beim Ansatz zur Herstellungskostenuntergrenze.

Laut IFRS gibt es für den vorliegenden Sachverhalt keine Möglichkeit unterschiedliche Wertansätze anzusetzen.

d) Unterschiedlicher Gewinnausweis bei Fertigungsaufträgen HGB/IFRS

Im Handelsrecht herrscht laut § 252 Abs. 1 Nr. 4 HGB das Realisationsprinzip. Das bedeutet die Gewinne aus einem Fertigungsauftrag dürfen erst ausgewiesen werden, wenn sie realisiert sind. Dies ist in dem Jahr der Fall, wenn der Auftrag abgeschlossen und abgenommen wurde. Ist der Auftrag als unfertig einzustufen, ist er zu Herstellungskosten zu bewerten und im Rahmen der Folgebewertung das strenge Niederstwertprinzip anzuwenden.

Gemäß Standard IAS 11 werden bei Fertigungsaufträgen die Gewinne nach Fertigstellungsgrad auf die einzelnen Geschäftsjahre aufgeteilt, wenn bestimmte Voraussetzungen erfüllt sind. Das bedeutet, dass der zu erwartende Gewinn in den jeweiligen Geschäftsjahren der Herstellung ausgewiesen wird.

Lösung zu Aufgabe 5: Grundlagen Sachanlagenbewertung, JA-Bestandteile

a) Unterscheidung verbundene Unternehmen, Beteiligung

Ein verbundenes Unternehmen liegt gem. § 271 Abs. 2 HGB vor, wenn ein Mutter-Tochter-Verhältnis zwischen den Unternehmen besteht. Dies besteht, wenn ein Unternehmen über Mehrheit der Kapitalanteile (mehr als 50 % vom Nennkapital) an einem anderen Unternehmen verfügt.

Eine Beteiligung liegt gem. § 271 Abs. 2 HGB vor, wenn an einem anderen Unternehmen Kapitalanteile gehalten werden und hierdurch eine langfristige Bindung hergestellt werden soll. Im Zweifel gilt dies, sobald mehr als 20 % vom Grundkapital gehalten werden.

b) Bestandteile des Konzernabschlusses im IFRS

Für die Bestandteile des Konzernabschlusses gilt als Grundlage der IAS 1.10. Die Bestandteile sind:

- Bilanz
- Gewinn- und Verlustrechnung
- Gesamtergebnisrechnung
- Eigenkapitalveränderungsrechnung
- Kapitalflussrechnung
- Anhang.

c) Grundüberlegungen IAS 16

Der Standard IAS 16 regelt die Bilanzierung der Sachanlagen. Die Zugangsbewertung erfolgt grundsätzlich zu den Anschaffungs- bzw. Herstellungskosten wie nach HGB. Diese entsprechen weitgehend im IAS 16 dem Ansatz nach HGB allerdings gibt es hier Unterschiede z. B. bei den Finanzierungsaufwendungen.

Ein wesentlicher Unterschied bei der Bewertung liegt im Komponentenansatz und der Neubewertungsmethode im IFRS-Regelwerk.

Der Komponentenansatz besagt, falls ein Vermögenswert aus verschiedenen Komponenten besteht, die einen bedeutenden Anteil an den Anschaffungs- oder Herstellungskosten besitzen und innerhalb der Gesamtnutzungsdauer mehrfach ersetzt werden, müssen diese Komponenten einzeln abgeschrieben werden. Wird eine Komponente dann ersetzt, wird der jeweilige Restbuchwert ausgebucht und die neue Komponente aktiviert. Kleinere Wartungsarbeiten bzw. Ersatzteile sind nicht in diese Methode einzubeziehen.

Im Rahmen der Folgebewertung kann nach IAS 16 auch das Anschaffungskostenmodell, welches der HGB Folgebewertung grundsätzlich gleicht angewendet werden. Es gibt aber nach IFRS auch die Möglichkeit im Rahmen der Folgebewertung die Neubewertungsmethode anzuwenden. Hierbei werden die Vermögenswerte zum Bilanzstichtag zum fair value bewertet. Dies kann dazu führen, dass der Bilanzansatz über den Anschaffungs- bzw. Herstellungskosten liegt und somit stille Reserven abgebildet werden. Diese dadurch ausgewiesenen Gewinne dürfen allerdings nicht ausgeschüttet werden, sondern sind in eine Neubewertungsrücklage einzustellen.

Ein solcher Ansatz ist nach HGB nicht möglich. Für die Sachanlagen gilt das Anschaffungswertprinzip, d. h. die Anschaffungs- bzw. Herstellungskosten bilden die Bewertungsobergrenze. Stille Reserven (nicht realisierte Gewinne) dürfen nicht ausgewiesen werden.

Lösung zu Aufgabe 6: Zugangs- und Folgebewertung „Technische Anlage"

a) Bestandteile Jahresabschluss IFRS

Die Bestandteile des Jahresabschlusses nach IFRS werden in IAS 1.10 geregelt. Die Bestandteile sind:

- Bilanz
- Gewinn- und Verlustrechnung
- Gesamtergebnisrechnung
- Eigenkapitalveränderungsrechnung
- Kapitalflussrechnung
- Anhang.

b) Zugangs- und Folgebewertung Technische Anlage

Bei der Technischen Anlage handelt es sich um einen Vermögenswert gem. R 49a Rahmenkonzept in Verbindung mit IAS 16.6,7. Dieser Vermögenswert muss gem. Rahmenkonzept R 89 in der Bilanz angesetzt werden. Der Ansatz erfolgt unter der Bilanzposition „Sachanlagen" gem. IAS 1.54 (a).

Die Zugangsbewertung der Maschine erfolgt mit den Anschaffungskosten gem. IAS 16.15 ff. Das Ersatzteil gehört gem. IAS 16.8 nicht mit zu den Anschaffungskosten der technischen Anlage.

Hinweise für die Anwendung des Komponentenansatzes liegen nicht vor.

Die Zugangsbewertung erfolgt gem. IAS 16.16 f. Hierzu zählen der Erwerbspreis ohne Ersatzteil, abzüglich Skonto und die direkt zurechenbaren Kosten. Kosten der Finanzierung gehören nicht zu den AK, da es sich nicht um einen qualifizierten Vermögenswert handelt. Es ergeben sich folgende Anschaffungskosten:

Wertentwicklung:

IAS 16.16 (a)		Erwerbspreis	276.000,00 €	
	-	Ersatzteil	500,00 €	
			275.500,00 €	
	-	3 % Skonto	8.265,00 €	267.235,00 €
IAS 16.17 (c)		Speditionskosten + Transportversicherung		3.500,00 €
IAS 16.17 (d)		Materialeinzelkosten		18.000,00 €
		Fertigungslöhne (300 Std. • 27,50 €)		8.250,00 €
	=	**Anschaffungskosten**		**296.985,00 €**

Da es sich um einen abnutzbaren Vermögenswert handelt, ist die technische Anlage gem. IAS 16.30, 50 über die Nutzungsdauer planmäßig abzuschreiben. Da die technische Anlage im September in Betrieb genommen wurde, ist im Anschaffungsjahr für vier Monate abzuschreiben.

Ausgehend von den Anschaffungskosten ergibt sich folgender Bilanzansatz:

	Anschaffungskosten	**296.985,00 €**
-	Abschreibungen (4 Monate : 120 Monate von AK)	9.899,50 €
=	**Bilanzansatz 31.12.2014**	**287.085,50 €**

Lösung zu Aufgabe 7: Komponentenansatz

a) Bilanzierung nach dem Komponentenansatz

Bei dem Gebäude handelt es sich um einen Vermögenswert gem. R 49a Rahmenkonzept in Verbindung mit IAS 16.6,7. Dieser Vermögenswert muss gem. Rahmenkonzept R 89 in der Bilanz angesetzt werden. Der Ansatz erfolgt unter der Bilanzposition „Sachanlagen" gem. IAS 1.54 (a).

Die Zugangsbewertung des Gebäudes erfolgt mit den Herstellungskosten gem. IAS 16.15 ff. i. H. v. 2.000.000 €.

Da das Gebäude aus verschiedenen Komponenten besteht, die einzeln identifizierbar sind und jeweils einen bedeutenden Anteil an den Gesamtkosten haben, ist der Komponentenansatz gem. IAS 16.43 anzuwenden. D. h. die einzelnen Komponenten werden über ihre jeweilige Nutzungsdauer abgeschrieben. Es ergibt sich folgender Bilanzansatz zum 31.12.2014 in der IFRS Bilanz.

Herstellungskosten: 2.000.000 €

Komponente	Anteil an HK in %	Anteil an HK	Nutzungsdauer in Jahren	Abschreibung
Dach	20	400.000,00 €	20	20.000,00 €
Gebäudehülle	40	800.000,00 €	40	20.000,00 €
Fenster	5	100.000,00 €	25	4.000,00 €
Sprinkleranlage	10	200.000,00 €	10	20.000,00 €
Aufzug	10	200.000,00 €	10	20.000,00 €
Elektornik	2	100.000,00 €	20	5.000,00 €
Innenausbau	10	200.000,00 €	10	20.000,00 €
Summe	**100**	**2.000.000,00 €**		**109.000,00 €**

	Herstellungskosten	2.000.000,00 €
-	Abschreibungen	109.000,00 €
=	**Bilanzansatz 31.12.2014**	**1.891.000,00 €**

b) Bilanzansatz des Gebäudes nach HGB

In der Handelsbilanz ist das Gebäude gem. § 246 Abs. 1 Satz 1 HGB zu erfassen und gem. § 247 Abs. 2 HGB dem Anlagevermögen zuzuordnen. Der Bilanzausweis erfolgt gem. § 266 Abs. 2 A. II „1. Grundstücke ...“ HGB.

Die Bewertung erfolgt gem. § 253 Abs. 1 Satz 1 i. V. m. § 255 Abs. 2 HGB mit den Herstellungskosten i. H. v. 2.000.000 € abzüglich der Abschreibungen gem. § 253 Abs. 2 Satz 1 und 2 HGB.

Bei den Abschreibungen werden die gesamten Herstellungskosten i. H. v. 2.000.000 € auf die Nutzungsdauer von 40 Jahren verteilt. Es ergibt sich für das Jahr 2014 eine Abschreibung i. H. v. 50.000 €, sodass in der Handelsbilanz zum 31.12.2014 ein Bilanzansatz i. H. v. 1.950.000 € erfolgt.

c) Austausch der Sprinkleranlage

IFRS-Bilanz
Muss eine Komponente erneuert werden, so ist die alte Komponente auszubuchen und die neue Komponente zu bilanzieren.

Für die Ausbuchung der alten Sprinkleranlage muss der Restbuchwert zum 31.05.2017 ermittelt werden. Die Nutzungsdauer der Sprinkleranlagen beträgt 120 Monate (10 Jahre). Von Januar 2014 bis Mai 2017 sind 41 Monate vergangen, für die die Abschreibungen zu berechnen sind. Es ergibt sich somit folgender Restbuchwert:

	HK Sprinkleranlage (Januar 2014)	200.000,00 €
-	Abschreibungen (Januar 2014 - Mai 2017) (41 Monate : 120 Monate • 200.000 €)	68.333,33 €
=	**Restbuchwert**	**131.666,67 €**

Der Restbuchwert der Sprinkleranlage wird ausgebucht. Die neue Sprinkleranlage wird mit 270.000 € bilanziert und über deren Nutzungsdauer abgeschrieben.

HGB-Bilanz
In der HGB-Bilanz wurde das Gebäude insgesamt aktiviert und abgeschrieben, da die Sprinkleranlage ein unselbstständiger Gebäudebestandteil ist.

Muss die Sprinkleranlage erneuert werden, ohne dass eine wesentliche Verbesserung vorliegt, liegt Erhaltungsaufwand vor, der sofort Gewinn mindernd erfasst wird. Da die Sprinkleranlage „nur“ ausgetauscht wird, kann unterstellt werden, dass es sich um einen Erhaltungsaufwand handelt. Die 270.000 € werden als Aufwand Gewinn mindernd erfasst.

Lösung zu Aufgabe 8: Bewertung Gebäude nach dem Anschaffungskostenmodell

a) Bilanzansatz nach IFRS

Bei dem Gebäude handelt es sich um einen Vermögenswert gem. R 49a Rahmenkonzept in Verbindung mit IAS 16.6,7. Dieser Vermögenswert muss gem. Rahmenkonzept R 89 in der Bilanz angesetzt werden. Der Ansatz erfolgt unter der Bilanzposition „Sachanlagen" gem. IAS 1.54 (a).

Die Zugangsbewertung erfolgt zu Herstellungskosten gem. IAS 16.15 ff. Zu den Herstellungskosten zählen die Einzelkosten, die zurechenbaren Material- und Fertigungsgemeinkosten sowie die direkt zurechenbaren Zinsaufwendungen gem. IAS 16.22 i. V. m. IAS 23.8, da es sich um einen qualifizierten Vermögenswert handelt. Die allgemeinen Verwaltungskosten gehören gem. IAS 16.19 nicht zu den Herstellungskosten. Somit ergeben sich folgende Herstellungskosten:

	Einzelkosten	460.000,00 €
+	Fertigungs- und Materialgemeinkosten	400.000,00 €
-	Zinsaufwendungen	40.000,00 €
=	**Herstellungskosten**	**900.000,00 €**

Hierauf entfallen auf:

▸ Mauerwerk	70 %	630.000 €
▸ Dach	20 %	180.000 €
▸ Fenster, Innenausbau u. sonstiges	10 %	90.000 €

Der Grund und Boden wird mit Anschaffungskosten gem. IAS 16.15 ff. i. H. v. 300.000 € aktiviert.

Die Vermögenswerte sollen nach dem Anschaffungskostenmodell gem. IAS 16.30 bilanziert werden. Das bedeutet die Anschaffungs- bzw. Herstellungskosten eines abnutzbaren Vermögenswertes werden über die Nutzungsdauer verteilt.

Da einzelne Komponenten identifizierbar sind, die einen erheblichen Anteil an den Gesamtkosten haben, ist das Anschaffungskostenmodell unter Verwendung des Komponentenansatzes gem. IAS 16.43 zu verwenden. Das bedeutet die einzelnen Komponenten werden gem. ihrer jeweiligen Nutzungsdauer abgeschrieben. Hieraus ergeben sich folgende Abschreibungsbeträge:

Komponente	Anteil an HK	Nutzungsdauer in Jahren	Abschreibung
Mauerwerk	630.000,00 €	50	12.600,00 €
Dach	180.000,00 €	30	6.000,00 €
Fenster usw.	90.000,00 €	15	6.000,00 €
Summe	**900.000,00 €**		**24.600,00 €**

Auf den Grund und Boden werden keine planmäßigen Abschreibungen vorgenommen, da es sich um einen nicht abnutzbaren Vermögenswert handelt.

Hieraus ergeben sich für das Gebäude und den Grund und Boden folgende Bilanzansätze:

	Gebäude	Grund und Boden
Anschaffungs-/Herstellungskosten	900.000,00 €	300.000,00 €
planmäßige Abschreibungen	24.600,00 €	0,00 €
Bilanzansatz 31.12.2014	**875.400,00 €**	**300.000,00 €**

b) Unterschiede zur Bilanzierung nach HGB

Bei der Bilanzierung des Grund und Boden nach HGB, ergeben sich keine Unterschiede zur Bilanzierung nach IFRS. Der Grund und Boden ist gem. § 253 Abs. 1 Satz 1 HGB mit den Anschaffungskosten, gem. § 255 Abs. 1 HGB, zu aktivieren. Planmäßige Abschreibungen werden nach HGB auch nicht vorgenommen, da es sich um einen nicht abnutzbaren Vermögensgegenstand handelt.

Das Gebäude wird nach HGB, gem. § 253 Abs. 1 Satz 1 HGB auch mit den Herstellungskosten gem. § 255 Abs. 2 HGB, aktiviert. Nach Handelsrecht können die Kosten der allgemeinen Verwaltung gem. § 255 Abs. 2 Satz 3 HGB mit aktiviert werden (Bewertungswahlrecht). Dies würde zu einem höheren Bilanzansatz führen.

Die planmäßigen Abschreibungen werden gem. § 253 Abs. 3 Satz 1 und 2 HGB von den gesamten Herstellungskosten, über die betriebliche Nutzungsdauer vorgenommen, ohne Komponentenansatz.

Lösung zu Aufgabe 9: Neubewertungsrücklage

a) Neubewertungsrücklage 2014

Bei dem Bürogebäude handelt es sich um einen Vermögenswert gem. R 49a Rahmenkonzept in Verbindung mit IAS 16.6,7. Dieser Vermögenswert muss gem. Rahmenkonzept R 89 in der Bilanz angesetzt werden. Der Ansatz erfolgt unter der Bilanzposition „Sachanlagen" gem. IAS 1.54 (a).

Die Zugangsbewertung erfolgt zu den Anschaffungs- oder Herstellungskosten gem. IAS 16.15 ff.

Bei der Folgebewertung wählt das Unternehmen die Neubewertungsmethode gem. IAS 16.31 ff.

Bei der Neubewertungsmethode sind auch die planmäßigen Abschreibungen zu berücksichtigen. Daraus folgt zum 31.12.2014 müssen für das Bürogebäude in einem ersten Schritt die planmäßigen Abschreibungen berechnet werden. Die Abschreibung ergibt sich, indem die Anschaffungskosten i. H. v. 500.000 € auf die Nutzungsdauer von 40 Jahren verteilt werden. Der jährliche Abschreibungsbetrag beträgt 12.500 €. Somit ergeben sich zum 31.12.2014 fortgeführte Anschaffungskosten von 487.500 €.

	Anschaffungs-/Herstellungskosten	500.000,00 €
-	planmäßige Abschreibungen	12.500,00 €
=	**fortgeführte Anschaffungskosten 31.12.2014**	**487.500,00 €**

Da das Bürogebäude laut Sachverhalt am Bilanzstichtag einen Marktpreis von 600.000 € hat, ist das Bürogebäude neu zu bewerten und mit dem Marktpreis in der Bilanz anzusetzen.

Die Differenz zwischen dem Neubewertungsbetrag i. H. v. 600.000 € und den fortgeführten Anschaffungskosten i. H. v. 487.500 € ist erfolgsneutral in eine Neubewertungsrücklage (Position im Eigenkapital) zuzuführen.

Die Neubewertungsrücklage hat zum 31.12.2014 somit einen Bestand von 112.500 €.

b) Neubewertungsrücklage 2015

Im Geschäftsjahr 2015 sind die Abschreibungen für das Bürogebäude vom Neubewertungsbetrag vorzunehmen.

$$\text{planmäßige Abschreibung} = \frac{\text{Neubewertungsbetrag}}{\text{Restnutzungsdauer}}$$

$$\text{planmäßige Abschreibung} = \frac{600.000\ €}{39\ \text{Jahre}} = \mathbf{15.384{,}62\ €}$$

Daraus ergibt sich der Bilanzansatz des Bürogebäudes zum 31.12.2015:

	Bilanzansatz 31.12.2014	600.000,00 €
-	Abschreibungen 2015	15.384,62 €
=	**Bilanzansatz 31.12.2015**	**584.615,38 €**

Da die Abschreibung vom neu bewerteten Betrag vorgenommen wurde, darf sie nicht in voller Höhe in der Gewinn und Verlustrechnung erfasst werden. Da es sich bei dem Bürogebäude um einen abnutzbaren Vermögensgegenstand handelt, muss die gebildete Neubewertungsrücklage über die Nutzungsdauer auch aufgelöst werden.

Das bedeutet die ermittelte Abschreibung i. H. v. 15.384,62 € muss aufgeteilt werden, in den Abschreibungsbetrag, der sich auf Basis der Anschaffungs- bzw. Herstellungskosten ergibt und in den Anteil, in welchen die Neubewertungsrücklage aufzulösen ist.

Die gebildete Neubewertungsrücklage i. H. v. 112.500 € muss über 39 Jahre (Restnutzungsdauer) aufgelöst werden, d. h. pro Jahr um 2.884,62 €.

Daraus ergibt sich, dass die Abschreibung i. H. v. 15.384,62 € sich aufteilt in den Auflösungsbetrag der Neubewertungsrücklage i. H. v. 2.884,62 € und in die planmäßige Abschreibung i. H. v. 12.500 €.

Somit ergibt sich für die Neubewertungsrücklage folgende Wertentwicklung in 2015:

	Bestand 31.12.2014	112.500,00 €
-	Auflösung 2015	2.884,62 €
=	**Bestand 31.12.2015**	**109.615,38 €**

Die 12.500 € planmäßige Abschreibung werden erfolgswirksam in der Gewinn- und Verlustrechnung erfasst.

c) Abweichungen zum HGB

Im Handelsrecht ist eine Neubewertung von Vermögensgegenständen über die Anschaffungs- bzw. Herstellungskosten hinaus nicht möglich. Es gilt das Anschaffungswertprinzip, d. h. die Anschaffungskosten bilden die Bewertungsobergrenze, stille Reserven (nicht realisierte Gewinne) dürfen nicht ausgewiesen werden (§ 252 Abs. 1 Nr. 4 i. V. m. § 253 Abs. 1 Satz 1 HGB).

Lösung zu Aufgabe 10: Wertminderung einer Sachanlage

Die Verpackungsmaschine ist ein Vermögenswert gem. R 49a i. V. m. IAS 16.6 f., der in der Bilanz anzusetzen ist. Der Bilanzausweis erfolgt in der Bilanzposition „Sachanlagen“ gem. IAS 1.54 (a).

Die Zugangsbewertung erfolgt zum 10.07.2014 mit den Anschaffungskosten gem. IAS 16.15 ff.

Zu den Anschaffungskosten zählen:

- Kaufpreis
- Montagekosten
- Probeläufe.

Es ergeben sich somit folgende Anschaffungskosten:

	Kaufpreis (IAS 16.16 (a))	4.800.000,00 €
+	Montagekosten (IAS 16.16 (b), 17 (a), (d))	32.000,00 €
+	Probeläufe (IAS 16.16 (b), 17 (a), (e))	4.800,00 €
=	**Anschaffungskosten**	**4.836.800,00 €**

Die Folgebewertungen erfolgten gem. IAS 16.30 ff.; es ist zu fortgeführten Anschaffungskosten zu bewerten. Es ist in einem nächsten Schritt der Buchwert zum 31.12.2014 zu ermitteln, indem Abschreibungen vorgenommen werden. Die Nutzungsdauer beträgt 15 Jahre (180 Monate), im Jahr 2014 ist von Juli bis Dezember für sechs Monate abzuschreiben.

Es ergibt sich folgender Buchwert zum 31.12.2014:

	Anschaffungskosten	4.836.800,00 €
-	planmäßige lineare Abschreibung 2014 (AK • 6 Monate : 180 Monate)	161.226,67 €
=	**Buchwert 31.12.2014 nach planmäßiger Abschreibung**	**4.675.573,33 €**

Gemäß IAS 16.63 i. V. m. IAS 36.2, 9 ist die Verpackungsmaschine zum 31.12.2014 auf Wertminderung zu überprüfen.

Nach IAS 36.8 ist die Verpackungsmaschine wertgemindert, wenn ihr Buchwert von 4.675.573,33 € ihren erzielbaren Betrag übersteigt.

Anhaltspunkte für eine Wertminderung zum 31.12.2014 liegen vor (IAS 36.12 f.).

Der erzielbare Betrag (IAS 36.6, 18) ist der höhere der beiden Beträge

- aus beizulegendem Zeitwert abzüglich der Veräußerungskosten (3.700.000 €) gem. IAS 36.6, 25 ff. und
- dem Nutzungswert der Verpackungsanlage (75 % von 4.675.573,33 € = 3.506.680 €) gem. IAS 36.6,30 ff.

Der erzielbare Betrag beläuft sich auf 3.700.000 €. Damit ist eine Wertminderung i. H. v. 975.573,33 € im Gewinn oder Verlust zu erfassen (IAS 36.59 f.).

	Buchwert 31.12.2014 nach planmäßiger Abschreibung	4.675.573,33 €
-	Wertminderungsaufwand	975.573,33 €
=	**Bilanzansatz 31.12.2014**	**3.700.000,00 €**

Lösung zu Aufgabe 11: Bewertung Handelswaren IFRS (I)

a) Bewertung Vorräte nach IFRS

Die Waren gehören zu den Vorräten des Unternehmens und werden gem. IAS 2.9 mit dem niedrigeren Wert aus Anschaffungs- oder Herstellungskosten und dem Nettoveräußerungswert bewertet.

Die Anschaffungskosten (IAS 2.11) betragen 12,50 €, der Nettoveräußerungswert (IAS 2.30) beträgt 10 €.

Der Nettoveräußerungswert ist niedriger als die Anschaffungskosten, also ist dieser Wert anzusetzen. Der gewählte Bilanzansatz ist korrekt.

Die Differenz zwischen den Anschaffungskosten i. H. v. 2,50 € je Stück (12,50 € Anschaffungskosten - 10 € Nettoveräußerungswert) ist gem. IAS 2.34 als Wertminderung (Aufwand) in der Periode zu erfassen, in der sie eintritt.

b) Verkauf aus umsatzsteuerlicher Sicht

Der Verkauf ist eine Lieferung gem. § 3 Abs. 1UStG, der Ort ist gem. § 3 Abs. 6 Satz 1 UStG in Hamburg. Hamburg ist gem. § 1 Abs. 2 UStG im Inland. Somit handelt es sich um einen steuerbaren Umsatz gem. § 1 Abs. 1 Nr. 1 UStG.

Die Lieferung ist allerdings gem. § 4 Nr. 1b UStG i. V. m. § 6a UStG umsatzsteuerfrei. Es handelt sich um eine steuerfreie innergemeinschaftliche Lieferung.

Die Spielzeug-Großhandel GmbH hat diese steuerfreie innergemeinschaftliche Warenlieferung gem. § 18a UStG in einer Zusammenfassenden Meldung an das Bundeszentralamt für Steuern zu melden.

Lösung zu Aufgabe 12: Bewertung Handelswaren HGB/IFRS (II)

a) Bewertung im IFRS-Jahresabschluss

Die Handelswaren sind als Vorräte im IFRS-Jahresabschluss zu erfassen. Die Vorräte sind gem. IAS 2.9 absatzorientiert zu bewerten. Es ist der niedrigere Wert aus Anschaffungs- bzw. Herstellungskosten und Nettoveräußerungswert anzusetzen.

Die Anschaffungskosten betragen gem. (IAS 2.11) 10,50 €. Der Nettoveräußerungswert (IAS 2.30) beträgt 11 €. Der Nettoveräußerungswert ermittelt sich, indem vom Verkaufspreis 11,50 € die Veräußerungskosten von 0,50 € subtrahiert werden.

Da die Anschaffungskosten niedriger sind als der Nettoveräußerungswert, werden diese angesetzt.

Der Bilanzansatz in der IFRS Bilanz zum 31.12.2014 beträgt somit 315.000 € (30.000 Stück • 10,50 €).

b) Bewertung im HGB-Jahresabschluss

In der Handelsbilanz sind die Vorräte dem Umlaufvermögen gem. § 247 Abs. 2 HGB im Umkehrschluss zuzuordnen. Hier gilt gem. § 252 Abs. 1 Nr. 4 HGB i. V. m. § 253 Abs. 4 HGB das strenge Niederstwertprinzip. Das bedeutet, es ist der niedrigere Wert aus Anschaffungskosten und Tageswert am Bilanzstichtag anzusetzen.

Die Waren sind also im HGB-Jahresabschluss zwingend mit den niedrigeren Tageswert am Bilanzstichtag i. H. v. 9,75 € je Stück anzusetzen.

Somit ergibt sich zum 31.12.2014 ein Bilanzansatz in der HGB-Bilanz i. H. v. 292.500 € (30.000 Stück • 9,75 €).

Lösung zu Aufgabe 13: Bewertung von Fertigungsaufträgen nach IFRS und HGB

a) Bewertung des Fertigungsauftrages nach HGB

Der Auftrag muss in den Jahresabschlüssen2013 und 2014 als „unfertige Leistung" (§ 266 Abs. 2 B. I. „2 ..." HGB) im Umlaufvermögen gem. § 247 Abs. 2 HGB im Umkehrschluss erfasst werden. Die Gewinne aus dem Auftrag dürfen gem. § 252 Abs. 1 Nr. 4 HGB erst ausgewiesen werden, wenn sie realisiert sind (Realisationsprinzip), das bedeutet für den Auftrag, nach Fertigstellung im Jahr 2015.

Die Bewertung der unfertigen Leistungen in den Jahresabschlüssen 2013 und 2014 erfolgt gem. § 253 Abs. 1 Satz 1 HGB mit den Herstellungskosten gem. § 255 Abs. 2 HGB.

In die Herstellungskosten sind die Material- und Fertigungskosten, sowie angemessene Teile der Gemeinkosten mit einzubeziehen. Für die Verwaltungsgemeinkosten besteht gem. § 255 Abs. 2 Satz 3 HGB ein Aktivierungswahlrecht. Da laut Aufgabenstellung eine Einheitsbilanz erstellt werden soll, werden die Verwaltungsgemeinkosten in die Herstellungskosten mit einbezogen, da gem. R 6.3 Abs. 1 EStR hierfür ein Aktivierungsgebot in der Steuerbilanz besteht.

Für die Vertriebskosten besteht gem. § 255 Abs. 2 Satz 4 HGB ein Aktivierungsverbot.

Es ergeben sich somit für die Jahresabschlüsse 2013 und 2014 folgende Bilanzansätze:

		2013 in T€	**2014 in T€**
	Material-/Fertigungskosten	5.000,00 €	5.000,00 €
+	Verwaltungskosten	900,00 €	1.500,00 €
=	Herstellungskosten	5.900,00 €	6.500,00 €
=	**Bilanzansatz 31.12.20..**	**5.900,00 €**	**12.400,00 €**

Durch die Bewertung zu Herstellungskosten in den Jahren 2013 und 2014 erfolgt keine Gewinnrealisierung.

Durch die Aktivierung der Herstellungskosten ergibt sich in der Gewinn- und Verlustrechnung 2013, 2014 eine Bestandsveränderung unfertige Leistungen (Bestandserhöhung) in Höhe der Herstellungskosten des Jahres. Die Aufwendungen des Jahres werden komplett in der Gewinn- und Verlustrechnung erfasst.

Im Jahr 2015 wird der Auftrag fertiggestellt. Es entsteht eine Forderung bei der Straßenbau AG, die Forderung wird mit ihrem Nennwert in der Bilanz bewertet. In der Gewinn- und Verlustrechnung werden die Umsatzerlöse i. H. v. 20 Mio. € erfasst und die gebildeten Bestandsveränderungen der Jahre 2013, 2014 zurückgenommen.

Nach HGB erfolgt der Gewinnausweis ausschließlich im Jahr 2015.

Es ergibt sich somit für die Jahre 2013 - 2015 folgende Gewinnauswirkungen:

	2013 in T€	**2014 in T€**	**2015 in T€**
Umsatzerlöse			20.000
Bestandveränderungen	5.900	6.500	- 12.400
Gesamtkosten	- 6.500	- 7.000	- 4.500
Jahresüberschuss	**- 600**	**- 500**	**3.100**
Jahresüberschuss kumuliert		2.000	

b) Bewertung des Fertigungsauftrages nach IFRS

Beim Bau der Autobahn handelt es sich aus Sicht der Straßenbau AG um einen Fertigungsauftrag gem. IAS 11. Der Bau der Autobahn erfolgt nach den speziellen Vorgaben des staatlichen Auftraggebers, es wurde ein Festpreis gem. IAS 11.3 vereinbart.

Das Ergebnis des Auftrages kann gem. IAS 11.23 verlässlich geschätzt werden:

- Die Auftragserlöse können verlässlich bewertet werden (20 Mio. €).
- Es fließt ein wirtschaftlicher Nutzen zu (2 Mio. € Gewinn).
- Der Grad der Fertigstellung kann an den Bilanzstichtagen 2013 und 2014 verlässlich bestimmt werden.
- Die Auftragskosten können eindeutig und verlässlich bestimmt werden.

Da das Ergebnis des Fertigungsauftrages in den einzelnen Jahren stets verlässlich zu schätzen ist, sind die Auftragserlöse und die Auftragskosten gem. IAS 11.22 entsprechend dem Leistungsfortschritt auf die Fertigungsdauer aufzuteilen und jeweils als Aufwendungen und Erträge erfolgswirksam zu erfassen.

Die Auftragskosten umfassen alle dem Auftrag zurechenbaren Kosten ab Auftragserteilung bis Fertigstellung des Auftrages. Hierzu zählen

- Material- und Fertigungskosten,
- Verwaltungskosten, da sie direkt zuzuordnen sind sowie
- Vertriebskosten, da sie direkt zurechenbar sind.

Es erfolgt also eine Aufteilung des Gewinns auf die einzelnen Geschäftsjahre. Die Gewinnrealisation in den einzelnen Geschäftsjahren ermittelt sich folgendermaßen:

	2013	2014	2015
Material-/Fertigungskosten	5.000 T€	5.000 T€	3.500 T€
Verwaltungskosten	900 T€	1.500 T€	600 T€
Vertriebskosten	600 T€	500 T€	400 T€
Auftragskosten des Jahres	6.500 T€	7.000 T€	4.500 T€
Auftragskosten gesamt			18.000 T€
Auftragskosten % von gesamt	36,1 %	38,9 %	25,0 %
Umsatzerlöse gesamt			20.000 T€
Umsatzerlöse aufgeteilt nach %-Anteil Auftragskosten	7.220 T€	7.780 T€	5.000 T€
Jahresüberschuss	**720 T€**	**780 T€**	**500 T€**
Jahresüberschuss kumuliert		2.000 T€	

Lösung zu Aufgabe 14: Vermögenswerte, Vermögensgegenstände

a) Bilanzierung der Sachverhalte nach IFRS

Sachverhalt 1

Mit dem Kauf des bebauten Grundstücks erwarb die Straßenbau AG gem. R 49a Vermögenswerte, ein Grundstück und ein Gebäude. Beide sind gem. IAS 1.54 (a) unter den Sachanlagen in der Bilanz auszuweisen.

Die Zugangsbewertung erfolgt gem. IAS 16.15 ff. mit den Anschaffungskosten. Das Grundstück wird mit 800.000 € (= 20 % von 4.000.000 €), das Gebäude mit 3.200.000 € bewertet.

Bei der Folgebewertung besteht gem. IAS 16.29 das Wahlrecht zwischen dem Anschaffungskostenmodell und der Neubewertungsmethode. Da keine Daten für die Anwendung der Neubewertungsmethode vorliegen, ist das Anschaffungskostenmodell zu wählen.

Da einzelne bedeutende Komponenten innerhalb des Gebäudes identifiziert wurden, ist gem. IAS 16.43 das Anschaffungskostenmodell unter Anwendung des Komponentenansatzes zu wählen. Hieraus ergeben sich folgende Bilanzansätze.

	Anteil	Anschaffungskosten	Nutzungsdauer in Jahren	Abschreibung
Grund und Boden	20 %	800.000,00 €		0,00 €
Gebäude:				
Mauerwerk	60 %	2.400.000,00 €	40	60.000,00 €
Fenster/ Türen	10 %	400.000,00 €	10	40.000,00 €
Dach	10 %	400.000,00 €	20	20.000,00 €
Summe	**100 %**	**4.000.000,00 €**		**120.000,00 €**

Bilanzansatz Grund und Boden zum 31.12.2014 = **800.000 €.** Es sind keine planmäßigen Abschreibungen vorzunehmen.

Bilanzansatz Gebäude

	Anschaffungskosten	3.200.000,00 €
-	Abschreibungen 2014	120.000,00 €
=	**Bilanzansatz 31.12.2014**	**3.080.000,00 €**

Sachverhalt 2
Das unbebaute Grundstück stellt gem. R 49a einen Vermögenswert dar, der gem. IAS 1.54 (a) unter den Sachanlagen zu bilanzieren ist. Die Zugangsbewertung erfolgt gem. IAS 16.15 ff. mit den Anschaffungskosten i. H. v. 200.000 €.

Im Rahmen der Folgebewertung gibt es gem. IAS 16.29 das Wahlrecht zwischen dem Anschaffungskostenmodell und der Neubewertungsmethode.

Die Voraussetzungen gem. IAS 16.29 ff. für die Neubewertungsmethode sind erfüllt, insbesondere ist der Wert nachhaltig auf 350.000 € angestiegen.

Der Bilanzansatz des Grundstücks erfolgt mit 350.000 € in der IFRS-Bilanz. Die Differenz zwischen dem Bilanzansatz (350.000 €) und den Anschaffungskosten (200.000 €) i. H. v. 150.000 € ist gem. IAS 16.39 in die Neubewertungsrücklage unter dem Eigenkapital einzustellen und im sonstigen Ergebnis zu erfassen. Eine planmäßige Abschreibung auf das Grundstück ist nicht vorzunehmen, da es sich um einen nicht abnutzbaren Vermögenswert handelt.

Sachverhalt 3
Der Sattelzug ist gem. R 49a ein Vermögenswert, der in der Bilanz gem. IAS 1.54 (a) unter den Sachanlagen auszuweisen ist.

Die Zugangsbewertung erfolgt gem. IAS 16.15 ff. mit den Anschaffungskosten. Hierzu zählen der Erwerbspreis und alle direkt zurechenbaren Kosten. Die erste Tankfüllung, die Kfz-Versicherung und die Kfz-Steuer gehören nicht zu den Anschaffungskosten, da es sich um wiederkehrende Kosten handelt.

Die Anschaffungskosten betragen somit:

	Anschaffungspreis	250.000,00 €
+	Spezialaufbau	20.000,00 €
+	Kosten der Überführung	2.500,00 €
+	Zulassungskosten	250,00 €
=	**Anschaffungskosten**	**272.750,00 €**

Im Rahmen der Folgebewertung besteht gem. IAS 16.29 zwischen dem Anschaffungskostenmodell und der Neubewertungsmethode ein Wahlrecht. Für die Neubewertungsmethode gibt es keine Anhaltspunkte, somit ist das Anschaffungskostenmodell zu wählen.

Gemäß IAS 16.30 sind Abschreibungen vorzunehmen, der zu erwartende wirtschaftliche Verbrauch ist gem. IAS 16.60 zu berücksichtigen.

Da im ersten Jahr eine Nutzung von 25 % der Gesamtfahrleistung besteht, ist der Vermögenswert im ersten Jahr mit 25 % abzuschreiben. Die Abschreibung beträgt somit 68.187,50 € (=25 % von 272.750 €). Eine zeitanteilige Aufteilung durch den Kauf im April unterbleibt, da die tatsächliche Inanspruchnahme der Gesamtfahrleistung gegeben ist.

Somit ergibt sich ein Bilanzansatz in der IFRS-Bilanz:

	Anschaffungskosten	272.750,00 €
-	planmäßige Abschreibungen 2014	68.187,50 €
=	**Bilanzansatz 31.12.2014**	**204.562,50 €**

b) Bewertung Sachverhalt 2 nach HGB

Der vorherrschende Grundsatz ordnungsgemäßer Buchführung im HGB ist gem. § 252 Abs. 1 Nr. 4 HGB der Grundsatz der Vorsicht. Nicht realisierte Gewinne dürfen nicht ausgewiesen werden (Realisationsprinzip), die Anschaffungskosten bilden gem. § 253 Abs. 1 Satz 1 HGB die Bewertungsobergrenze (Anschaffungswertprinzip).

Würde das Grundstück in der HGB-Bilanz mit 350.000 € angesetzt, würden stille Reserven, d. h. nicht realisierte Gewinne ausgewiesen, dies ist verboten.

Die Bewertungsobergrenze für das Grundstück bilden die Anschaffungskosten i. H. v. 200.000 €.

Lösung zu Aufgabe 15: Herstellungskosten nach IFRS und HGB (II)

a) Ermittlung der Mindest- und Höchstansätze nach HGB und IFRS

HGB

In die Herstellungskosten nach HGB sind gem. § 255 Abs. 2 HGB die Material- und Fertigungskosten und außerdem angemessene Teile der Material- und Fertigungsgemeinkosten mit einzubeziehen. Die Entwicklungskosten sind Sondereinzelkosten der Fertigung, hierfür besteht ein Aktivierungsgebot. Für die auftragsbezogenen Kreditkosten besteht im Handelsrecht ein Wahlrecht, nicht mit einbezogen werden, dürfen die Kreditkosten der Maschine, da sie nicht dem Auftrag zuzuordnen sind.

Für die produktionsbezogenen Verwaltungskosten besteht ein Aktivierungsgebot, für die allgemeinen Verwaltungskosten ein Aktivierungswahlrecht.

Die Verkaufsprovision an Herrn Gold sind Vertriebskosten, hierfür gilt ein Aktivierungsverbot.

Somit ergibt sich für die HGB-Bilanz folgender Mindest- und Höchstansatz:

Aufwandsart	**Ansatz**	**Wert**	
verbrauchtes Material	Gebot		75.000,00 €
Materialgemeinkosten	Gebot	10 %	7.500,00 €
gezahlte Fertigungslöhne	Gebot		45.000,00 €
Fertigungsgemeinkosten	Gebot	115 %	51.750,00 €
Entwicklungskosten	Gebot		35.000,00 €
produktionsbezogene Verwaltungskosten	Gebot		1.500,00 €
Herstellungskosten (Mindestansatz)			**215.750,00 €**
auftragsbezogene Kreditkosten	Wahlrecht		3.000,00 €
allgemeine Verwaltungskosten	Wahlrecht		4.000,00 €
Herstellungskosten (Höchstansatz)			**222.750,00 €**

IFRS

In die Herstellungskosten werden gem. IAS 2.12 ff. das verbrauchte Fertigungsmaterial, die gezahlten Fertigungslöhne, die Entwicklungskosten und die Material- und Fertigungsgemeinkosten mit einbezogen. Die auftragsbezogenen Kreditkosten sowie die produktionsbezogenen Verwaltungskosten sind ebenfalls mit in die Herstellungskosten einzubeziehen.

Die allgemeinen Verwaltungskosten, sowie für die Kreditkosten der Maschinen der Produktion sind nicht mit einzubeziehen. Für die Verkaufsprovision besteht ebenfalls Aktivierungsverbot.

Somit bestehen nur Aktivierungsgebote und -verbote. Wahlrechte bestehen nicht. Somit ist der Mindest- und Höchstansatz gleich. Es ergeben folgende Herstellungskosten:

Aufwandsart	**Ansatz**	**Wert**	
verbrauchtes Material	Gebot		75.000,00 €
Materialgemeinkosten	Gebot	10 %	7.500,00 €
gezahlte Fertigungslöhne	Gebot		45.000,00 €
Fertigungsgemeinkosten	Gebot	115 %	51.750,00 €
Entwicklungskosten	Gebot		35.000,00 €
produktionsbezogene Verwaltungskosten	Gebot		1.500,00 €
auftragsbezogene Kreditkosten	Gebot		3.000,00 €
Herstellungskosten (Mindest- und Höchstansatz)			**218.750,00 €**

b) Auswirkung des Höchst- bzw. Mindestansatzes

Die Höhe des Vermögensausweises hat direkten Einfluss auf den Gewinnausweis des Unternehmens.

Wird ein hoher Ansatz (Höchstansatz der Herstellungskosten) gewählt, führt dies auch zu einem hohen Gewinnausweis. Wird der Mindestansatz gewählt führt, dies zu einem niedrigeren Gewinnausweis.

c) Folgebewertung Vorräte nach HGB und IFRS

Im HGB gilt für die Vorräte gem. § 253 Abs. 4 HGB das strenge Niederstwertprinzip. Das heißt, es ist der niedrigere Wert aus Tageswert am Bilanzstichtag und Anschaffungs- bzw. Herstellungskosten anzusetzen.

Im IFRS-Jahresabschluss werden die Vorräte gem. IAS 2.9 streng absatzorientiert bewertet. Es ist der niedrigere Wert aus Anschaffungs- bzw. Herstellungskosten und dem Nettoveräußerungswert anzusetzen.

Lösung zu Aufgabe 16: Bewertung eines endfälligen Darlehens mit Disagio nach IFRS und HGB

a) Bewertung in der IFRS-Bilanz

Bei dem Darlehen handelt es sich gem. R 49b um eine Schuld gegenüber der Bank. Diese ist gem. IAS 1.54 (m) als finanzielle Verbindlichkeit auszuweisen.

Die finanzielle Verbindlichkeit ist mit dem beizulegenden Zeitwert gem. IAS 39 anzusetzen. Dieser entspricht dem Auszahlungsbetrag. Sodass die Zugangsbewertung 950.000 € (95 % von 1.000.000 €) erfolgt. Das Disagio ist nicht zu aktivieren, sondern als Aufwand zu erfassen.

Die Folgebewertung erfolgt mit den fortgeführten Anschaffungskosten mit Hilfe der Effektivzinsmethode.

Die Effektivzinsmethode führt dazu, dass das Disagio über die Laufzeit den Verbindlichkeiten zugerechnet wird, sodass am Ende der Laufzeit bei Tilgung eine Verbindlichkeit in Höhe des Rückzahlungsbetrages i. H. v. 1.000.000 € besteht.

Der Anteil der Zurechnung des Disagio in 2014 ermittelt sich folgendermaßen:

Effektivzins 6,3 % vom Auszahlungsbetrag 950.000 €	=	59.850,00 €
jährlicher Nominalzins 5 % auf den Nennwert 1.000.000 €	=	50.000,00 €
Anteil Disagio 2014, Zurechnung zu Verbindlichkeiten	**=**	**9.850,00 €**

Somit ergibt sich ein Bilanzansatz der finanziellen Verbindlichkeiten zum 31.12.2014 i. H. v. 959.850 €.

TIPP

Da nur eine Nachkommastelle beim Effektivzins gegeben ist, ergibt sich eine Differenz. Wenn mit allen Nachkommastellen gerechnet würde, ergeben sich genau 10.000 € Anteil Disagio 2014 und ein Bilanzansatz der finanziellen Verbindlichkeit i. H. v. 960.000 €.

b) Entwicklung der Bilanzpositionen nach HGB

Gemäß § 246 Abs. 1 Satz 1 HGB hat die Mayer AG das Darlehen zu bilanzieren. Der Ausweis erfolgt gem. § 266 Abs. 3 C. HGB unter „Verbindlichkeiten gegenüber Kreditinstituten".

Die Zugangsbewertung erfolgt gem. § 253 Abs. 1 Satz 2 HGB mit dem Erfüllungsbetrag i. H. v. 1.000.000 €. Da es sich um ein endfälliges Darlehen handelt und somit keine Tilgung vorgenommen wird, ist dies auch gleichzeitig der Bilanzansatz zum 31.12.2014 in der HGB-Bilanz.

Für das Disagio gibt es in der Handelsbilanz gem. § 250 Abs. 3 HGB ein Aktivierungswahlrecht. Da die betriebliche Zielsetzung ein möglichst hoher Handelsbilanzgewinn ist wird das Wahlrecht in Anspruch genommen. Der Bilanzausweis erfolgt gem. § 266 Abs. 2 C. HGB.

Das Disagio ist dann über die Laufzeit zu verteilen. Da es sich um ein endfälliges Darlehen handelt, wird das Disagio gleichmäßig über die Laufzeit verteilt, für das Jahr 2014 i. H. v. 10.000 € (= $\frac{1}{5}$ von 50.000 €), daraus ergibt sich folgender Bilanzansatz zum 31.12.2014.

	Zugang 01.01.2014	50.000,00 €
-	Auflösung 2014	10.000,00 €
=	**Bilanzansatz 31.12.2014**	**40.000,00 €**

Lösung zu Aufgabe 17: Bewertung von Rückstellungen, Prämien nach IFRS und HGB

a) Bilanzierung Prämien nach IFRS

Es ist zu prüfen ob die Prämien als Schulden gem. R 49b anzusetzen sind. Sie sind dann zu bilanzieren, wenn die allgemeinen Erfassungskriterien einer Schuld erfüllt sind. Es muss entweder

- eine rechtliche Verpflichtung des Arbeitgebers gegenüber einem Dritten oder
- eine faktische Verpflichtung (IAS 19.17)

bestehen.

Da die Mayer-AG weder

- eine entsprechende Zahlung angekündigt hat und
- der Kreis der betroffenen Mitarbeiter namentlich noch nicht feststeht,

liegt noch keine Schuld im Sinne von IFRS (rechtliche oder faktische Verpflichtung des Arbeitgebers gegenüber einem fremden Dritten) vor.

Da die Mayer-AG den Beschluss noch nicht öffentlich gemacht hat. Besteht auch noch die Möglichkeit die Erfolgsprämie nicht zu zahlen. Eine Passivierung ist somit nicht möglich.

b) Bilanzierung der Prämien nach HGB

In der Handelsbilanz ist gem. § 249 Abs. 1 Satz 1 HGB zu prüfen, ob eine Rückstellung für ungewisse Verbindlichkeiten vorliegt. Die Vorrausetzungen hierfür sind u. a.:

- Es muss eine Außenverpflichtung vorliegen.
- Es muss mit einer ernsthaften Inanspruchnahme gerechnet werden.
- Es muss eine wirtschaftliche Verursachung vor dem Bilanzstichtag vorliegen.

Eine Erfüllungspflicht einem Dritten gegenüber am Bilanzstichtag lag nicht vor. Da am Bilanzstichtag keine Außenverpflichtung besteht, ist eine Bilanzierung der Rückstellung verboten. Die bloße Absicht reicht nicht aus, diese kann im neuen Geschäftsjahr auch geändert werden.

Lösung zu Aufgabe 18: Bewertung von Verbindlichkeiten, Rückstellungen (I)

Sachverhalt 1

Bei der Übernahme der Bürgschaft, durch Bürgschaftsvertrag, handelt es sich um eine gegenwärtige Verpflichtung des Unternehmens, die auf einem Ereignis vor dem Bilanzstichtag beruht.

Der Abfluss von Ressourcen zum 31.12.2014 ist nicht gegeben, da eine tatsächliche Inanspruchnahme zum Bilanzstichtag nicht gegeben ist.

Damit handelt es sich um eine Eventualverbindlichkeit gem. IAS 37.10, für die in der IFRS-Bilanz ein Bilanzierungsverbot besteht. Es sind allerdings Anhangsangaben im IFRS-Abschluss gem. IAS 37.86 zu machen.

In der HGB-Bilanz ist ebenfalls zu prüfen, ob eine Verbindlichkeit oder Rückstellung (§§ 246, 249 HGB) anzusetzen ist. Durch den Vertrag ist zwar eine rechtliche Verpflichtung eingegangen worden, aber eine tatsächliche Inanspruchnahme besteht nicht.

Somit besteht in der HGB-Bilanz auch ein Passivierungsverbot. Es handelt sich um eine Eventualverbindlichkeit, die im Anhang gem. § 285 HGB darzustellen ist.

Sachverhalt 2
Mit der Verschaffung der Verfügungsmacht an den Metallrohren am 28.12.2014 ist der Vermögenswert gem. R 49a der Metall AG zuzuordnen, gleichzeitig entsteht hieraus eine Verbindlichkeit aus Lieferungen und Leistungen gegenüber dem Lieferanten.

Zu diesem Zeitpunkt ist also in der IFRS-Bilanz eine Schuld gem. R 49b i. V. m. IAS 37.11 (b) zu erfassen, die als Verbindlichkeit auszuweisen ist. Der Bilanzausweis erfolgt gem. IAS 1.54 (k) unter Verbindlichkeiten aus Lieferungen und Leistungen i. H. v. 50.000 €.

Die spätere Erfassung und Bezahlung der Rechnung ist für die Bilanzierung der Verbindlichkeit ist nicht entscheidend.

Die Verbindlichkeit ist ebenfalls in der HGB-Bilanz gem. § 246 Abs. 1 Satz 1 HGB zu erfassen und gem. § 266 Abs. 3 C. 4. HGB als Verbindlichkeit aus Lieferungen und Leistungen auszuweisen. Die Bewertung erfolgt gem. § 253 Abs. 1 Satz 2 HGB mit dem Erfüllungsbetrag i. H. v. 50.000 €.

Sachverhalt 3
Mit der Auszahlung des Darlehens am 28.12.2014 ist eine finanzielle Verbindlichkeit gem. R 49b i. V. m IAS 32.11entstanden.

Das Darlehen ist auszuweisen unter der Position „finanzielle Verbindlichkeiten“ nach IAS 1.54 (m).

Bewertet wird die finanzielle Verbindlichkeit mit dem beizulegenden Zeitwert bei der Aufnahme des Darlehens, IAS 39.43. Das sind im vorliegenden Fall der Auszahlungsbetrag i. H. v. 3.800.000 €.

Das Darlehen ist gem. § 246 Abs. 1 Satz 1 HGB als Schuld in der HGB-Bilanz zu erfassen. Der Ausweis erfolgt gem. § 266 Abs. 3 C. 2. HGB als Verbindlichkeiten gegenüber Kreditinstituten. Die Bewertung erfolgt gem. § 253 Abs. 1 Satz 2 HGB mit dem Erfüllungsbetrag i. H. v. 4.000.000 €.

Für das Disagio ergibt sich ein Bilanzierungswahlrecht gem. § 250 Abs. 3 HGB.

Sachverhalt 4
Die Metall AG hatte in der Vergangenheit durch ihre Kulanzleistungen die Übernahme weitergehender Verpflichtungen angedeutet. Sie hatte dadurch bei ihren Kunden die berechtigte Erwartung geweckt, innerhalb einer Zeit von sechs Monaten nach Ablauf der gesetzlichen Gewährleistungsfrist einen Teil der Kosten für die Beseitigung von Mängeln zu tragen.

Damit ist eine „faktische Verpflichtung“ gem. IAS 37.10 gegenüber den Kunden eingegangen worden. Für diese Verpflichtung ist eine Rückstellung zu bilden; die drei Voraussetzungen des IAS 37.14 sind erfüllt:

- Die Erbringung von Umsätzen stellt das Ereignis in der Vergangenheit dar, durch das die faktische Verpflichtung entstanden ist.
- Der Abfluss von Ressourcen mit wirtschaftlichem Nutzen ist wahrscheinlich.
- Der Umfang der Verpflichtung kann geschätzt werden.

Mit dieser in der Vergangenheit gezeigten Haltung entsteht eine Verpflichtung, für deren Erfüllung der Abfluss von Ressourcen erforderlich ist, R. 49b.

Die Verpflichtung ist unter dem Posten „Rückstellungen" nach IAS 1.54 (l) auszuweisen.

Bewertet wird die Rückstellung mit dem geschätzten Erfüllungsbetrag gem. IAS 37.36. Das sind im vorliegenden Sachverhalt 2 % von 24 Mio. € Umsatz, also 480.000 €. Aufgrund der kurzen Laufzeit ist der Zinseffekt unwesentlich, IAS 37.45. und muss nicht berücksichtigt werden.

In der HGB-Bilanz ist gem. § 249 Abs. 1 Satz 2 Nr. 2 HGB aus den o. g. Gründen ebenfalls eine Rückstellung für Gewährleistungen, die ohne rechtliche Verpflichtung erbracht werden, zu bilanzieren. Es besteht ein Passivierungsgebot.

Der Bilanzausweis erfolgt gem. § 266 Abs. 1 B. 3. HGB unter der Position „sonstige Rückstellungen".

Die Bewertung erfolgt gem. § 253 Abs. 1 Satz 2 HGB mit dem notwendigen Erfüllungsbetrag i. H. v. 480.000 € (= 2 % von 24 Mio. €). Eine Abzinsung gem. § 253 Abs. 2 HGB unterbleibt, da die Restlaufzeit kürzer als 1 Jahr ist.

Lösung zu Aufgabe 19: Bewertung von Verbindlichkeiten, Rückstellungen (II)

a) Bilanzierung nach IFRS

Für den vorliegenden Sachverhalt muss einerseits der Schaden an der Lagerhalle und andererseits der Schaden an den fertigen Erzeugnissen auf seine bilanziellen Auswirkungen geprüft werden.

Beim Schaden an der Lagerhalle der wirtschaftlich im abgelaufenen Geschäftsjahr entstanden ist und im neuen Geschäftsjahr behoben werden soll, ist zu prüfen, ob eine Rückstellung in der IFRS Bilanz anzusetzen ist.

Rückstellungen sind gem. IAS 37.10 Schulden, die bezüglich ihrer Fälligkeit oder Höhe ungewiss sind. Nach IAS 37.14 muss das Unternehmen aus einem Ereignis der Vergangenheit eine gegenwärtige rechtliche oder faktische Verpflichtung haben, durch die der Abfluss von Ressourcen wahrscheinlich ist. Die Höhe der Verpflichtung muss verlässlich geschätzt werden können.

Gemäß IAS 37.30 betrifft die Verpflichtung immer eine andere Partei, es muss also eine Außenverpflichtung bestehen.

Die Reparatur und damit der künftige Abfluss von Ressourcen (Geld für die Instandsetzung) ist, aus einem Ereignis der Vergangenheit (Unwetter) entstanden, aber es besteht am Bilanzstichtag noch keine Außenverpflichtung gegenüber einem Dritten, weil noch kein Vertrag (z. B. mit einem Bauunternehmer) geschlossen worden ist.

Daher darf in der IFRS-Bilanz zum 31.12.2014 keine Rückstellung gebildet werden.

Vorräte sind in der IFRS-Bilanz gem. IAS 2.9 absatzorientiert zu bewerten. Es ist der niedrigere Wert aus Anschaffungs- bzw. Herstellungskosten und Nettoveräußerungswert anzusetzen.

Die Herstellungskosten betragen 1.500 € je Stück.

Der Nettoveräußerungswert ist zu berechnen.

Für die 600 Stück, die völlig unbrauchbar geworden sind, beträgt der Nettoveräußerungswert 0 €, da ein Verkauf nicht möglich ist. Für die 1.000 Stück, die im kommenden Jahr mit einem Nachlass von 40 % voraussichtlich verkauft werden, beträgt der Nettoveräußerungswert 1.080 € (= 60 % von 1.800 €).

Der Nettoveräußerungswert liegt jeweils unter den Herstellungskosten, die Vorräte sind somit mit dem Nettoveräußerungswert zu bewerten. Es ergibt sich für die Vorräte folgender Bilanzansatz zum 31.12.2014 in der IFRS-Bilanz:

600 Stück • 0 €	0,00 €
1.000 Stück • 1.080 €	1.080.000,00 €
Bilanzansatz 31.12.2014	**1.080.000,00 €**

Der Ausweis erfolgt gem. IAS 1.54 (g) in der Bilanz unter der Position „Vorräte“.

Die Differenz zwischen Herstellungskosten und Nettoveräußerungswert ist gem. IAS 2.34 als Aufwand zu erfassen.

b) Unterschiede in der Bilanzierung nach HGB

Für die Reparatur am Gebäude besteht gem. § 249 Abs. 1 Satz 2 Nr. 1 HGB ein Passivierungsgebot, da die Instandhaltungsmaßnahmen innerhalb der ersten drei Monate des neuen Geschäftsjahres durchgeführt werden. Der Ausweis erfolgt in der Bilanz gem. § 266 Abs. 3 B. 3. HGB unter „sonstige Rückstellungen“.

Die Bewertung erfolgt gem. § 253 Abs. 1 Satz 2 HGB mit dem notwendigen Erfüllungsbetrag i. H. v. 600.000 € (= Bilanzansatz zum 31.12.2014).

Eine Abzinsung gem. § 253 Abs. 1 HGB ist nicht zu berücksichtigen, da die Restlaufzeit unter einem Jahr ist.

Die Vorräte gehören gem. § 247 Abs. 2 HGB im Umkehrschluss zum Umlaufvermögen. Hier gilt im Rahmen der Folgebewertung gem. § 253 Abs. 4 HGB das strenge Niederstwertprinzip. Es ist der niedrigere Wert aus Anschaffungs- bzw. Herstellungskosten und Tageswert anzusetzen. Ein Tageswert ist hier nicht gegeben, es ist hilfsweise der beizulegende Wert anzusetzen. Dieser ergibt sich aus dem voraussichtlichen Verkaufspreis abzüglich der Kosten, die nach dem Bilanzstichtag anfallen.

Dies entspricht im vorliegenden Fall dem Nettoveräußerungswert.

Somit ist der Ansatz der Vorräte in der HGB- und IFRS-Bilanz identisch.

Lösung zu Aufgabe 20: Bewertung von Verbindlichkeiten, Rückstellungen (III)

a) Abgrenzung Rückstellungen, Schulden, Eventualverbindlichkeiten

Die drei Begriffe lassen sich gem. IAS 37.10 wie folgt unterscheiden:

Eine **Rückstellung** ist eine Schuld, die bezüglich ihrer Fälligkeit oder ihrer Höhe ungewiss ist.

Eine **Schuld** ist eine gegenwärtige Verpflichtung des Unternehmens, die aus Ereignissen der Vergangenheit entsteht und deren Erfüllung für das Unternehmen erwartungsgemäß mit einem Abfluss von Ressourcen mit wirtschaftlichem Nutzen verbunden ist.

Eine **Eventualverbindlichkeit** ist

- eine mögliche Verpflichtung, die aus vergangenen Ereignissen resultiert und deren Existenz durch das Eintreten oder Nichteintreten eines oder mehrerer unsicherer künftiger Ereignisse erst noch bestätigt wird, die nicht vollständig unter der Kontrolle des Unternehmens stehen, oder
- eine gegenwärtige Verpflichtung, die auf vergangenen Ereignissen beruht, jedoch nicht erfasst wird, weil
  - ein Abfluss von Ressourcen mit wirtschaftlichem Nutzen mit der Erfüllung dieser Verpflichtung nicht wahrscheinlich ist oder
  - die Höhe der Verpflichtung nicht ausreichend verlässlich geschätzt werden kann.

b) Beurteilung Sachverhalt nach IFRS, HGB, Steuerrecht

Es ist zu prüfen, ob eine Rückstellung für die Übernahme der Garantieerklärung in der Bilanz anzusetzen ist.

In der IFRS-Bilanz ist eine Rückstellung gem. IAS 37.14 anzusetzen, wenn ein Ereignis aus der Vergangenheit vorliegt, mit Abfluss von Ressourcen gerechnet werden kann und diese verlässlich geschätzt werden können.

Es liegt zwar ein Ereignis aus der Vergangenheit vor, da im abgelaufenen Jahr ein Vertrag zur Übernahme der Garantie übernommen wurde, allerdings ist mit dem Abfluss von Ressourcen nicht ernsthaft zu rechnen, es gibt hierfür keine Anzeichen.

Somit handelt es sich um eine Eventualverbindlichkeit, die nicht angesetzt werden dürfen. Es sind gem. IAS 37.86 allerdings Anhangsangaben zu machen.

In der Bilanz nach HGB ist ebenfalls zu prüfen, ob eine Rückstellung für eine ungewisse Verbindlichkeit oder drohenden Verlusten aus schwebenden Geschäften gem. § 249 Abs. 1 Satz 1 HGB anzusetzen ist.

Dies erfordert eine Außenverpflichtung, deren Verursachung vor dem Bilanzsticht liegt und bei der mit einer ernsthaften Inanspruchnahme zu rechnen ist.

Es liegt zwar eine Verpflichtung durch die Übernahme der Garantieerklärung vor, die auch verursacht wurde durch die Übernahme der Garantie vor dem Bilanzstichtag. Allerdings liegen am Bilanzstichtag keine Anzeichen einer Inanspruchnahme vor. Es handelt sich hierbei, um eine Eventualverbindlichkeit, für die nach HGB ein Passivierungsverbot besteht, die allerdings gem. § 285 HGB im Anhang erläutert werden muss.

In der Steuerbilanz gilt gem. § 5 Abs. 1 Satz 1 EStG das Maßgeblichkeitsprinzip, sodass die handelsrechtlichen Passivierungsverbote auch zu steuerrechtlichen Passivierungsverboten führen. Ein Ansatz in der Steuerbilanz ist somit ebenfalls nicht möglich.

Anschaffungswertprinzip
Das Anschaffungswertprinzip bezieht sich auf die Bewertung von Vermögen. Es besagt, dass die Anschaffungs- oder Herstellungskosten die Bewertungsobergrenze in der Handelsbilanz bilden. Es können somit keine stillen Reserven ausgewiesen werden.

Assoziierte Unternehmen
Ein assoziiertes Unternehmen ist ein Unternehmen, bei dem ein beherrschendes Unternehmen Einfluss auf die Geschäftspolitik hat, aber nicht die Mehrheit der Anteile hält.

Ausfuhrlieferung
Bei einer Ausfuhrlieferung gelangt der Gegenstand der Lieferung ins Drittlandsgebiet, diese Lieferungen sind grundsätzlich umsatzsteuerfrei.

Beteiligung
Beteiligungen sind Anteile an anderen Unternehmen, die dazu dienen, langfristig eine geschäftliche Beziehung zu begründen. In Zweifelsfällen kann von einer Beteiligung ausgegangen werden, wenn mindestens 20 % am Grundkapital gehalten werden.

Bewertungswahlrecht
Ein Bewertungswahlrecht, gibt dem Kaufmann eine Alternative bei der Bilanzierung der Höhe nach, d. h. mit welchem Wert der Vermögensgegenstand angesetzt wird. Zum Beipiel bei den Herstellungskosten, das Bewertungswahlrecht, ob die allgemeinen Verwaltungskosten einbezogen werden oder nicht.

Bilanzgewinn/-verlust
Wird der Jahresüberschuss/-fehlbetrag schon teilweise verwendet bzw. zugeordnet, so wird der restliche noch verfügbare bzw. noch zuordenbare Betrag als Bilanzgewinn bzw. -verlust bezeichnet.

Bilanzierungswahlrecht
Ein Bilanzierungswahlrecht (Ansatzwahlrecht) gibt dem Kaufmann die Alternative, ob er einen Vermögensgegenstand ansetzt oder nicht, z. B. selbst erstellte immaterielle Vermögensgegenstände des Anlagevermögens.

Bilanzpolitik
Ist die willentliche Beeinflussung des Jahresabschlusses im Rahmen der betrieblichen Zielsetzungen.

Bonität
Bonität ist die Einschätzung des zukünftigen Kreditausfallrisikos des Kreditnehmers durch den Kreditgeber. Für die Bonität ist entscheidend, ob ein Kredit gewährt wird und zu welchen Konditionen.

Cashflow
Cashflow bezeichnet den in einer Abrechnungsperiode erwirtschafteten Geldüberschuss. Dieser kann nach der direkten bzw. indirekten Methode ermittelt werden.

Cashflow, direkte Methode
Bei der direkten Berechnung werden die Einzahlungen (Geldzuflüsse) abzüglich Auszahlungen (Geldabflüsse) berechnet. Diese Methode ist grundsätzlich nur intern möglich, da alle Geschäftsaktivitäten mit Liquiditätscharakter erfasst werden müssen.

Cashflow, indirekte Methode
Bei der indirekten Methode ist die Ausgangsbasis der Jahresüberschuss. Dieser wird um die nicht einzahlungsbedingten Erträge (z. B. aktivierte Eigenleistungen) verringert und um die nicht auszahlungsbedingten Aufwendungen (z. B. Abschreibung) erhöht,. Somit ergibt sich der Cashflow.

Disagio
Disagio ist der Unterschiedsbetrag zwischen dem Rückzahlungsbetrag und dem Auszahlungsbetrag einer Verbindlichkeit. Es handelt sich um vorweg genommene Zinsen. Hierfür besteht in der Handelsbilanz ein Aktivierungswahlrecht und in der Steuerbilanz ein Aktivierungsgebot.

Doppelbesteuerungsabkommen
Es handelt sich um bilaterale Verträge zwischen Staaten, in denen geregelt ist, welcher Staat in welcher Form das eigene Besteuerungsrecht durchsetzen kann und wie der andere Staat diese Einkünfte dann behandelt.

Due Diligence
Bei Due Diligence handelt es sich um Prüfungen, Analysen und Bewertungen von Investitionsobjekten (meist Unternehmenskäufen), die vor dem Kauf durch den Käufer oder deren Beauftragten durchgeführt werden. Der Käufer soll so weit wie möglich über die Risiken, allerdings auch über Stärken und Schwächen, die mit der Investition entstehen können, informiert werden.

DuPont-Kennzahlensystem
Das DuPont-Kennzahlensystem mit seiner Spitzenkennzahl dem Return on Investment misst die Verzinsung des investierten Kapitals. Durch die Aufsplittung der Spitzenkennzahl in die jeweiligen Einzelkennzahlen ist es weiterhin möglich, Ursache-Wirkungs-Zusammenhänge zwischen betrieblichen Entscheidungen im finanziellen Bereich des Unternehmens und Veränderungen der Spitzenkennzahl zu erkennen.

Erfolgsspaltung
Hierbei wird die Teilung des Jahresüberschusses, der den Erfolg des gesamten Unternehmens darstellt, in seine einzelnen Bestandteile gegliedert. So kann erkannt werden, wie hoch das Ergebnis aus der eigentlichen betrieblichen Tätigkeit (dem Kerngeschäft) ist.

Ermessensspielraum
Der Ermessensspielraum gibt dem Kaufmann die Möglichkeit, z. B. den Umfang der einzubeziehenden Aufwendungen zu bestimmen. Er entscheidet nicht, ob er die Aufwendungen mit einbezieht, sondern „nur“ in welchen Umfang. Zum Beispiel in die Herstellungskosten sind angemessene Anteile der Materialgemeinkosten einzubeziehen.

Fifo-Methode
Die Fifo-Methode ist eine Methode der Verbrauchsfolgeverfahren zur Ermittlung der Anschaffungskosten. Es wird unterstellt, dass die zuerst angeschafften Vermögensgegenstände als Erste verbraucht wurden.

Geschäfts- oder Firmenwert, derivativ
Hierbei handelt es sich um den bezahlten Geschäfts- oder Firmenwert. Dieser ergibt sich, indem vom Vermögen des Unternehmens die Schulden und die tatsächliche Zahlung des Unternehmenskäufers subtrahiert wird. Es handelt sich um einen bilanzierungsfähigen Vermögensgegenstand (Ansatzgebot).

Geschäfts- oder Firmenwert, originär
Hierbei handelt es sich um den selbst geschaffenen Geschäfts- oder Firmenwert, z. B. ein selbst aufgebautes Images. Der Firmenwert ist ein nicht bilanzierungsfähiger Vermögensgegenstand (Ansatzverbot).

Höchstwertprinzip
Das Höchstwertprinzip bezieht sich auf die Schulden des Unternehmens. Es ist immer der höhere Wert am Bilanzstichtag anzusetzen.

Imparitätsprinzip
Das Imparitätsprinzip beinhaltet die Ungleichbehandlung von nicht realisierten Gewinnen und Verlusten. Gewinne dürfen erst ausgewiesen werden, wenn sie realisiert sind. Verluste hingegen müssen bereits ausgewiesen werden, selbst wenn sie lediglich drohen.

Innergemeinschaftliche Lieferung
Bei innergemeinschaftlicher Lieferung, werden Gegenstände an andere Unternehmer ins Gemeinschaftsgebiet geliefert. Diese Lieferungen sind grundsätzlich umsatzsteuerfrei.

Ist-Versteuerung
Bei der Ist-Versteuerung werden die Umsätze nach vereinnahmten Entgelten besteuert, d. h. die Umsatzsteuer muss durch das Unternehmen für den Voranmeldungszeitraum gemeldet und abgeführt werden, in dem der Kunde zahlt.

Komponentenansatz
Der Komponentenansatz wird bei der Bewertung nach IFRS angewendet. Besteht ein Vermögenswert aus mehreren identifizierbaren Bestandteilen, die während der Gesamtnutzungsdauer des Vermögenswertes ersetzt werden müssen, weil sie eine geringere Nutzungsdauer haben, und haben sie einen relativ hohen Anteil am Gesamtwert, ist jeder Bestandteil (Komponente) einzeln abzuschreiben.

Konzern
Ein Konzern entsteht, wenn ein Unternehmen an einem anderen Unternehmen die Mehrheit der Kapitalanteile hält und somit ein Mutter-/Tochterverhältnis zwischen den Unternehmen besteht.

Leverage-Effekt
Hierbei handelt es sich um einen sog. Hebeleffekt zur Steigerung der Eigenkapitalrentabilität durch Aufnahme von Fremdkapital. Ist die Gesamtkapitalrentabilität größer als der Fremdkapitalzinssatz, sollte aus Sicht der Steigerung der Eigenkapitalrentabilität, Fremdkapital aufgenommen werden.

Lifo-Methode
Die Lifo-Methode ist eine Methode der Verbrauchsfolgeverfahren zur Ermittlung der Anschaffungskosten. Es wird unterstellt, dass die zuletzt angeschafften Vermögensgegenstände auch als Erste verbraucht wurden.

Liquidität, dynamisch
Die dynamische Liquidität ist die zeitraumbezogene Liquidität. Es wird die Liquidität ermittelt, die in einem bestimmten Zeitraum, z. B. Geschäftsjahr, erwirtschaftet wurde. Die häufigste Kennzahl hierbei ist der Cashflow.

Liquidität, statisch
Die statische Liquidität wird auch als stichtagsbezogene Liquidität bezeichnet. Sie bezieht sich meist auf den Abschlussstichtag und wird in Form von Kennzahlen, z. B. dem Liquiditätsgrad I - III, ermittelt.

Maßgeblichkeitsprinzip
Das Maßgeblichkeitsprinzip besagt, dass die handelsrechtlichen Bewertungen grundsätzlich maßgeblich sind für die steuerliche Bewertung, es sei denn, es sollen steuerliche Wahlrechte in Anspruch genommen werden.

Maßgeblichkeitsprinzip, Durchbrechung
Grundsätzlich sind die handelsrechtlichen Bewertungen maßgeblich für die steuerliche Bewertung. Fordert das Steuerrecht aber eine zwingend andere Bewertung, muss diese auch angewendet werden. Zum Beispiel: handelsrechtliches Passivierungsgebot für Drohverlustrückstellung, steuerliches Passivierungsverbot für Drohverlustrückstellungen.

Neubewertungsmethode
Die Neubewertungsmethode ist eine Bewertungsmöglichkeit (Wahlrecht) nach IFRS. Hierbei werden Gruppen von Vermögenswerten im Rahmen der Folgebewertung neu bewertet und zu Marktpreisen angesetzt. Hierdurch kann es zu einem Ansatz über die Anschaffungs- bzw. Herstellungskosten kommen. Es können somit „stille Reserven" ausgewiesen werden.

Niederstwertprinzip
Das Niederstwertprinzip bezieht sich auf die Bewertung des Vermögens. Bei einer voraussichtlich dauernden Wertminderung ist der niedrigere Wert anzusetzen. Weiterhin werden das gemilderte Niederstwertprinzip und das strenge Niederstwertprinzip unterschieden.

Niederstwertprinzip, gemildertes
Das gemilderte Niederstwertprinzip bezieht sich auf das Finanzanlagevermögen und besagt, dass auch bei einer nur vorübergehenden Wertminderung, der niedrigere Wert am Bilanzstichtag angesetzt werden kann.

Niederstwertprinzip, strenges
Das strenge Niederstwertprinzip bezieht sich auf das Umlaufvermögen. Es ist stets der niedrigere Wert, aus Anschaffungs- oder Herstellungskosten und Tageswert am Bilanzstichtag anzusetzen.

Organschaft
Grundsätzlich ist jedes Unternehmen verpflichtet für die einzelnen Steuerarten im Falle einer Steuerpflicht auch Steuererklärungen bzw. Steueranmeldung abzugeben. Sind Unternehmen allerdings wirtschaftlich, finanziell und/oder organisatorisch so eng miteinander verflochten, dass sie im Rahmen der Gesamtbetrachtung eine Einheit abgeben, so verlangt der Fiskus, dass die Steuererklärung bzw. Steueranmeldung für die gesamte „Einheit" abgegeben wird. Diese „Einheit" wird im Steuerrecht Organschaft genannt.

Rating
Rating bezeichnet die Leistungsbewertung eines Unternehmen, um die Bonität eines Kreditnehmers festzustellen. Die Durchführung erfolgt durch den Kreditgeber oder durch einen Beauftragten.

Rentabilität
Rentabilität misst grundsätzlich die Verzinsung des Kapitals. Die bekanntesten Rentabilitätskennzahlen sind die Eigenkapitalrentabilität und Gesamtkapitalrentabilität.

Rücklagen
Rücklagen sind Teil des Eigenkapitals. Sie unterteilen sich in die Kapitalrücklage (Zuzahlungen der Eigenkapitalgeber) und Gewinnrücklagen (nicht ausgeschüttete Gewinne).

Rückstellungen
Rückstellungen sind zu bilden für ungewisse Verbindlichkeiten und zusätzlich im Handelsrecht für drohende Verluste aus schwebenden Geschäften.

Soll-Versteuerung
Bei der Soll-Versteuerung werden die Umsätze nach vereinbarten Umsätzen versteuert, d. h. der Unternehmer muss die Umsätze für den Voranmeldezeitraum melden und die Steuer für den Zeitraum abführen, in dem die Umsätze wirtschaftlich entstanden sind.

Steuerpolitik
Steuerpolitik ist die Beeinflussung der Steuerlast durch betriebliche Entscheidung des Unternehmens. Ziel ist es, für das Unternehmen eine möglichst niedrige Steuerlast zu erreichen.

Steuerprogression
Steuerprogression bedeutet, dass mit steigendem Einkommen der anzuwendende Steuersatz steigt. Bei der Einkommensteuer liegt der Eingangssteuersatz bei 14 %. Dieser steigt mit steigendem Einkommen auf 42 % progressiv an. Ab einem zu versteuernden Einkommen von 250.000 € steigt er auf 45 %.

Stille Reserven
Stille Reserven sind nicht realisierte Gewinne, die in der Bilanz nicht ausgewiesen werden dürfen. Diese entstehen grundsätzlich durch die Unterbewertung der Aktiva bzw. Überbewertung der Passiva.

Strukturbilanz
Eine Strukturbilanz dient als Grundlage für die Jahresabschlussanalyse. Die Handelsbilanz wird hierzu aufbereitet. Es werden bestimmte betriebswirtschaftliche Operationen (Umrechnungen) vorgenommen, um die Bilanz „näher" an das reale Abbild des Unternehmens zu bringen. Außerdem werden bestimmte Positionen zusammengefasst.

Verbundene Unternehmen
Bei verbundenen Unternehmen wird an einem anderen Unternehmen die Mehrheit der Anteile, also mehr als 50 % vom Grundkapital gehalten.

Verdeckte Gewinnausschüttungen
Verdeckte Gewinnausschüttungen sind Vermögensminderungen oder verhinderte Vermögensmehrungen, die den Gewinn beeinflussen. Allerdings beruhen sie auf dem Gesellschafts-/Gesellschafter-Verhältnis und würden einem Dritten grundsätzlich nicht erbracht werden.

Verrechnungspreise
Verrechnungspreise werden angesetzt, um zu überprüfen, ob die Preise zwischen einem Steuerpflichtigen und einer ihr nahestehenden Person dem Fremdvergleich, also dem Preis den unabhängige Dritte vereinbart hätten, entsprechen.

Wertaufhellende Tatsachen
Hierbei handelt es sich um Tatsachen, die Einfluss auf den Jahresabschluss haben. Diese sind wirtschaftlich vor dem Bilanzstichtag eingetreten, werden allerdings erst zwischen Bilanzstichtag und Tag der Bilanzaufstellung bekannt. Zum Beispiel ein Kunde meldet am 29.12. Insolvenz an. Diese Tatsachen müssen in den Jahresabschluss miteinbezogen werden.

Wertaufholungsgebot
Wurden bei Vermögensgegenständen außerplanmäßige Abschreibungen in den Vorjahren vorgenommen und sind die Gründe hierfür nicht mehr gegeben, muss eine Zuschreibung vorgenommen werden, bis zu den fortgeführten Anschaffungs- oder Herstellungskosten, die sich bei normaler Abschreibung am Bilanzstichtag ergeben hätten.

Wertbeeinflussende Tatsachen
Hierbei handelt es sich um Tatsachen, die wirtschaftlich nach dem Bilanzstichtag verursacht worden sind, allerdings vor dem Tag der Bilanzaufstellung bekannt werden. Zum Beispiel: Ein Kunde meldet am 05.01. Insolvenz an. Diese Tatsache darf nicht im Jahresabschluss berücksichtigt werden.

Zinsschranke
Die Zinsschranke soll regeln, dass bei der steuerlichen Gewinnermittlung unter bestimmten Voraussetzungen, nur ein bestimmter Anteil an Zinsaufwendungen Gewinn mindernd angesetzt werden kann.

A

B

C

D

E